U0929960

生活的藝術

林语堂◎著

越 裔◎汉译

群言出版社
Qunyan Press

图书在版编目(CIP)数据

生活的艺术/林语堂著;越裔汉译.—北京:群言出版社,2009.4

ISBN 978-7-80080-988-0

I.生… Ⅱ.①林… ②越… Ⅲ.人生哲学—通俗读物 Ⅳ.B821-49

中国版本图书馆CIP数据核字(2009)第028478号

生活的艺术

出 版 人 范 芳
责任编辑 孟晓妍
出版发行 群言出版社(Qunyan Press)
地 址 北京市东城区东厂胡同北巷1号
邮政编码 100006
网 站 www.qypublish.com
电子信箱 qunyancbs@126.com
总 编 办 010-65265404 65138815
编 辑 部 010-65276609 65262436
发 行 部 010-65263345 65220236

经 销 全国新华书店
读者服务 010-65220236 65265404 65263345
法律顾问 中济律师事务所
封面设计 点石堂
印 刷 北京嘉业印刷厂

版 次 2010年7月第2版 2010年7月第2次印刷
开 本 787×1092 1/16
印 张 18
字 数 276千字
书 号 ISBN 978-7-80080-988-0
定 价 22.00元

自序

林语堂

本书是一种私人的供状，供认我自己的思想和生活所得的经验。我不想发表客观意见，也不想创立不朽真理。我实在瞧不起自许的客观哲学；我只想表现我个人的观点。我本想题这书的名字为“抒情哲学”，用抒情一词说明这里面所讲的是一些私人的观念。但是这个书名似乎太美，我不敢用，我恐怕目标定得太高，即难于满足读者的期望，况且我的主旨是实事求是的散文，所以用现在的书名较易维持水准，且较自然。让我和草木为友，和土壤相亲，我便已觉得心意满足。我的灵魂很舒服地在泥土里蠕动，觉得很快乐。当一个人悠闲陶醉于土地上时，他的心灵似乎那么轻松，好像是在天堂一般。事实上，他那六尺之躯，何尝离开土壤一寸一分呢？

我颇想用柏拉图的对话方式写这本书。把偶然想到的话说出来，把日常生活中有意义的琐事安插进去，这将是多么自由容易的方式。可是不知什么缘故，我并不如此做。或者是因我恐怕这种文体现在不很流行，没有人喜欢读，而一个作家总是希望自己的作品有人阅读。我所说的对话，它的形式并不是像报纸上的谈话或问答，或分成许多段落的评论；我的意思是指真真有趣的、冗长的、闲逸的谈论，一说就是几页，中间富于迂回曲折，后来在料不到的地方，突然一转，仍旧回到原来的论点，好像一个人因为要使伙伴惊奇，特意翻过一道篱笆回家去一般。我多么喜欢翻篱笆抄小路回家啊！至少会使我的同伴感觉我对于回家的道路和四周的乡野是熟识的……可是我总不敢如此做。

我并不是在创作。我所表现的观念早由许多中西思想家再三思虑过，表现过；我从东方所借来的真理在那边都已陈旧平常了。但它们总是我的观念，它们已经变成自我的一部分。它们所以能在我的生命里生根，是因为它们表现出一些我自己所创造出来的东西，当我第一次见到它们时，我即对它们出于本心的协调了。我喜欢那些思想，并不是因为表现那些思想的是什么伟大人物。老实说，我在读书和写作时都是抄小路走的。我所引用的作家有许多是不见经传的，有些也会使中国文学教授错愕不解。我引用的当中如果有出名人物，那也不过是我在直觉的认可下接受他们的观念，而并不是震于他们的大名。我有一种习惯，最爱购买隐僻无闻的便宜书和断版书，看看是否可以从这些书里发现些什么。如果文学教授们知道了我的思想来源，他们一定会对这么一个俗物显得骇怪。但是在灰烬里拾到一颗小珍珠，是比在珠宝店橱窗内看见一粒大珍珠更为快活。

我的思想并不怎样深刻，读过的书也不怎样广博。一个人所读的书太多，便不辨孰是孰非了。我没有读过洛克(Locke，十七世纪英国哲学家)、休姆(Hume，十八世纪苏格兰哲学家)或勃克莱(Berkeley，十七世纪爱尔兰哲学家)的著作，也没有读过大学的哲学课程。在专门技术上讲，我所应用的方法、所受的训练都是错误的，我并不读哲学而只直接拿人生当做课本，这种研究方法是不合惯例的。我的理论根据，大都是从下面所说这些人物方面而来：老妈子黄妈，她具有中国女教的一切良好思想；一个随口骂人的苏州船娘；一个上海的电车售票员；厨子的妻子；动物园中一只小狮子；纽约中央公园里的一只松鼠；一个发过一句妙论的轮船上管事；一个在某报天文栏内写文章的记者(已亡故十多年了)；箱子里所收藏的新闻纸；以及任何一个不毁灭我们人生好奇意识的作家，或任何一个不毁灭他自己人生好奇意识的作家……诸如此类，不胜枚举。

我没有受过学院式的哲学训练，所以倒反而不怕写一本哲学书。观察一切也似乎比较清楚，比较便当，这在正统哲学家看来，不知是不是可算一种补偿。我知道一定有人会说我所用的字句太过于浅俗，说我写得太容易了解，说我太不谨慎，说我在哲学的尊座前说话不低声下气，走路不步伐整齐，态度不惶恐战兢。现代哲学家所最缺乏的似乎是勇气。但我始终徘徊于哲学境界的外面。这倒给我勇气，使我可以根据自己的直觉下判断，思索出自己的观念，创立自己独特的见解，以一种孩子气的厚脸皮，在大庭广众之间把它们直供出来；并且确知在世界另一角落里必有和我同感的人，会表示默契。用这种方法树立观念的人，会常常在惊奇中发现另外一个作家也曾说过相同的话，或有过相同的感觉，其差别只不过是它的表现方法有难易或雅俗之分而已。如此，他便有了一个古代作家替他做证人；他们在精神上成为永久的朋友。

所以我对于这些作家，尤其是对于我精神上的中国朋友，应该表示感谢。当我写这本书时，有一群和蔼可亲的天才和我合作；我希望我们互相亲热。在真实的意义上说来，这些灵魂是与我同在的，我们之间的精神上的相通，即我所认为是唯一真实的相通方式——两个时代不同的人有着同样的思想，具有着同样的感觉，彼此之间完全了解。我写这书的时候，他们藉着贡献和忠告，给我以特殊的帮助，第八世纪的白居易，第十一世纪的苏东坡，以及十六、十七两世纪那许多独出心裁的人物——浪漫潇洒，富于口才的屠赤水；嬉笑诙谐，独具心得的袁中郎；多口好奇，独特伟大的李卓吾；感觉敏锐，通晓世故的张潮；耽于逸乐的李笠翁；乐观风趣的老快乐主义者袁子才；谈笑风生，热情充溢的金圣叹——这些都是脱略形骸不拘小节的人，这些人因为胸蕴太多的独特见解，对事物具有太深的情感，因此不能得到正统派批评家的称许；这些人太好了，所以不能循规蹈矩，因为太有道德了，所以在儒家看来便是不"好"的。这些精选出来的同志人数不多，因此使我享受到更宝贵、更诚挚的快乐。这些人物也许有几个在本书内不曾述及，可是他们的精神确是同在这部著作里边的。我想他们在中国总有一天会占到重要的地位，那不过是时间问题而已……还有一些人物，虽然比较的晦暗无闻，但是他们恰当的言论也是我所欢迎的，因为他们将我的意见表示得那么好。我称他们为中国的爱弥尔（Amiel，瑞士作家，一八二一年至一八八一年）——他们说的话并不多，但说得总是那么近情，我佩服他们的晓事。此外更有中外古今的不朽哲人，他们好像是伟大人物的无名祖宗一般，在心灵感动的当儿，在不知不觉之间说出一些至理名言；最后还有一些更伟大的人物；我不当他们做我精神上的同志，而当他们是我的先生，他们那清朗的理解是那么入情入理，又那么超凡入圣，他们的智慧已成自然，因此表现出来很容易，丝毫不用费力。庄子和陶渊明就是这么一类人物，他们的精神简朴纯正，非渺小的人所能望其项背。在本书里，我有时加以相当声明，让他们直接对读者讲话；有时则竟代他们说话，虽然表面上好像是我自己的话一般。我和他们的友谊维持得越久，我的思想也就越受他们的影响，我在他们的熏陶下，我的思想就倾向于通俗不拘礼节，无从捉摸，无影无形的类型；正如做父亲的对施与良好的家教所产生的影响一样。我也想以一个现代人的立场说话，而不仅以中国人的立场说话为满足，我不想仅仅替古人做一个虔诚的移译者，而要把我自己所吸收到我现代脑筋里的东西表现出来。这种方法当然有缺点，但是从大体上说来，确能使这工作比较诚实一些。因此，一切取舍都是根据我个人的见解。在这本书里我不想把一个诗人或哲学家的思想全盘托出来；假如想要根据本书里所举的少许例证去批判他们的全体，那是不可能的。所以当我结束这篇自序时，必须照例地说，本书如有优点的话，大部分应该归功于我的合作者，至于一切错误、缺点和不正确的见解，当由我自己完全负责。

我要向华尔虚先生和夫人(Mr. and Mrs. Walsh)致谢。第一，谢谢他们鼓励我写作本书的念头；第二，谢谢他们坦白有益的批评。我也得感谢韦特先生(Mr. Hugh Wade)帮助我做本书的付印和校对工作，感谢佩弗女士(Miss Lillian Peffer)代我完成书后的索引。

目 录

自 序/1

第一章 醒觉

一、人生之研究/1

二、一个准科学公式/3

三、以放浪者为理想人/9

第二章 关于人类的观念

一、基督徒 希腊人 中国人/12

二、与尘世结不解缘/18

三、灵与肉/19

四、一个生物学的观念/21

五、诗样的人生/23

第三章 我们的动物性遗产

一、猴子的故事/25

二、猴子般的形象/27

三、论不免一死/29

四、论肚子/32

五、论强壮的肌肉/38

六、论灵心/40

第四章　论近人情

一、论人类的尊严/47
二、近乎戏弄的好奇心：人类文明的勃兴/48
三、论梦想/52
四、论幽默感/55
五、论任性与不可捉摸/59
六、个人主义/63

第五章　谁最会享受人生

一、发现自己：庄子/68
二、情智勇：孟子/70
三、玩世、愚钝、潜隐：老子/75
四、“中庸哲学”：子思/80
五、爱好人生者：陶渊明/83

第六章　生命的享受

一、快乐问题/88
二、人类的快乐属于感觉/91
三、金圣叹之“不亦快哉”三十三则/95
四、对唯物主义的误解/98
五、心灵的欢乐怎样/100

第七章　悠闲的重要

一、人类是唯一在工作的动物/104
二、中国的悠闲理论/107
三、悠闲生活的崇尚/109
四、尘世是唯一的天堂/112
五、运气是什么/114
六、美国三大恶习/115

第八章 家庭之乐

一、趋近生物观念/119

二、独身主义——文明的畸形产物/122

三、性的吸引/127

四、中国式的家庭理想/131

五、乐享余年/136

第九章 生活的享受

一、安卧眠床/143

二、坐在椅中/146

三、谈话/149

四、茶和交友/155

五、淡巴菇和香/160

六、酒令/165

七、食品和药物/171

八、几种奇特的西俗/177

九、西装的不合人性/179

十、房屋和内部布置/183

第十章 享受大自然

一、乐园已经丧失了吗/188

二、论宏大/191

三、两个中国女子/193

四、论石与树/197

五、论花和折枝花/203

六、袁中郎的瓶花/206

七、张潮的警句/209

第十一章 旅行的享受

一、论游览/216

二、冥寥子游/222

第十二章　文化的享受

一、知识上的鉴别力/232

二、以艺术为游戏和个性/235

三、读书的艺术/242

四、写作的艺术/247

第十三章　与上帝的关系

一、宗教的恢复/256

二、我为什么是一个异教徒/259

第十四章　思想的艺术

一、合于人情的思想之必要/267

二、回向常识/271

三、近情/275

第一章　醒觉

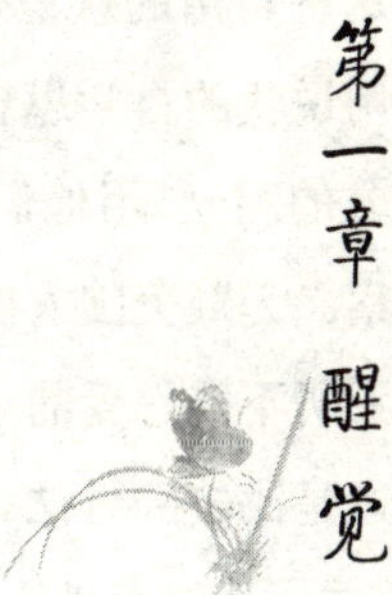

一、人生之研究

在下面的文章里我不过是表现中国人的观点。我只表现一种中国最优越最聪慧的哲人们所见到，而在他们的文字中发挥过的人生观和事物观。我知道这是一种闲适哲学，是在异于现今时代里的闲适生活中所产生的。我总觉得这种人生观是绝对真实的。人类心性既然相同，则在这个国家里能感动人的东西，自然也会感动别的国家的人类。我将要表现中国诗人和学者们的人生观，这种人生观是经过他们的常识和他们的诗意情绪而估定的。我想显示一些异教徒世界的美，显示一个明知此生有涯，但是短短的生命未始没有它的尊严的民族所看到的人生悲哀、美丽、恐惧和喜乐。

中国的哲学家是睁着一只眼做梦的人，是一个用爱和讥评心理来观察人生的人，是一个自私主义和仁爱的宽容心混合起来的人，是一个有时从梦中醒来，有时又睡了过去，在梦中比在醒时更觉得富有生气，因而在他清醒时的生活中也含着梦意的人。他把一只眼睁着，一只眼闭着，看透了他四周所发生的事物和他自己的徒劳，而不过仅仅保留着充分的现实感去走完人生应走的道路。因此，他并没有虚幻的憧憬，所以无所谓醒悟；他从来没有怀着过度的奢望，所以无所谓失望。他的精神就是如此得了解放。

观测了中国的文学和哲学之后，我得到一个结论：中国文化的最高理想人物，是一个对人生有一种建于明慧悟性上的达观者。这种达观产生宽宏的怀抱，能使人带着温和的讥评心理度过一生，丢开功名利禄，乐天知命地过生活。这种达观也产生了自由意识，放荡不羁的爱好，傲骨和漠然的态度。一个人有了这种自由的意识及淡漠的态度，才能深切热烈地享受快乐的人生。

我不用说我的哲学思想是否适用于西方人。我们要了解西方人的生活，就得用西方的眼光，用他们自己的性情，他们自己的物质观念和他们自己的头脑去观察。无疑美国人能忍受中国人所不能忍受的事物，同样中国人也能忍受美国人所不能忍受的事物。我们生下来就不同样，这已有显著的区别。然而这也不过是比较的看法。我相信在美国的繁忙生活中，他们也一定有一种企望，想躺在一片绿草地上，在美丽的树荫下什么事也不做，只想悠闲自在地去享受一个下午。“醒转来生活吧”(Wake up and live)这种普遍的呼声，在我看来很足以证明有一部分美国人宁愿过梦中的光阴，但是美国人终还不至于那么颓丧。问题只是他对这种闲适生活，要想享受的多少之间和他要怎样使这种生活实现而已。也许美国人只是在这个忙碌的世界上，对于“闲荡”一词有些感到惭愧；可是我确切知道，一如知道他们也是动物一样，他们有时也喜欢松松肌肉，在沙滩上伸伸懒腰，或是静静地躺着，把一条腿舒服地跷起来，把手臂搁在头下当枕头。如果这样，便跟颜回差不多；颜回也有这种美德，孔子在众弟子中，也最器重他。我希望看到的，就是他能对这件事抱诚实的态度；譬如他喜欢这件事，便应向全世界实说他喜欢这件事；应在他闲逸自适地躺在沙滩上，而不是在办公室里时，他的灵魂喊着：“人生真美妙啊！”

所以现在我们将要看到中国整个民族思想所理解的那种哲学和生活艺术。我认为不论是在好的或坏的方面，世界上没有一样东西是如它想象的。因为我们在这里看见一种完全不同的思想典型，由这种思想典型产生了一种簇新的人生观念，任何一个民族的文化都是他的思想产物，这话绝无疑义。中国民族思想在种族性上和西方文化是那么不同，在历史上又和西方文化那么隔离着；因此我们自然能从这种地方，找到一些人生问题的新答案，或者好一些，找到一些探讨人生问题的新方法。或者更好些，找到一些人生问题的新论据。我们要知道这种思想的美点和缺点，至少可以由它过去的历史看出。它有光辉灿烂的艺术，也有微不足道的科学，有博大的常识，也有幼稚的逻辑，有精雅温柔的关于人生的闲谈，却没有学者风味的哲学。很多人本来都知道中国人的思想非常实际而精明，爱好中国艺术的人也都知道中国人的思想是极灵敏的；一部分的人则承认中国人的思想也是富有诗意和哲理的。至少大家都知道中国人善于利用哲理的眼光去观察事物，这比之中国有伟大的哲学或有几个大哲学家的那种说法，更有意义。一个民族产生过几个大哲学家没什么稀罕，但一个民族能以哲理的眼光去观察事物，那是难能可贵的。无论怎样，中国这个民族显然是比较富于哲理性，而少实效性，假如不是这样的话，一个民族经过了四千年专讲效率生活的高血压，那是早已不能继续生存了。四千年专重效能的生活能毁灭任何一个民族。一个重要的结果就是：在西方狂人太多了，只好把他们关在疯人院里；而在中国狂人太罕有了，所以崇拜他们；凡具有中国文学知识的人，都会证实这一句话，我所要说明的就在乎此。是的，中国有一种轻逸的，一种近乎愉快的哲学，他们的哲学气质，可以在他们那种智慧而快乐的生活哲学里找到最好的论据。

二、一个准科学公式

现在就让我们先来研究产生这个生活哲学的中国人的理智构造——伟大的现实主义，不充分的理想主义，很多的幽默感，以及对人生和自然的高度诗意感觉性。

人类似分成两种人：一种是理想主义者，另一种是现实主义者，是造成人类进步的两种动力。人性好似泥土，由理想主义浇灌后即变成了柔软可塑的东西，但是使泥土凝结的还是泥土本身，不然我们早就蒸发而化气了。理想主义和现实主义这两种力，在一切人类活动里，个人的、社会的，或民族的，都互相牵制着，而真正的进步便是由这两种成分的适当混合而促成；所谓适当的混合就是将泥土保持着适宜的柔软可塑的状态，半湿半燥，恰到好处。例如英国这个最健全的民族，就是现实主义和理想主义适当地混合起来而成的。有些国家常要发生革命，这是因为它们的泥土吸收了一些不能适当同化的外国思想液汁的缘故，以致泥土不能保持着它们的形式。

模糊而缺乏批判精神的理想主义，是极为可笑的。这种理想主义的成分如果太多，于人类颇为危险，它使人徒然地追求虚幻的理想。在任何一个社会或民族里，如果这种幻想的理想主义成分太多，就会时常发生革命。人类好似一对理想主义的夫妻，对于他们的住所永远感到不满意，每三个月总要搬一次家，他们以为没有一块地方是理想的，而没有到过的地方似乎总是好的。幸而人类也赋有一种幽默感，其功用，是在纠正人类的梦想，而引导人们去和现实世界相接触。人类不可没有梦想，可是他也不能不好笑他自己的梦想，两者也许同样的重要。这是多么伟大的天赋，而中国人就富于这种特质。

幽默感（我在下面一章里将做更详细的讨论）似乎和现实主义或称现实感有密切的联系。说笑话者虽常常残酷地使理想主义者感到幻灭，但是在另一方面，却完成了一种极重要的任务，这足以使理想主义者不至于把头碰在现实的墙壁上，而受到一个比幻灭更猛烈地撞击。同时也能缓和暴躁急烈分子的紧张心情，使他可以寿命长一些。如能预先让他知道幻灭的无可避免，或许可以使他在最后的撞击里减少一些痛苦，因为一个幽默家始终是像一个负责者将坏的消息温和地告诉垂死的病人。有时一个幽默家的温和警告会挽救垂死者的生命。假如理想主义和幻灭必须在这世界上同时并存，那么，我们与其说那个说笑话者是残忍的，还不如说人生是残酷的了。

我时常想到一些机构公式，想把人类进步和历史变迁明确地表示出来。这些公式仿佛如下：

“现实”减“梦想”等于“禽兽”

“现实”加“梦想”等于“心痛”（普通叫做“理想主义”）

“现实”加“幽默”等于“现实主义”（普通叫做“保守主义”）

“梦想”减“幽默”等于“热狂”

“梦想”加“幽默”等于“幻想”

“现实”加“梦想”加“幽默”等于“智慧”

这样看来，智慧或最高型的思想，它的形成就是在现实的支持下，用适当的幽默感把我们的梦想或理想主义调和配合起来。

为尝试制造一些准科学的公式起见，不妨进一步照下列的方法来分析各国的民族性。我用“准科学”这个名字，因为我不相信那种呆板的机械公式真能够把人类活动或人类性格表现出来。把人类的活动归纳到一个呆板的公式里，这已经缺少幽默感，因此也就缺乏智慧。我并不是说现在没有拟这一类的公式；在今日之下，这种准科学正多着。到一个心理学家竟能衡量人类的“智能"(IQ)或"性格"(PQ)时[1],这世界可真够可怜,因为有人性的学问都被专家跑来篡夺了。但如果我们认为这些公式不过是拿来表现某些意见的简便图解方法,而不拿科学神圣名义来做我们护符,则尚没有什么关系。下面所写是我替某些民族的特性所拟的公式,这些公式完全是照我个人意思而定,绝对无法证实。任何人都可反对它们,修改它们,或另改为他自己的公式。现在以"现"字代表"现实感"(或现实主义),"梦"字代表"梦想"(或理想主义),"幽"字代表"幽默感"——再加上一个重要的成分——"敏"字代表"敏感性"(Sensibility),再以"四"代表"最高","三"代表"高","二"代表"中","一"代表"低",这样我们就可以用准化学公式代表下列的民族性。正如硫酸盐和硫化物,或一氧化碳和二氧化碳的作用各不相同,人类和社会也依它们不同的构造,而有不同的作用。在我看来,人类社会或民族在同样情形之下,却有不同的行为,确是一桩很有趣的事。我们既然不能模仿化学的形式发明"幽默化物"(Humoride)和"幽默盐"(Humorate)一类的名字,自只可用三份"现实主义",二份"梦想",二份"幽默"和一份"敏感性"的方式造成一个英国人[2]。

现三 梦二 幽二 敏一 等于英国人
现二 梦三 幽三 敏三 等于法国人
现三 梦三 幽二 敏二 等于美国人
现三 梦四 幽一 敏二 等于德国人
现二 梦四 幽一 敏一 等于俄国人
现二 梦三 幽一 敏一 等于日本人
现四 梦一 幽三 敏三 等于中国人

我不十分知道意大利人、西班牙人、印度人和其他的民族,所以不敢拟

① 智能测验自有其相当有限的用处,这我并不反对;我所反对的是他们认为这些测验,于人类性格可以获得数学式的准确答案,或可以作为始终可靠的衡量。

② 也许有人要根据一些良好的理由,提议另加一个"逻"字,以代表逻辑或合理性,认为这是造成人类进步的重要元素。但这个"逻"字,总会和敏感性站在反对的地位,因为敏感性是某一种对事物的直接理解。别人尽可以试定这么一个公式。不过据我个人的意见,合理性在人类活动上占着颇低的地位。

议他们的公式,同时上列公式本身就不很靠得住,每一公式都足以引起严切的批评。这些公式与其说是权威的,不如说是含有挑拨性的。假使我能得到一些新见识或新印象时,我预备把这些公式逐渐修正,以供我自己应用。它们的价值眼前只限于此,这无非是我知识的进步和我愚昧的缺陷的一个记录而已。

这里也许有值得讨论的地方,我认为中国人和法国人最为相近,这从法国人著书和饮食的方式可以清楚地看出来,同时法国人更丰富的理想主义是由比较轻松的性情所产生,而以爱好抽象观念的形式表现出来(请回想他们在文学、艺术和政治运动上的宣言吧)。以"现四"来代表中国人民,是说中国人是世界上最现实化的民族,"梦一"的低分数则表示他们在生活类型或生活理想上似乎缺乏变迁性。中国人的幽默、敏感性和现实主义,我给了较高的分数,这大概是我同国人接触密切、印象生动的缘故吧。中国人的敏感性,无需我细为解释,从中国的散文、诗歌和绘画即可以得到很好的说明了。……日本人和德国人在缺乏幽默感的方面,极为相像(一般的印象),然而无论哪一个民族的特性,总不能以"零"为代表,甚至中国人的理想主义我也不能以"零"来代表它。其间完全不过是程度高低的问题:"完全缺乏这种或那种质素"这一类的言论,对各民族有亲切认识者是不会说的。因之我给日本人和德国人不是"幽零",而是"幽一",我觉得这是对的。我相信日本人和德国人所以在现在和过去都遭受到政治上的痛苦,原因就是由于他们缺乏良好的"幽默感"。一个普鲁士的市政顾问官就喜欢人家称他"顾问官",并且他多么喜欢他制服上的纽扣和徽章啊!一种对"逻辑上必要性"(常常是神圣的)的信念,一种直趋目标,而不做迂回行动的倾向,常常使人遇事过分。其要点不在你信仰什么东西,而是在你怎样去信仰那种东西,并怎样把信仰变成行动。我给日本人"梦三"是特别指出他们对于皇帝和国家的狂热忠诚,这种狂热的忠诚是由于他们性格上的幽默成分过低的缘故。因为理想主义在不同的国家里代表着不同的东西。正如所谓幽默感包括着许多不同的东西一般。……理想主义和现实主义在今日之下的美国正在做有趣的拔河竞赛,两种成分都有相当高的分数,因此便产生了美国人特有的那种潜力。美国人的理想主义是什么,这问题还是让美国人自己去研究吧;不过有一点我可以说的,他们对什么东西都很热心。从美国人很容易给高尚的思想或高贵的语词所感动这一点来说，他们的理想主义想必大部分是高尚的；但是有一部分也不免是自欺欺人而已。美国人的幽默感比之欧洲大陆民族的幽默感也有些不同，可是我的确觉得这种幽默感（爱好玩意儿和原有广博的常识），是美国民族最大的资产。在未来的重要变迁的时代中，勃赉斯（James Bryce，十九世纪末叶的英国历史学家）所说的那种广博常识，于他们将有很大的用处，我希望这种常识能使他们渡过危急的时期。我以很低的分数给予美国人的敏感性，因为在我的印象中，他们能够忍受非常的事物。……一般说来，英国人好像是最健全的民族，他们的"现三 梦二"和法国人的"现二 梦三"正成了个对比。我绝对赞成"现三 梦二"，这是民族稳定性的表现。我以为理想的公式似乎是"现三 梦二 幽三 敏二"，因为理想主义或敏感性的成分过多，也不是好事。我以"敏一"代表英国人的敏感性；如果以为这个分数太低，那是要怪英国人自己的！英国人随时随地要露着那种忧郁的样子，我怎能知道他们究竟有什么感觉呢——欢笑，快乐，愤怒，满足？

我们对于著作家和诗人也可以用同样的公式，现在试举几个著名的人物来做个例：

莎士比亚[①]——现四 梦四 幽三 敏四

德国诗人海尼（*Heine*）——现三 梦三 幽四 敏三

英国诗人雪莱（*Shelley*）——现一 梦四 幽一 敏四

美国诗人爱伦波（*Poe*）——现三 梦四 幽一 敏四

李白——现一 梦三 幽二 敏四

杜甫——现三 梦三 幽二 敏四

苏东坡——现三 梦二 幽四 敏三

这不过是我随手所写的几个例子。一切诗人显然有很高的敏感性，否则便不成其为诗人了。我觉得爱伦波虽有其不可思议的富于想象力的天赋，却

---

① 我很犹豫，不知道应该给莎士比亚"敏四"或"敏三"，最后他的"十四行诗"使我决定了。学校教师在批学生分数时，真没有像我批莎士比亚的分数时，那么惶恐、不安、战战兢兢。

是一个极健全的天才。因为他不是很喜欢做推论的吗？

我给中国民族性所定的公式是：

现四 梦一 幽三 敏三

我用“敏三”去代表丰富的敏感性，这种丰富的敏感性产生一种对人生的适当艺术观念，使中国人很肯定地感到尘世是美满的，因此对人生感到热诚的爱好。不过敏感性还有更大的意义：它事实上代表一种近乎哲学的艺术观念。因这理由，中国哲学家的人生观就是诗人的人生观，而且中国的哲学是跟诗歌发生联系，而不比西方的哲学是跟科学发生联系的。这种对欢乐、痛苦和人生百态的丰富的敏感性，使轻快哲学有造成的可能；这一点可以在下文中看得很明白。人类对于人生悲剧的意识，是由于青春消逝的悲剧的感觉而来，而对人生的那种微妙的深情，是由于一种对昨开今谢的花朵的深情而产生的。起初受到的是愁苦和失败的感觉，随后即变为那狡猾的哲学家的醒觉和哂笑。

在另一面，我们用“现四”来代表浓厚的现实主义，这种浓厚的现实主义就是指一种安于人生现状的态度，是一种认为“二鸟在林，不如一鸟在手”的态度。所以这种现实主义使艺术家的信念变得更坚固，觉得这似乎朝露的人生，更为美丽。同时，也使艺术家和诗人不至于彻底逃避人生。梦中人说：“人生不过是一场梦。”现实主义者回说：“一点也不错，让我们在梦境里尽量过着美满的生活吧。”但是这里的醒觉者的现实主义是诗人的现实主义，而不是商人的现实主义；那种趾高气扬，欣欣然走上成功之路的年轻进取者的大笑，也将失掉，而变为一个手捻长须，低声缓语的老人的大笑。这种梦中人酷爱和平，没有一个人肯为一个梦而拼命斗争。他会一心一意地和他做梦的同志一起过着合理美满的生活。因此人生的高度紧张生活即松弛下去了。

此外，这种现实感觉的主要功用，是要把人生哲学中一切不必要的东西摒除出去，它好似扼住了人生的颈项以免幻想的翅膀会把它带到一个似乎是美而实则虚幻的世界里去。况且人生的智慧其实就在摒除那种不必要的东西，而把哲学上的问题化减到很简单的地步——家庭的享受（夫妻、子、女）、生活的享受、大自然和文化的享受——同时停止其他不相干的科学训练和知识的追求。这么一来,中国哲学家的人生问题即变得稀少简单,同时人生智慧也即是指一种不耐烦的态度——一种对形而上的哲学,以及与人生没有实际关系的知识的不耐烦态度。也指各种人类活动,不论是去获取知识或是东西,都须立刻受人身本身的测验,以及对生活目标的服从。其结果,即是生活的目的,不是什么形而上的实物,而仅是生活本身。

中国人的哲学因为具有这种现实主义和极端不相信逻辑及智能,就变成了一种对人生本身有直接亲热感觉的东西,而不肯让它归纳到任何一种体系里去。因为中国人的哲学里有健全的现实意识,纯然的动物意识和一种明理的精神,因此反而压倒了理性本身,而使呆板的哲学体系无从产生。中国有儒道释三教,每一种教都是宏大的哲学体系,但它们都曾被健全的常识所冲淡,因而都变成追求人生幸福的共同问题。中国人对任何一个哲学观念、信仰、派别,都不愿专心地相信,或过分起劲地去研究。孔子的一个朋友对他说,他常常三思而后行,孔子诙谐地回答:"再,斯可矣。"一个哲学派别的信徒最多不过是一个哲学的学生,可是一个人则是生活的学生,或者竟是生活的大师哩。

有了这种文化和哲学,最后结果,就是中国人和西洋人成了一个对照,中国人过着一种比较接近大自然和儿童时代的生活,在这种生活里,本能和情感得以自由行动;是一种不太重视智能的生活,敬重肉体也尊崇精神,具有深沉的智慧、轻松的快活和熟悉世故但很孩子气的天真,这些成了一种奇怪的混合物。所以归纳起来说,这种哲学的特征是:第一,一种以艺术眼光对人生的天赋才能;第二,一种于哲理上有意识地回到简单;第三,一种合理近情的生活理想。最后的产品就是一种对于诗人、农夫和放浪者的崇拜,这是可怪的。

三、以放浪者为理想人

在我这个有着东方精神也有着西方精神的人看来,人类的尊严是由以下几个事实所造成(这就是人类和动物的区别):第一,他们对于追求知识,有着一种近乎戏弄的好奇心和天赋的才能;第二,他们有一种梦想和崇高的理想主义(常常是模糊的、混杂的,或自满的,但亦有价值);第三,也是最重要的一点，他们能够利用幽默感去纠正他们的梦想，以一种比较健全的现实主义去抑制他们的理想主义；第四，他们不像动物般对于环境始终如一地机械地反应着，而是有决定自己反应的能力和随意改变环境的自由。这一点就是说人类的性格生来是世界上最不容易服从机械律的；人类的心思永远是捉摸不定，无法测度，而常常想着，怎样去逃避那些发狂的心理学家和未有夫妇同居经验的经济学家所要强置在他身上的机械律，或是什么唯物辩证法。所以人类是一种好奇的、梦想的、幽默的、任性的动物。

总之，我对人类尊严的信仰，实是在于我相信人类是世上最伟大的放浪者。人类的尊严应和放浪者的理想发生联系，而绝对不应和一个服从纪律、受统驭的兵士的理想发生联系。这样讲起来，放浪者也许是人类中最显赫最伟大的典型，正如兵士也许是人类中最卑劣的典型一样。读者对于我以前的一部著作《吾国与吾民》(*My Country and My People*)的一般印象是我好似在赞颂"老滑"。现在我希望读者对这一部著作的一般印象是：我正在竭力称颂放浪汉或是流浪汉。我希望在这一点上我能成功，因为世间的事物，有时看来不能像它们外表那么简单。在这个民主主义和个人自由受着威胁的今日，也许只有放浪者和放浪的精神会解放我们，使我们不至于都变成有纪律的、服从的、受统驭的、一式一样的大队中的一个标明号数的兵士，因而无声无息地湮没。放浪者将成为独裁制度的最后的最厉害的敌人。他将成为人类尊严和个人自由的卫士，也将是最后一个被征服者。现代一切文化都靠他去维持。

造物主也许会晓得当他在地球上创造人类时，他是创造了一个放浪者，虽是一个聪明的，然而总还是放浪者。人类放浪的质素，终究是他的最有希望的质素。这个已造成的放浪者，无疑地是聪慧的。但他仍是一个很难于约束，很难于处置的青年，他自己以为比事实上的他更伟大，更聪慧，依然喜欢胡闹，喜欢顽皮，喜欢一切自由。虽然如此，但亦有许多美点，所以造物主也许还愿意把他的希望寄托在他身上，正如一个父亲把他的希望寄托在一个聪慧而又有点顽皮的二十岁儿子的身上一般。我常想他可也有一天情愿退隐，而把这个宇宙交给他的儿子去管理吗？……

以中国人的立场来说，我认为文化须先由巧辩矫饰进步到天真纯朴，有意识地进步到简朴的思想和生活里去，才可称为完全的文化；我以为人类必须从知识的智慧，进步到无智的智慧，须变成一个欢乐的哲学家；也必须先感到人生的悲哀，然后感到人生的快乐，这样才可以称为有智慧的人类。因为我们必须先有哭，才有欢笑，有悲哀而后有醒觉，有醒觉而后有哲学的欢笑，另外再加上和善与宽容。

我以为这个世界太严肃了，因为太严肃，所以必须有一种智慧和欢乐的哲学以为调剂。如果世间有东西可以用尼采所谓愉快哲学(Gay Science)这个名称的话，那么中国人生活艺术的哲学确实可以称为名副其实了。只有快乐的哲学，才是真正深湛的哲学；西方那些严肃的哲学理论，我想还不曾开始了解人生的真意义哩。在我看来，哲学的唯一效用是叫我们对人生抱一种比一般商人的较轻松较快乐的态度。一个五十岁的商人，本来可以退隐，在我看来不是哲学家。这不是一个偶然发生的念头，而是我一个根深蒂固的观念。只有当人类渲染了这种轻快的精神时，世界才会变得更和平、更合理，而可以使人类居住生活。现代的人们对人生过于严肃以充满着烦扰和纠纷。我们应该费一些工夫，把那些态度，根本地研究一下，方能使人生有享受快乐的可能，并使人的气质有变为比较合理、比较和平、比较不暴躁的可能。

我也许可以把这种哲学称为中国民族的哲学，而不把它叫做任何一个派别的哲学。这个哲学比孔子和老子的更伟大，因为它是超越这两个哲学家以及其他的哲学的；它由这些思想的泉源里吸收资料，把它们融洽调和成一个整体；它从他们智慧的抽象轮廓，造出一种实际的生活艺术，使普通一般人都可看得见，触得到，并且能够了解。拿全部的中国文学和哲学观察一过后，我深深地觉得那种对人生能够尽量的享受和聪慧的醒悟哲学，便是他们的共同福音和教训——就是中国民族思想上最恒久的，最具特性的，最永存的叠句唱词。

第二章 关于人类的观念

一、基督徒 希腊人 中国人

关于人类的观念，世上有好几种：即传统的基督教观念，希腊的异教徒观念和中国人的道教和孔教的观念(因为佛教的观念太悲观了，所以我不把它包括进去)。这些观念，由它们深湛的讽喻意义上说来，并没有什么分别，尤其是在具有高深的生物学和人类知识的现代人，给予它们一种广义的解释后，更不能分其轩轾，可是在它们原来的形式上，分别仍是存在的。

依传统的正统基督教观念，人类是完善地、天真地、愚笨地、快乐地赤裸着身体在伊甸园里生活。后来人类有了知识和智慧，于是堕落了，这就是痛苦的起因。所谓痛苦，主要的是由于：(一)男人方面的流汗工作；(二)女人方面的生男育女的疼痛。为要显示人类的缺点起见，基督教又引进一种人类的新成分，和原来的天真完美相对照。这种新成分就是魔鬼，它大概是由肉体方面去活动；而人类较高尚的天性则由灵魂方面去活动，我不知道"灵魂"在基督教神学里是什么时候发明的，但是这"灵魂"变成了一种实物，而不是一种机能，变成了一种实质，而不是一种状态；它把灵魂不值拯救的禽兽和人类明确地划分了。在这里，逻辑便发生了问题，因为"魔鬼"的来源必须解释，然而当中世纪的神学家，用他们平常的学者逻辑去研讨这个问题时，他们便陷入了进退维谷的境界。他们不能承认"非上帝"的"魔鬼"一定是和上帝并存永生。所以在无可奈何中，他们只得说"魔鬼"一定是一个堕落的天使，但是这又引起了罪恶的来源问题（因为另外总得有一个"魔鬼"来引诱这个天使去堕落啊）。因此，这种理论便不能使人满意，他们也只好随它去了。虽然如此，这理论却产生了神灵和肉体相对的奇怪观念；这个玄妙的观念至今存在，对于我们的人生观和幸福还有着很大的影响①。

接踵而至的，便是"赎罪"的理论，这理论依然是由牺牲的观念假借而来；从这个理论推想起来，上帝好像是一个喜欢人间烟火味的神，不愿意无代价赦免人类的罪恶。基督教有了这种理论，人类一下子就可以寻到一个可以赦免一切罪恶的方法，因此人类又找到了获得完美的方法。基督教思想中最奇突的一点就是完美观念。因为基督教是从上古世界的崩溃中所产生，所以有一种着重来世的倾向，拯救问题替代了人生幸福问题，或者替代了简朴生活本身问题。这观念的涵义就是人类要怎样才能脱离这个腐败、混乱和灭亡中的世界，而到另一个世界里去。因此，就有了永生的观念。这和"创世纪"里上帝不要人类永生的原始说法是矛盾的。根据"创世纪"的记载，亚当和夏娃所以被逐出伊甸园，并不是像一般人所相信的那样，为了偷尝善恶树的果子，而是为了上帝怕他们再度违背命令，去偷吃生命树的果子，因而得到永生：

"耶和华上帝说：那人已经和我们相似，能知道善恶，现在恐怕他又伸手去摘生命树的果子吃，就永远活着。

"耶和华上帝便打发他出伊甸园，去耕种他身所自出之土。

"于是把他赶了出去，又在伊甸园的东边安设基路伯和四面转动能发火焰的剑，去把守生命树的道路。"

善恶树似乎是在乐园的正中央，生命树却是在靠近东门的地方，据我们知道在那边基路伯还驻守着，以防人类侵犯。

总之，现在还存有一种以为人类是完全堕落的信念，今生的享乐就是罪恶，以为刻苦就是美德，以为人类除了被一种外来的伟大力量所拯救外，不能自救。罪恶仍是今日通行的基督教教义的根本理论。教士在讲道的时候，第一步是使人体会到罪恶的存在，以及人类本性的不良（是传教士应用藏在

---

① 在现代思想进步的过程中，"魔鬼"是第一个被弃掉的东西，这是值得欣幸的事实。我相信今日在一百个相信有上帝的进步基督徒之中，相信真魔鬼的（除了比喻的意义之外）恐怕不上五人，同时，相信真地狱的也和相信真天堂的同归消灭。

袖子里的现成药方时的必要条件)。总之,如果你不先使一个人相信他是罪人,你便不能劝诱他做基督教徒。有人曾说过一句颇为刻薄的话:"我国的宗教已经成为一种罪恶的反省,体面的人士不敢再走进教堂了。"

希腊的异教世界是一个绝对不同的世界,所以他们对于人类的观念亦异。最值得注意的就是:希腊人要他们的神成为凡人一般,而基督教徒则反之,要使凡人跟神一样。在奥林匹克那些确是些快乐的、好色的、谈恋爱、会说谎、好吵架,也会背誓的急性易怒的家伙;正像希腊人那样地喜欢打猎,驾马车,掷标枪——他们也很喜欢结婚,而且生了许多的私生子。讲到神和人的区别,神不过具有在天上会打雷在地上会培养植物的能力而已,他们都是永生的,喝花蜜酿的仙酒而不喝酒——不过用来酿成的果实是差不多的。我们觉得可以和这班人亲近,我们可以背了一个行李,和阿波罗(Apollo,司日轮、音乐、诗、医疗、预言等之神)或雅典纳(Athene,司智慧、学术技艺、战争之神)一同去行猎。或在路上拉住麦考里(Mercury,商人、旅客、盗贼及狡猾者之保护神)和他闲谈,正如和美国西方联合电报局的送差闲谈一样。如果谈得很有趣的话,我们可以想象出麦考里说:"不错,好的,对不起,我要走了,要把这封电报送到七十二号街去。"希腊人并不神圣,可是希腊的神却具有人性。这些神跟基督教完美的上帝相较起来是多么不同啊!希腊的神不过是另一个种族的人,是一族能够永生的巨人,同时地球上的人却不能够。由于这个背景,便产生一切关于台美特(Demeter,司农业的女神)、普洛赛宾拿(Proserpina,地狱的女王)和奥斐斯(Orpheus,音乐的鼻祖)等的绝美故事。希腊人对神的信仰是理所当然的,甚至苏格拉底将饮毒酒的时候,也举杯向神祷告,求神使他快一点到另一个世界里去,这点很像孔子的态度。在那个时候,人们的态度必须是这样的;至于希腊精神如果在现代,其对于人类和上帝将取什么态度,我们不幸没有知道的机会。希腊的异教世界不是现代的,而现代的基督教世界也不是希腊的,这是很可惜的。

大体说来,希腊人承认人类是总有一死的,有时还要受残酷命运所支配。人类一接受了这种命运后,便感到十分愉快。因为希腊人酷爱这个人生和这个宇宙,他们除了专心致志,科学地去理解物质世界外,也应注意于理解人生的真美善。希腊人的思想里没有类似伊甸园式的"黄金时代",也没有人类堕落的讽喻;希腊人自己不过是狄卡思翁(Deucalion)和他的妻皮拉

(Pyrrha)在洪水后，走下平原时，从地上拾起来向后抛去的石子所变成的人类罢了。他们对疾病和忧虑是用滑稽的方法去解释；他们以为疾病和忧虑好似一个少妇有一种难于压制的欲望，想打开一箱珍宝——潘多拉的箱子。希腊人的想象是美丽的。他们大都把人性就当人性看待，但是基督徒或许会说他们是被“总有一死”的命运所支配。但是总有一死的命运是美丽的，人类在这里可以理解，人生可以让自由推究的精神去发展。有些诡辩家认为人性本善，有些却认为人性本恶，可是他们的理论总没有像霍勃王(Hob-bes，十五世纪英国的哲学家)和卢梭(十八世纪法国的哲学家)的互相矛盾。最后，柏拉图认为人类似乎是欲望、情感和思想的混合物。理想的人生便是在理论、智慧、真正理解的指导下，三方面和谐地在一起生活。柏拉图认为“思想”是不朽的，不过个人的灵魂之或贱或贵，根据他们是否爱好正义、学问、节制和美而定。在苏格拉底的心目中，灵魂也是一种独立和不朽的存在；他在“费度”(Phaedo)里告诉我们说：“当灵魂独自存在时，由肉体解放出来，而肉体也由灵魂解放出来的时候，那时除死亡之外还有什么呢？”相信人类灵魂的不朽，显然是基督教徒、希腊人、道教和儒教的观念上相同的地方。相信灵魂不朽的现代人，当然不能抓住这一点当做话题。苏格拉底对灵魂不朽的信仰，在现代人看来，也许认为毫无意义，因为他的许多理论根据，如化身转世之类，是现代人所不能接受的。

关于中国人对于人类的观念，人类是造物之主，“万物之灵”。在儒家看来，人和天地并列成为“三灵”。如果以灵魂说为背景讲起来，世间万物都有生命，或都有神灵依附，风和雷是神灵的本身，每一大山和河流都有神灵统治，而且可说即是属于这个神灵的；每一种花都有花神，在天上管理季节，看顾它们盛开凋谢。还有一个百花仙子，他的生辰是在二月十二日。每棵柳树、松树、柏树，每一只狐狸或乌龟活了很长的岁月，达到了很高的年龄，就变成精。

在这种用灵魂说为背景之下，人类自然也被视为神灵的具体表现。这神灵和宇宙间的一切生物一样，是由雄性的、主动的、正的，或阳的成分，和雌性的、被动的、负的，或阴的成分，结合而产生出来的——在事实上不过是对阴阳电原理的一种玄妙的猜测罢了。附在人身上的这种灵性叫做“魄”；离开人身随处飘荡时叫做“魂”(一个人有坚强的个性或是精神充沛时，便称之为有“魄力”)。人死后,“魂”依旧四处飘荡。魂是不常扰人的,但如果没有人埋葬或祭祀死者,那么神灵便会变成“无祀孤魂”来缠扰人家,因此,中国人便定七月十五日为“祭亡日”,以祭祀那些溺死的和客死异乡的鬼。更甚的,假使死者是被杀的或冤枉死的,那鬼魂便到处飘荡骚扰,直到雪冤之后,方才停止。

人既是神灵的具体表现,所以在世的时候,当然须有一些热情欲望和精神(Vital energy or Nervous energy),这些东西无所谓好坏,只不过是一些和人类生活不能分离的天赋的性质而已。一切男女都有热烈的感情,自然的欲望,高尚的意志,以及良知;他们也有性欲、饥饿、愤怒,并且受着疾病、疼痛、苦恼和死亡的支配。文化的用处,便在怎样使这些热情和欲望能够和谐地表现。这就是儒家的观念,依这种观念,我们假使能够和这种天赋的本性过着和谐的生活,那么,便可以和天地并列;关于这一点,我将在第六章末再讲。然而佛教对于人类的肉体情欲的观念和中世纪基督教很相同——以为这些情欲是必须割弃的讨厌东西。太聪慧或思想过度的男女有时会默契这个观念,因而去做和尚或尼姑;但在大体上说来,儒家的健全意识并不赞成这种行为。同样,佛教的观念也有点近于道教的意味,认为红颜薄命是“被谪下凡的神女”,因为她们动了凡心,或是在天上失了职,所以被贬入尘世来受这命运注定的人间痛苦。

人类的智能被认为是一种潜力之类。这种智能即我们所谓“精神”,这“精”字的意义和狐狸精的“精”字相同。我在前面已经说过,英语中和“精神”意义最相近的是Vitality或Nervous energy,这种东西在人生中每天有许多不同的时候,正像潮水那样地涨落不定。一个人生下来就有热情、欲望和这种精神。这些在幼年、壮年、老年和死亡各时期中循着不同的路线而流行。孔子说:“少之时,血气未定,戒之在色;及其壮也,血气方刚,戒之在斗;及其老也,血气既衰,戒之在得。”反过来讲,就是说少年爱色,壮年好斗,老年嗜财。

当着这个身体的、智能的和道德的资产混合物,中国人对于人类本身所抱的一般态度,可以归纳到“让我们做合理近情的人”这句话里。就是一种中庸之道,不希望太多,也不太少。好像人类是介乎天地之间,介乎理想主义和现实主义之间,介乎崇高的思想和卑鄙的情欲之间。这样的介乎中间,便是人类天性的本质;渴求知识和渴求清水,喜欢一个好的思想和喜爱一盆美味的笋炒肉，吟哦一句美丽的诗词和向慕一个美丽的女人，这些都是人的常情。因之我们感到人间总是一个不完美的世界。要把这社会加以改良，机会当然是有的，但是中国人并不想得到完全的和平，也不想达到快乐的顶点。这里有个故事可作证明。有一个人从幽冥降生到人间去，他对阎王说："如果你要我回到人间，你须答应我的条件。""什么条件呢？"阎王问。那人回答说："我要做宰相的儿子，状元的父亲，我的住宅四周要有一万亩地，有鱼池，有各种花果，我要有一位美丽的太太和一些娇艳的婢妾，她们都须待我很好，我要满屋珠宝，满仓五谷，满箱金银，而我自己要做公卿，一生荣华富贵，活到一百岁。"阎王说："如果人间有这样的人可做，我自己也要去投生，不让你去了！"

然而合理近情的态度，就是说：我们既有了这种人类的天性，那么就让我们开始做人吧。何况要逃避这个命运，根本是办不到的。不管热情和本能本来是好是坏，空口争论是没有什么用处的。或者我们反而倒有被束缚的危险。这种近情合理的态度造成了一种宽恕的哲学，觉得人类的错误和谬行都是可以获得宽恕的，不论是法律上的、道德上的或政治上的，都可以认为是"一般的人类天性"或"人之常情"。至少，那批有教养的、心胸旷达的、遵循合理近情的精神而生活的学者，都抱着这种态度。中国人甚至以为天或上帝也是一个颇为合理近情的人物，他们以为你只要过着合理近情的生活，依着你的良知行事，你就不必再有所怕惧，他们认为良心的安宁是最大的福气，认为一个心地光明磊落的人，连鬼怪也不能侵犯他。所以，只要有一个合理近情的上帝来担任管理那些不合理不近情者的任务，世界便太平无事，诸事顺利了。专制者死了；卖国者自杀了；唯利是图者变卖他的财产了；有权有势，拥有古董的收藏家（他们是利欲熏心，靠权势来剥削人家的）的儿子们，把他们父亲用尽心机搜罗得来的珍宝，一齐变卖，四散地藏在别人的家庭里了；杀人凶犯伏法了，遭辱的女人得到报复的机会了，难得有个被压迫者会喊着说："老天爷瞎了眼睛！"（正义不伸）。在道家和儒家两方面，最后都以为哲学的结论和它的最高理想，即必须对自然完全理解，以及必须和自然和谐；如果要用一个名词以便分类的话，我们可以把这种哲学称为"合理的自然主义"(Reasonable naturalism)，一个合理的自然主义者于是便带着兽性的满足在这世界上生活下去。目不识丁的中国妇人说："人家生我们，我们生人家，另外还有什么事可做呢？”

“人家生我们，我们生人家”，这一句话蕴藏着一种可怕的哲学。由于这种说法，人生将变成一种生物学的程序，而永生的问题便绝口不必谈了。这正和一个搀着孙儿到糖果店里去，一面在想着五年或十年后便要回到坟墓里去的中国祖父一样，他们在这世间最大的希望就是不至于生下羞辱门第的子孙来。中国人人生的整个典型就是这样一个观念组合起来的。

二、与尘世结不解缘

人类如要生活，依然须生活在这个世界上。什么生活在天上啊等问题，必须抛弃。人类的心神哟！别张起翅膀，飞到天神那边去，而忘掉这个尘世呀！我们不都是注定着要遭遇死亡命运的凡人吗？上天赐给了我们七十年的寿命，如果我们的心志太高傲，想要永生不死，这七十年，确是很短促的，但是如果我们的心地稍为平静一点，这七十年也尽够长了。一个有智慧的人如充分长寿，在七十年的兴衰中，也尽够去视看习俗、道德和政治的变迁。他在那人生舞台闭幕时，也应该可以心满意足地由座位立起来，说一声“这是一出好戏”而走开吧。

我们是属于这尘世的，而且和这尘世是一日不可离的。我们在这美丽的尘世上好像是过路的旅客，这个事实我想大家都承认的，即使这尘世是一个黑暗的地牢，但我们总得尽力使生活美满。况且我们并不是住在地牢里，而是在这个美丽的尘世上，而且是要过着七八十年的生活，假如我们不尽力使生活美满，那就是忘恩负义了。有时我们太富于野心，看不起这个卑低的，但也是宽大的尘世。可是我们如要获得精神的和谐，我们对于这么一个孕育万物的天地，必须有一种感情，对于这个身心的寄托处所，必须有一种依恋之感。

所以，我们必须有一种动物性的信仰和一种动物性的怀疑，就把这尘世当做尘世看。梭罗（Thoreau，美国十九世纪作家和自然主义者）觉得自己和土壤是属于同类，具有同样的忍耐功夫，在冬天时，期望着春日的来到，在百无聊赖的时候，不免要想到寻求神灵不是他的分内事，而应由神灵去寻求他；依他的说法，他的快乐也不过和土拨鼠的快乐很相似，他这种整个的大自然性也是我们所应该保持的。尘世到底是真实的，天堂终究是飘渺的，人类生在这个真实的尘世和飘渺的天堂之间是多么幸运啊！

凡是一种良好的、实用的哲学理论，必须承认我们都有这么一个身体。现在已是我们应该坦白地承认“我们是动物”的适当时机。自从达尔文进化论的真理成立以后，自从生物学，尤其是生物化学，获得极大的进展之后，这种承认是必然的。不幸我们的教师和哲学家都是属于所谓知识阶级，都对于智能有着一种特殊的、专门家式的自负，致力于精神的人以精神为荣，正如皮鞋匠以皮革为荣一样。有时他们连“精神”一词也还觉得不够飘渺抽象，更拿什么“精粹”、“灵魂”或“观念”一类的词字，冠冕堂皇地写出来，想拿它来恐吓我们。人的身体便在这种人类学术的机器中，蒸馏成精神，而这种精神进一步凝聚起来，再变成一种精粹的东西。但是要晓得即使是酒精也须有一个“实体”——和淡水混合起来——才能味美适口。然而我们这些可怜的俗人却须饮这种精神所凝聚的精华。这种过分着重精神的态度实是有害的。它使我们和自然的本能搏斗，它使我们对于天性无从造成一种整体完备的观念，这是我批评它的一个主要点。同时这种态度对于生物学和心理学，对于感官、情感，尤其是本能，在我们生命上所占的地位，也是极少认识的。人类是灵与肉所造成，哲学家的任务应该是使身心协调起来，过着和谐的生活。

三、灵与肉

有一桩最显明的事实而为哲学家所不愿承认的，就是我们有一个身体。因为说教者对于人类的缺憾，以及野蛮的本能和冲动看得厌腻了，所以希望我们生得和天使一般，但是我们想象不出怎么样才是天使的生活。我们以为要么天使也有和我们一样的肉体——除了多生一对翅膀——要么他们是没有肉体的。关于天使的形态，一般的观念仍以为是和人类一样的，只不过多生一对翅膀，这是很有趣的事。我有时觉得天使有肉体和五官，也于他是有益的。假如我是天使的话，我愿有少女般的容貌，但是如果我没有皮肤，怎样能得到少女般的容貌呢？我也愿仍旧喜欢喝一杯茄汁，或冰橘汁，但是我如果没有渴的感觉，怎样能享受呢？并且我如不能感觉饥饿，我又怎样能享受食物？如果天使没有颜料，怎样能够绘画？如果听不到声音，怎样能够歌唱？

如果没有鼻子，怎样能够呼吸清晨的新鲜空气？如果皮肤不会发痒，怎样能够享受搔痒时那种无上的满足？这在快乐上，该是一种多么重大的损失！我们必须有肉体，并且我们肉体上的欲望必须都能够得到满足，否则我们便应该变成纯粹的灵魂，不知满足为何物，因为满足都是由欲望而产生的。

我有时候想，以为鬼魂或天使，如没有肉体，真等于一种可怕的刑罚：看见一泓清水，没有脚可以伸下去享受一种清新愉快的感觉；看见一盆北平或长岛(Long Island，美国地名)的鸭肉，但没有舌头可以尝它的滋味；看见烘饼，但没有牙齿可以咀嚼；看见我们亲爱的人们的脸蛋，但我们无法把情感表现出来。如果我们死后的鬼魂，有一天回到这世间来，静静地跑进我们孩子的卧室，看见一个孩子躺在床上，但我们没有手可以爱抚他，没有臂膀可以拥抱他，没有胸部可以感到他身体的温暖；面颊中间没有一个圆的凹处，可以使他的头紧紧地挨着；没有耳朵可以听到他的声音，这种种损失是多么可哀啊！

如果有人对“天使无肉体论”加以辩护的话，他的理由一定是模糊而不充足的。他也许会说：“啊！很对，但神灵是不需要这种满足的。”“但是另有什么东西可以代替这种满足呢？”这就问住了。如果勉强回答的话，是“空虚——和平——宁静”。如再问：“你在这种情况里可以得到什么呢？”回答或许是：“没有劳役，没有痛苦，没有烦恼。”好，我就承认有这么一个天堂，但也只有船役囚徒或许会对这种天堂发生兴趣，这种消极的理想和观念太近于佛教了，其来源与其说是欧洲，不如说是亚洲(指小亚细亚)。

这种理论是毫无益处的，至少我可以指出“没有感觉的神灵”的观念极不合理，因为我们现在已越加觉得宇宙本身也是有感觉的东西。神灵的特性也许是动作，不是静止；而没有肉体的天使，也许是如阳电子一般以每秒钟两万或三万匝的速率环绕阳核而旋转，因而得到快乐，比在游乐场中乘小火车观看景致更为有趣。这里面一定有一种感觉。也许是那个没有肉体的天使会像光线或宇宙光线一样，在以太的波浪中，以每秒钟十八万三千哩的速率，绕着曲线形的空间而飞奔，一定还有精神上的颜料使天使可以绘画，享受着某种形式的创造乐趣；还有以太的波动给天使当做音调、声响和颜色，而可以感受；一定还有以太的微风去吹拂天使的脸颊。如果不是这样的话，神灵本身便会像积水池里的死水一样，或像人在没有新鲜空气的沉闷的夏午所感到的境地一样。所以世间如果还有人生的话，就必须有动作和情感(无论是怎么样的一种形式)；而不是完全的静止和无感觉的状态。

四、一个生物学的观念

如果我们对自己身体的功能和智能的程序有了深一层的了解，我们对于人类就能具有较真切较广泛的观念，使“动物”一名词减掉一些旧有的恶味。“会了解便会宽恕”，这句俗语可以应用到我们自己的身心的程序上去。因为我们如果对身体的功能有更深切的认识，我们便绝不会轻视这些功能。这个事实看来似乎很奇怪，然而确是正确的。关于我们的消化程序，要点不在乎批评它的贵贱，而仅仅是在了解它，这样它已变得非常高贵了。这情形也适用于我们身体中各种生物学上的功能，如出汗、排泄、胰液、胆汁、内分泌腺，以及更微妙的情感程序和思想程序。我们不再蔑视肾脏，我们只想了解它；我们不再把一双坏牙齿当做身体最后腐败的象征，也不当做拯救灵魂的警告者，我们只跑去找一位牙医生，检验一下，把那坏牙齿补好就完了。一个人由牙医生处出来后，便不再轻视他的牙齿，反而增加对它们的尊敬——因为他对于啃嚼苹果和鸡骨等，将要感到更大的乐趣了。讲到那些以为牙齿属于魔鬼的超形而上主义者和那些不承认人类是有牙齿的新柏拉图主义者，当我看见他们自己患了牙痛和乐观的诗人患了消化不良症，我就往往感到这是近于对他的一种讽刺，而觉得痛快。他为什么不再继续去做他的哲学理论呢？他为什么要像你、我，或隔壁的嫂嫂那样，把手按在面颊上呢？患着消化不良症的诗人为什么不信世上有所谓乐观呢？他为什么不再唱歌了？但一旦内脏工作恢复而不骚扰他的时候，他便把内脏忘得一干二净，只知歌颂神灵，他真是多么忘恩负义啊！

科学使我们对身体的动作，得到一种更奇妙的感觉，它教我们怎样更进一步去尊敬我们的身体。第一，关于遗传学方面，我们开始知道我们能成为人类，绝不是泥土做成的，而是站在动物谱系的最高处。对于这一点，一个神志清楚没有给自己精神所麻醉的人，想必会感到相当的满足和快慰吧。我的意思并不是说，“恐龙”在几百万年前由生存而灭亡，因而使我们在今日可以生着两条腿，在地球上行走。生物学没有立出这种无所谓的假设，所以不会损害一丝一毫的人类尊严，也不会对人类优于万物这个观念加上疑点。所以任何一个立意要看重人类尊严的人，对此也曾觉得十分满意的。第二，我们对于身体上的神秘和美丽，愈久愈有深刻的印象，使我们不能不感到我们身体内的各部动作，以及彼此间的微妙联系是在极端困难的情形下所做成的，而其结果又是那么简单，始终不变。科学在说明体内这些化学的程序时，非但不能把他们弄得简单易解些，反而把它们弄得更复杂更难解，使这些程序比无生理学知识者所想象的更为复杂和困难。须知宇宙外表的神秘和宇宙内里的神秘，在本质上是相同的。

生理学家越是努力分析人类生理上的生物物理和生物化学的程序，便越觉得莫名其妙起来。所以一个心胸宽大的生理学家，有时也不得不接受神秘的人生观念。关于这点，我们可以举加勒尔博士(Dr.Alexis Carrel)为例。不问我们是否赞成他在《神秘人类》(*Man, the Unknown*)一书中所发表的意见；我们不能不同意实有那些事实和那些事实都未曾解释过，而且也是无法解释的。我们开始觉得物质本身也有智能了。

“器官是依靠器官液和神经系而互相联系的。身体上每一部分和其他的部分互相适应。这种适应的方式是循着目的而实现的。如果我们跟机械学者及活力论者的意见一样，认为思维具有一种和我们人类相同的智能，那么那些生理上的程序便好似是为着各自的目的而互相联系的，有机体具有始终不变性，这是无可否认的。每一部分似乎都知道整个身体的现在和将来的需要，因而依照这个目的而去工作。时间和空间在我们的纤维和我们的心智的应用上是不相同的。身体意识到近的东西也能意识到远的东西，意识到现在，也能意识到将来。”(《神秘人类》原文第一九七页)

例如我们的内脏受了损伤，它们自己会治愈，完全不需要我们的努力，这种现象是值得惊异的：

“受伤的地方，起初变为不能动弹，暂时瘫痪，使粪类不能通过腹部。同时其他部分肠管，或是网膜的表面，即移近到伤处。表现了腹膜的特性，自动地粘附着。在四五个钟点内，伤处便合口了。有时伤口是被外科医生用针线缝好的，但那伤处仍是由于腹膜表面的自动粘附性而痊愈的。”(《神秘人类》原文第二〇〇页)

肌肉本身既有着这种智能，我们为什么还轻视肉体呢？我们是终究有一个身体，它是一架机器，自己营养，自己管理，自己修补，自己发动，自己生产，在我们出世的时候，已装置就绪，像我们祖父用过的那座精美的钟一样，一用就是七十余年，不用我们当心。这架机器装着无线电式的视觉和无线电式的听觉，又有一种比电话机或电报机更复杂的神经系和淋巴系。它有一个规模极大的神经复杂体，在担任编排报告的工作，效率极高，不重要的案卷放在屋顶的小阁上，较重要的案卷则放在较便利的台架上，可是放在小阁上的那些案卷即使经过三十年，不常拿出来用，却依然在那里，等要用的时候，又马上可以拿出来用了。而且这架机器也能像汽车般到处奔跑，机件灵活，有着不发声响的引擎；如果遇到了意外，譬如说玻璃破碎了，或驾驶轮弄坏了，它便自动地流出或制造出一种质素去替代玻璃，并且另生出一个驾驶轮来，或者至少想法子不用那根驾驶轴已肿的一端去开车；我们必须知道当我们体内的一个肾脏被割掉时，另外的一个肾脏就膨胀起来，增加它的效能，使常量的尿可以照常排出。同时，它在平时总保持着差度只在华氏一度的十分之一以内的温度，自己能制造化学物质，以便将食品变成活的纤维。

还有最紧要的一点，就是它有一种生命韵律的意识，有一种时间的意识，它不但意识到几个钟点和几天，甚至意识到几十年的时光；身体统制着自己的童年时期、青春时期和成年时期，到够长大的时期，便不再长大，甚至在我们不知不觉的时候，它早把一颗智齿长出来了。我们的身体也能制造清除毒物的解毒剂，而且有着那样惊人的满意成绩；它在做这些事时绝对没有声息，绝没有那种通常工厂里必有的嘈杂声响，因之，超等的形而上学家尽可以不受骚扰，可以优游自在地去思索他的精神或他的精粹。

五、诗样的人生

我以为从生物学的观点看起来，人生几乎是像一首诗。它有韵律和拍子，也有生长和腐蚀的内在循环。它开始是天真朴实的童年时期，嗣后便是粗拙的青春时期，企图去适应成熟的社会，带着青年的热情和愚憨，理想和野心，后来达到一个活动较剧烈的成年时期，由经验上获得进步，又由社会及人类天性上获得更多的经验；到中年的时候，才稍微减轻活动的紧张，性格也圆熟了，像水果的成熟或好酒的醇熟一样，对于人生渐抱一种较宽容、较玩世、较温和的态度；以后到了老年的时期，内分泌腺减少了它们的活动，假如我们对于老年能有一种真正的哲学观念，照这种观念调和我们的生活形式，那么这个时期在我们看来便是和平、稳定、闲逸和满足的时期；最后生命的火花闪灭，一个人便永远长眠不醒了。我们应当能够体验出这种人生的韵律之美，像欣赏大交响曲那样地欣赏人生的主旨，欣赏它急缓的旋律，以及最后的决定。这些循环的动作，在正常的人体上是大概相同的，不过那音乐必须由个人自己去演奏。在某些人的灵魂中，那个不调和的音键变得日益宏大，结果竟把正式的曲调淹没了，如果那不调和的音键声音太响，使音乐不能继续演奏下去，于是那个人便开枪自戕，或跳河自尽了。这是因为他缺乏良好的自我教育，弄得原来的主旋律遭了掩蔽。反之，正常的人生是会保持着一种严肃的动作和行列，朝着正常的目标前进。在我们许多人之中，有时震音或激越之音太多，因此听来甚觉刺耳；我们也许应该有一些以恒河般伟大的音律和雄壮的音波，慢慢地永远地向着大海流去。

一个人有童年、壮年和老年，我想没有一个人会觉得这是不美满。一天有上午、中午、日落，一年有春、夏、秋、冬四季，这办法再好没有。人生没有什么好坏，只有“在那一季里什么东西是好的”的问题。如果我们抱着这种生物学的人生观念，循着季节去生活，那么除自大的呆子和无可救药的理想主义者之外，没有人会否认人生确是像一首诗那样地生活过去的。莎士比亚曾在他的人生七阶段的那节文章里，把这个观念极明显地表达出来，许多中国作家也曾说过与此相似的话。莎士比亚没有变成富于宗教观念的人，也不曾对宗教表示很大的关怀，这是很可怪的。我想这便是他所以伟大的地方；他把人生当做人生看，他不打扰世间一切事物的配置和组织，正如他不打扰他的戏剧中的人物一样。莎士比亚和大自然本身相似，这是我们对一位作家或思想家最大的赞颂。他只是活在世界上，观察人生而终于离开了。

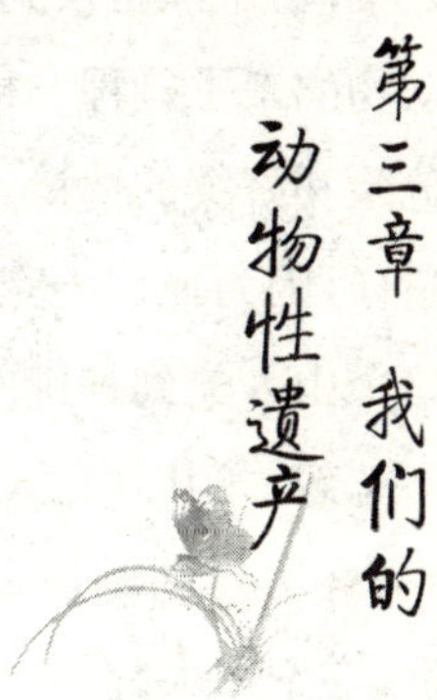

第三章　我们的动物性遗产

一、猴子的故事

如果那种生物学的观念能够帮助我们去欣赏人生的韵律美，那也证明我们能力有限。我们如将人类即是动物这一点描写得更准确清楚，就能使我们得到较正确的印象，使我们更能了解自己，以及人类文化的进步。人类的天性是以我们动物世系为根据的，当我们对天性有了更正确更深切的认识时，我们就曾产生一种较慷慨的同情，甚至产生一种宽裕的玩世态度。由委婉地提醒我们自己我们是尼安特韬两种人或北京人（The Neanderthal or the Peking man）的子孙，再说远一点，我们是人猿的子孙，于是我们终于能够轻视我们的罪恶和缺点，同时赞叹我们的猴子式的聪明，这就是所谓人类喜剧的意识。谭克莱伦（Clarence Day）在他那篇《人猿世界》（*This Simian World*）里那种发人深省的论文，就曾表现出这种美妙的思想，当我们阅读这篇论文时，我们会宽恕一切人类：检察官、宣传主任、法西斯的编辑、国社党的无线电报告员、国会议员、立法委员、独裁者、经济学家、国际会议代表，以及那种干涉别人的生活的好管闲事者。因为我们已开始了解他们了。

从这种意义上讲来，我现在愈加能够体会《西游记》这部中国伟大的猴子故事的智慧和见识。我们在这一观点上，对于人类历史的演进，便能得到更亲切的认识；人类历史的演进和那些半人类的动物到西天去参圣的行程，真是多么相似啊——孙悟空好似代表人类的智能，猪八戒代表较卑下的天性，沙和尚代表常识，玄奘法师则代表智慧和圣道。玄奘法师在这些怪异的随从保护之下，由中国出发到印度去取经。人类进展的事迹，就是像一群都有缺点的动物的谒圣行程一样，为了他们具着愚笨和恶作剧，所以不断地遭逢着许多危险和好笑的情境。法师每每须纠正并责罚那恶作剧的猴子和风流自赏的猪仔，因为他们不完美的心思和卑鄙的情欲，常常使他们陷入各种窘境。在这个由人类到神佛的参拜旅程中，人性脆弱的本能、愤怒、复仇、暴躁、肉欲、不宽恕，尤其是自大和不谦逊的本能，不断地暴露出来。人类的技巧增高时，破坏力也同时加高，因为我们现在都像那只有法术的猴子一样，能腾云驾雾，在空中大翻筋斗（即飞机在空中倒飞侧飞），由我们的猴腿上拔下毫毛，使它们变成小猴，去攻击我们的敌人，敲打天门，粗野无礼地把看门人推开，要求和天神同等并列。

这只猴子是聪慧的，但是很自大；他有厉害的法术，可以闯入天门，可是没有相当健全、平衡和冷静的精神在天上安静地过生活。所以他对这个尘世的生活，资格很够，可是对于天上的那些不朽的神仙生活，他的资格却还差得远呢。他的品性上有一些粗鄙的、恶作剧的、叛逆的质素，好比黄金里有着未曾炼净的渣滓，所以在上半部《西游记》里，当他未曾参加西行取经时，有一次他跑到天上去，造成了一种可怕的局面，像一只从动物园里铁笼中逃出来的野性狮子一样，为了有一种不能悛改的恶作剧的习性，他曾破坏了西天王母娘娘款待天上神仙所开的年宴，他因为未曾被邀请参加蟠桃盛会，不禁大怒，假扮着上帝的使者，遇着赤脚大仙去赴会，即谎骗他宴会的地址已改，使他走错了地方，自己变成赤脚大仙的样子，跑去参加盛会。上他当的神仙为数很多。他跑到宝阁，才知道他是最先光临的贵客。除了那些在右厢走廊下看管几瓮玉液琼浆的仆人外，一个宾客也没有到。他就使个神通，拔下几根毫毛，放入口中，嚼碎喷去，喝一声变，即刻变做几个瞌睡虫，把那些仆人全弄睡了，于是便把那几瓮仙酒喝完。喝得半醉跌跌撞撞地跑进大厅，把摆在台子上的蟠桃也吃光。当那些客人来临看见宴会席上的那种杯盘狼藉的情形时，他已跑到太上老君的家里去弄把戏了，设法偷吃了太上老君的长生不老金丹。后来，他一则恐怕这把戏发生严重的后果，二则因为不曾被邀请去参加蟠桃盛会，心里很是愤愤不平，所以即偷偷地离开天上回到了他的花果山，又做起猴王来，并对小猴们说他厌恶上天。于是他便举起背叛上天的旗帜，在旗上写着"齐天大圣"的字样。接着，这只猴子就和上天发生猛烈的战争，他并没有败北，后来还亏观世音菩萨在云中用了花枝把他打倒，总算把他捉住了。

我们像这只猴子一样在做叛逆的行为，我们没有和平，也没有谦卑，一直到观世音菩萨从天上抛下花枝，把我们克服了才止。我们直需等到科学把宇宙间的一切界线探索出来后，才会得到真正谦卑的教训。在那部故事里那只猴子被捉住后还在背叛不已，质问天上的玉皇大帝为什么不在神仙中给他一个更高的名位，最后还要和如来佛或者上帝打个赌，才肯降服。他说，以他的法力他能够跑到天地的尽头，如做到了，应该授他"齐天大圣"的名号，如不能的话他便情愿一辈子屈服。于是他跳到空中，一个筋斗，风驰电掣地不知过了多少路，等他停下来时，只见五根肉红柱子，他便以为一定是人迹罕到的尽头了。为证明他曾到过这地方起见，他在第三根柱子根下，撒了一泡猴尿，很得意地跑回来，把他的行程告诉佛祖。佛祖于是张开那只手，叫他闻闻中指下边的气味，告诉他说，他始终不曾跑出佛祖的一只手掌。这时猴子才低头认输，被佛祖用铁链缚在石上，经过了五百年，才由玄奘法师将他释放，跟着到西天去取经。

这只猴子——就是我们的小影——尽管其自大和恶作剧，终究还是一只极其可爱的动物。所以人类尽管有许多弱点，尽管有许多缺点，我们仍必须爱人类。

二、猴子般的形象

因之，《圣经》上所说我们是以上帝的形象来造成的那种观念，我们必须抛开，我们觉得我们是由猴子的形象而来的，同时，如把我们和那完美的上帝相比，相差之远，犹如蚂蚁和我们一样的小巫见大巫。我们是聪明的，这一点，我们十分相信。因为我们确有心智。所以对自己的聪明常常有点骄傲，可是生物学家却来对我们说，这个心智，可以用言语来表示的思想而论，尚是一种晚近的发展，在那些构成道德本质的要素中，除了心智外，还有一些动物的，或也可说野蛮的本能，这些动物力比心智更大，而事实上也就是这些东西使我们在团体生活中做出各个错误行为。这样我们更能了解那个自傲的人类心智的性质。第一，我们见到这个心智是一个相当智慧的心智，但也颇有缺憾。我们考据人类头颅的进化，知道它不过是一根脊椎骨长大起来而成的，所以它是跟脊髓的功用一样，只是在意识到危险，应付外边的环境和保存生命——但不在于思想。思想的工作大都是做得极笨拙的。贝尔福爵士(Lord Balfour)曾说："人类的头脑对于寻求食物，和猪鼻一样的重要。"这一句话已可使他不朽了。我以为这句话并不代表真正的玩世态度。我以为他说这话，不过是基于他对人类的一般的理解而已。

我们由创始的方面了解我们人类的不完美。不完美吗？很对，造物主就是把我们造成这个样子的。不过问题不在这里。主要的一点是：我们的远祖都像人猿泰山那样，在森林中游憩，由这个树枝荡到那个树枝，或像长尾猴那样，用一只臂膀或尾巴钩住树枝倒悬着①。在我的心目中，以人类的进化而论，把各个阶段分开来看，可说都是极其完美的。可是现在，我们却须做一种困难万倍的调整工作。

当人类在创造自己的文化时，所走的路径，在生物学方面讲来，也许会使造物主吓一大跳。以适应大自然而论，生于大自然的一切动物是极完美的，因为造物主已把那些不能适应大自然的动物都灭尽了。可是现在我们毋庸适应大自然，我们只须适应自己，适应文化。在大自然的怀抱中，一切本能都是美好的、健全的，但是在社会中，我们把一切本能都叫做野蛮。每只老鼠都偷吃东西——但它并不因这种行为而有损于道德或变成更不道德。每一只狗都吠，每一只猫晚上总不回家，或是破坏物件。每只狮子都杀害其它动物，每匹马看见危险都跑开，每只乌龟都把一天宝贵的光阴在睡眠中消磨掉，每只虫儿、爬行动物、鸟儿和兽类都在大庭广众之间生产子嗣。以文明世界的语词来说，每只老鼠都是盗贼，每只狗都太会吵闹，每只猫儿假如不是艺术品的野蛮破坏者，便是"不忠实的丈夫"，每只狮子或老虎都是嗜杀者，每匹马都是懦怯者，每只乌龟都是懒鬼，最后千百种虫儿、爬行动物、鸟儿和兽类一律都是淫猥的。世间事的评价有着多么重大的变动啊！这就是使我们

---

① 这就是我们在秋千上，刚要由后荡向前面之时，我们觉得脊髓的末端——从前长着尾巴的地方——有一种刺激的感觉的原因：反射作用还在那里，我们还在想用一条早已脱掉的尾巴去钩住旁边的东西。

惊讶造物主为什么把我们造得这样不完全的理由。

三、论不免一死

因为我们有这么个会死的身体，以至于遭到下面一些不可逃避的后果：第一，我们都不免一死；第二，我们都有一个肚子；第三，我们有强壮的肌肉；第四，我们都有一个喜新厌旧的心。这些事实各有它根本的特质，所以对于人类文明有很重要的影响。因为这种现象太明显了，所以我们反而不曾想起它。我们如果不把这些后果看清楚，便不能认识我们自己和我们的文明。

人类无论贵贱，身躯总是五六尺高，寿命总是五六十岁。我疑惑这世间的一切民主政治、诗歌和哲学是否都是以上帝所定的这个事实为出发点的。大致说来，这种办法颇为妥当。我们的身子长得恰到好处，不太高，也不太低。至少我对于我这个五尺四寸之躯是很满意的。同时五六十年在我看来已是够悠长的时期；事实上五六十年便是两三个世代(Generation)了。依造物主的安排方法，当我们呱呱堕地后，一些年高的祖父即在相当时期内死掉。当我们自己做祖父的时候，我们看见另外的小婴儿出世了。看起来，这办法真是再好也没有。这里的整个哲学便是依据下面的这句中国俗语——"家有千顷良田，只睡五尺高床。"即使是一个国王，他的床，似乎不需超过七尺，而且一到晚上，他也非到那边去躺着不可。所以我是跟国王一样幸福的。无论这个人怎么样的富裕，但能超过《圣经》中所说的七十年的限度的，就不多见。活到七十岁，在中国便称为"古稀"，因为中国有一句诗："人生七十古来稀。"

关于财富，也是如此。我们人人有份，但没有一个人握着全部的抵押权。因此我们对于人生可以抱着比较轻快随便的态度：我们不是这个尘世的永久的房客，而是过路的旅客。地主、佃户，都是一样的旅客。这种观念减弱了"地主"一词的意义。没有一个人能实在地说，他拥有一所房子或一片田地。一位中国诗人说得好：

苍田青山无限好，
前人耕耘后人收；
寄语后人且莫喜，

更有后人乐逍遥！

人类很少能够体念到死的平等意义。世间假如没有死，那么即使是圣海伦那（St. Helena）在拿破仑也要觉得毫不在乎，而欧洲将不知是要变成个什么样子。世间如果真没有死，我们便没有英雄豪杰的传记，就是有的话，作者也一定会有一种较不宽恕，较无同情心的态度。我们宽恕世界的一切伟人，因为他们是死了。他们一死，我们便觉得已和他们消灭了仇恨。每个葬礼的行列都似有着一面旗帜，上边写着“人类平等”的字样。万里长城的建造者，专制暴君秦始皇焚书坑儒，制定“腹诽”处死的法律；中国人民在下面那首讲到秦始皇之死的歌谣里，表现着多么伟大的生之欢乐啊！

秦始皇奄僵[①]！
开吾民，
据吾床，
饮吾酒，
唾吾浆，
餐吾饮，
以为粮；
张吾弓，
射东墙，
前至沙丘当灭亡！

人类喜剧的意识，与诗歌和哲学的资料，大都是如此而产生的。能鉴到死亡的人，也能见到人类喜剧的意识，于是他即很迅速地变成诗人了。莎士比亚写哈姆莱特寻找亚力山大帝的高贵残骸遗灰，“后来他发现这灰土也被人家拿去塞一个啤酒桶的漏洞”；“亚力山大死了，亚力山大葬了，亚力山大变成尘土了；我们拿尘土来做粘土，为什么不可以去塞一个啤酒桶的漏洞

① 在中国历史学家的心目中，这些歌谣是先知的预言，是上帝借人民的声音表现出来的预言，所以这首歌谣中的动词都是将来式的，秦始皇后来的确死于沙丘。

呢?”莎士比亚写这段文字时,已经变成了一个深刻的诗人了。莎士比亚使李却王二世谈到坟墓、虫儿、墓志铭,谈到皇帝死后,虫儿在他的头颅中也玩着朝廷上的滑稽剧,又谈到“有一个购买田地的大买主,经过着法令、具结、罚金、双重证据和收回,结果他虽花了如许罚金(Fines),但仍变成一个良好的头顶满装着精致的尘土(Fine plate full of fine dirt)”。莎士比亚在这地方即表现着最优越的喜剧意识。奥玛·迦(Omar Khayyam,十世纪波斯诗人)及中国的贾凫西(别名木皮子,一位隐居的中国诗人),都是从死亡的意识上获得他们的诙谐心情,以及对历史的诙谐解释。他们从那些在皇帝的坟墓里住着的狐狸来借题发挥。庄子的全部哲学,也是基于他对于一个髑髅的言论。中国的哲学到庄子的时代,才第一次蕴含着深刻的理论和幽默的成分:

庄子之楚,见空髑髅,髐然有形;撽以马捶,因而问之,曰:“夫子贪生失理,而为此乎?将子有亡国之事,斧钺之诛,而为此乎?将子有不善之行,愧遗父母妻子之丑,而为此乎?将子有冻馁之患,而为此乎?将子之春秋故及此乎?”于是语卒,援髑髅枕而卧……

庄子妻死,惠子吊之。庄子则方箕踞鼓盆而歌。惠子曰:“与人居,长子老身,死不哭,亦足矣;又鼓盆而歌,不亦甚乎?”

庄子曰:“不然。是其始死也,我独何能无慨然!察其始而本无生;非徒无生也,而本无形;非徒无形也,而本无气。杂乎芒芴之间,变而有气;气变而有形;形变而有生;今又变而之死,是相与为春秋冬夏四时行也。人且偃然寝于巨室,而我噭噭然随而哭之,自以为不通乎命。故止也。”

当我们承认人类不免一死的时候,当我们意识到时间消逝的时候,诗歌和哲学才会产生出来。这种时间消逝的意识是藏在中西一切诗歌的背面的——人生本是一场梦;我们正如划船在一个落日余晖返照的明朗下午,沿着河划去;花不常好,月不常圆,人类的生命也随着在动植物界的行列中永久向前走着,出生、长成、死亡,把空位又让给别人。等到人类看透了这尘世的空虚时,方才开始觉悟起来。庄子说,有一次做个梦,梦见自己变成蝴蝶,他也觉得能够展开翅膀来飞翔,好像一切都是真的,可是当他醒来时,他觉得他才是真实的庄子;但是后来,他陷入颇滑稽的沉思中,他不知道到底是庄子在梦做蝴蝶，还是一只蝴蝶在梦做庄子。所以人生真是一场梦，人类活像一个旅客，乘在船上，沿着永恒的时间之河驶去，在某一个地方上船，在另一个地方上岸，好让其他河边等候的旅客上船。假如我们不以为人生实是一场梦，或是过路的旅客所走的一段旅程，或是一个连演员自己也不知道是在做戏的舞台，那么，人生的诗歌连一半也不曾存在了。一个名叫刘达生的中国学者在给他朋友的信中写着：

世间极认真事，曰“做官”；极虚幻事，曰“做戏”；而弟曰愚甚。每于场上遇见歌哭笑骂，打诨插科，便确认为真真；不在所打扮古人，而在此扮古人之戏子。一一俱有父母妻儿，一一俱要养父母活妻儿，一一俱靠歌哭笑骂，打诨插科去养父母活妻儿，此戏子乃真古人也。又每至于顶冠束带，装模作样之际，俨然自道一真官，天下亦无一人疑我为戏子者，正不知打恭看坐，欢颜笑口；与夫作色正容，凛莫敢犯之官人，实即此养父母活妻儿，歌哭笑骂打诨插科，假扮之戏子耳！乃拿定一场戏目，戏本戏腔，至五脏六腑，全为戏用，而自亦不觉为真戏子。悲夫！

四、论肚子

凡是动物便有一个叫做肚子的无底洞。这无底洞曾影响了我们整个的文明。中国号称美食家的李笠翁在《闲情偶寄》卷十二《饮馔部》的序言里，对于这个无底洞颇有怨尤之言：

吾观人之一生，眼、耳、鼻、舌、手、足、躯骸，件件都不可少，其尽可不设而必欲赋之，遂为万古生人之累者，独是口腹二物。口腹具而生计繁矣，生计繁而诈伪奸险之事出矣。诈伪奸险之事出，而五刑不得不设。君不能施其爱育，亲不能遂其恩私，造物好生而亦不能逆行其志者，皆当日赋形不善，多此二物之累也。

草木无口腹，未尝不生；山石土壤无饮食，未闻不长养；何事独异其形，而赋以口腹？即生口腹，亦当使如鱼虾之饮水，蜩螗之吸露，尽可滋生气力，而为趯跃飞鸣。若是，则可与世无求，而生人之患熄矣。乃既生以口腹，又复多其嗜欲，使如豁壑之不可厌，多其嗜欲，又复洞其底里，使如江河之不可填，以致人之一生，竭五官百骸之力，供一物之所耗而不足者。吾反复推详，不能不于造物主是咎，亦知造物于此，未尝不自悔其非，但以制定难移，只得终遂其过。甚矣，作法慎初，不可草草定制！

我们既有了这个无底洞，自须填满。那真是无可奈何的事，我们有这个肚子，它的影响确已及于人类历史的过程。孔子对于人类的天性，有着深切的了解，他把人生的大欲简括于营养和生育二事之下，简单地说来，就是饮食男女。许多人曾抑制了色，可是我们不曾听见过有一位圣人克制过饮食。即使是最神圣的人，总不能把饮食忘记到四五小时之上。我们每隔几小时脑海中便要浮起“是吃的时候了吧”这一句话，每天至少要想到三次，多者四五次。国际会议在讨论到政治局势的紧要关头时，也许因吃午餐而暂告停顿。国会须依吃饭的钟点去安排议程。一个需要五六小时之久而碍于午餐的加冕典礼，将立被斥为有碍公众生活。上天既然赋予了我们肚子，所以当我们聚在一起，想对祖父表示敬意的时候，最好是替他举行一次庆寿的宴会。

所以这是不无原因的，朋友在餐席上的相见就是和平的相见。一碗燕窝汤或一盆美味的炒面，对于激烈的争辩，有缓和的效用，使双方冲突的意见，会和缓下来。叫两个空着肚子的好朋友在一起，总是要发生龃龉的。一餐丰美的饮食，效力之大，不只是延长到几小时，直可以达到几星期，甚至几个月之久。如果要我们写一篇书评去骂三四个月以前曾经请我们吃过一餐丰盛晚餐的作家的作品，我们真要犹豫不能落笔。正因为如此，所以洞烛人类天性的中国人，他们不拿争论去对簿公庭，却解决于筵席之上。他们不但是在杯酒之间去解决纷争，而且也可用来防止纷争。在中国，我们常设宴以联欢。事实上，也是政治上的登龙术。假使有人去做一次统计的话，那么他便会发现一个人的宴客次数与他的升官速度是有一种绝对的关系存在的。

可是，我们既然天生如此，又怎能背道而行呢？我不相信这是东方的特殊情形。一个西洋邮务总长或部长，对于一个曾请他到家里去吃过五六次饭的朋友的私人请托，怎么能够拒绝呢？我敢说西洋人是与东方人一样有人性的。那唯一的不同点，是西洋人未曾洞察人类天性，或未曾按着这人类天性去合理地进行组织他们的政治生活。我猜想的西洋的政治圈子中，也有与这种东方人生活方式相同的地方，因为我始终相信人类天性是大抵相同的，而同在这皮肉包裹之下，我们都是一样的。只是那习惯，没有像中国那样普遍而已。我所听见的事情，只有政府官吏候选人摆了露天茶会请区内选民的眷属，拿冰淇淋和苏打水给他们的小孩子吃，以贿赂他们的母亲。这样请了大家一顿之后，人们自然不免相信"他是一个和气的好人"了，这句话是常常被当做歌曲唱着的。欧洲中世纪的王公贵族，在婚事或寿辰的时候，总要以丰盛的酒肉，设宴请佃户们开怀大吃一餐，这也无非是这种事情的另一表现方式而已。

我们基本上受这种饮食的影响非常之深，在饥饿的时候，人们不肯工作，主角歌女不肯唱歌，参议员不肯辩论，除了在家里图一顿饱餐这目的之外，做丈夫的为什么要整天在办公室里工作流汗呢？因此有一句俗话说，博得男人欢心最好的办法，便是从他的肚子入手。当他的肉体满足了以后，他的精神也便比较平静舒适，他也便比较多情服帖了。妻子们总是埋怨他的丈夫不注意她们的新衣服，新鞋子，新眉样，或新椅套，可是妻子们可曾有埋怨他的丈夫不注意一块好肉排一客好煎蛋吗？……除了爱我们幼时所爱吃的好东西之外还有什么呢？

一个东方人在盛宴当前时是多么精神焕发啊！当他的肚肠填满了的时候，他是多么轻易地会喊出人生是美妙的啊！从这个填满了的肚子里透射出了一种精神上的快乐。东方人是靠着本能的，而他的本能告诉他，当肚子好着的时候，一切事物也都好了，所以我说在东方人生活是靠近于本能，以及有一种使他们更能公开承认他们的生活近于本能的哲学。我曾在别处说过，中国人对于快乐的观念是"温、饱、黑、甜"——指吃完了一顿美餐上床去睡觉的情景。所以有一个中国诗人说："肠满诚好事，余者皆奢侈。"

因为中国人有着这种哲学，所以对于饮食就不固执，吃时不妨吃得津津有味。当喝一口好汤时，也不妨啜唇作响。这在西方人就是无礼貌。所谓西方的礼节，是强使我们鸦雀无声地喝汤，一如欣赏艺术地静静吃饭，我想这或许就是阻碍西方烹调技术发展的真原因。西方人士在吃饭的时候，为什么谈得那么有气无力，吃得那么阴森，规矩高尚呢？多数的美国人都没有那种聪明，把一根鸡腿啃个一干二净；反之，他们仍用刀叉玩弄着，感到非常苦恼，而不敢说一句话。假如鸡肉真真是烧得很好的话，这真是一种罪过。讲到餐桌上的礼貌，我觉得当母亲禁止小孩啜唇作响的时候，就是使他开始感觉到人生的悲哀。依照人类的心理讲，假使我们不表示我们的快乐，我们就不会再感觉到快乐，于是消化不良、忧郁、神经衰弱，以及成人生活中所特有的精神病等都接踵而来了。当堂倌端上一盘美味的小牛排时，我们应该跟法国人学学说一声"啊！"，尝过第一口后，像动物那样地哼一声"嗯！"。欣赏食物不是什么可羞的事。有健康的胃口不是很好吗？不，中国人却就两样。吃东西时礼貌虽不好，可是善于享受盛宴。

事实上，中国人之所以对动植物学一无贡献，是因为中国的学者不能冷静地观察一条鱼，只想着鱼在口中的滋味，而想吃掉它。我所以不信任中国的外科医生，是因为我怕他们在割我的肝脏找石子的时候，也许会忘记了石子，而想把我的肝脏放到油锅里去。当中国人看见一只豪猪时，便会想出种种的吃法来，只要在不中毒的原则之下吃掉它。在中国人看来，不中毒是唯一实际而重要的问题。豪猪的刺毛引不起我们的兴趣。这些刺毛怎样会竖立的？有什么功用？它们和皮怎样生连着？当它看见仇敌时，这些刺毛怎样会有竖立的能力？这些问题，在中国人看来是极其无聊的。中国人对于动植物都是这样，主要的观念是怎样欣赏它，享受它，而不是它们是什么。鸟的歌声，花的颜色，蓝的花瓣，鸡肉的肌理，才是我们所关心的东西。东方人须向西方人学习动植物的全部科学，可是西方人须向东方人学习怎样欣赏花鱼鸟兽，怎样能赏心悦目地赏识动植物各种的轮廓与姿态，因而从它们联想到各种不同的心情和感觉。

这样看来，饮食是人生中难得的乐事之一。肚子饿不像性饥渴那样受着社会的戒律和禁例，也大致不会发生什么有损于道德的问题，这是值得愉快的。人类在饮食方面比在性方面较少矫揉造作。哲学家、诗人、商贾能跟艺术家坐在一起吃饭，在众目昭彰之下，做喂饲自己的工作而毫不害羞，这真是不幸中的大幸，虽则也有些野蛮民族对于饮食尚有一些羞怯的意识，仍愿独个儿到没有旁人的地方才敢吃。关于性的问题，以后再讨论，我们在这里，至少可以看见一种本能，这本能如不受阻碍，即可减少变态及疯狂和犯罪的行为。在社会的接触中，饥饿的本能和性的本能其差异是显然的。可是事实上饥饿这种本能，前面已经讲过，是不会牵涉到我们的心理生活，而实是人类的一种福利。其理由即因人类能对这个本能非常坦白，毫不讳饰。因为饮食没有拘束，所以也就没有精神病、神经官能症，或各种变态了。临唇之杯不免有失手之虞，可是一进唇内，就比较没有什么意外。我们坦白地承认人类都要吃饭，可是对于性的本能，非但不如此，并加以抑制。假如食欲满足了，麻烦就少。顶多有些人患消化不良症、胃疮，或肝石症，或有些人以牙齿自掘坟墓——现代中国少数的要人颇有几个是如此的——但即使如此，他们也并不以为可羞。

所以社会的罪恶从性欲问题产生的多，而从饮食问题产生的少。刑事条文为奸淫、离婚和侵犯女性等案而设者为多，因饮食而违犯不合法、不道德或背信罪者就很少。顶多不过是有些丈夫去搜索冰箱里的食物，但是我们很少听见因此而遭绞杀的。假如真有这么一件案件上了法庭，法官对于被告一定也会表示同情。因为我们都愿坦白承认大家必须饮食。我们对饥民表示同情，却不曾对尼姑庵里的尼姑表示同情。

这种推论并不是无中生有的，因为我们对于饮食的问题，总比性欲问题明白得多。满洲家的女孩儿在出嫁之前，必须受烹调的训练，同时也受关于恋爱之术的训练，但世界上可有别处的人实行这种教育吗？饮食问题已接受知识之光，可是性的问题仍是被神仙故事、神话和迷信所包围。饮食问题可以说是见到天日了，但性的问题却依然处于暗中。

在另一方面讲，我们人类没有沙囊或浮囊，真是莫大的缺憾，假如有的话，人类社会的过程一定会有极大的变更，可以说，我们将变为一种完全不同的人类。如有沙囊的话，人类一定会有最和平、最知足、最可爱的天性，和小鸡、小羊一样。我们也许会长出一个跟鸟嘴一样的嘴巴，因而改变了我们审美的观念，或者也许会生着一些啮齿类动物的牙齿。植物的种子和果实或许已足为我们的食物，也许我们会在青翠的山边吃草。大自然的产物是那样丰盛，我们不必再为食物而斗争，不必再用牙齿去咬仇敌的肉，也一定不会像我们今日这样的好斗。

食物与性情，它的关系比我们所想象的有着更加密切的关系。凡是蔬食动物的天性都是和平的，如羊、马、牛、象、麻雀等；凡是肉食动物都是好斗嗜杀的，像狼、狮、虎、鹰等。如果我们是属于前一类的，我们的天性就会比较像牛羊了。在无须战斗的地方，大自然并不造出好斗的天性。公鸡的搏斗，不是为食物，是为雌性，人类社会中的男人也还有着这种斗争，但今日的欧洲，却

为了输出罐头食物的权利而斗争，其原因又有天壤之别了。

我不曾听见过猴子会吃猴子，可是我却知道人会吃人。考据我们的人类学，证明确有人吃人的习俗，而且是非常普遍的。我们的祖先便是这种肉食的动物。所以，在几种意义上——个人的、社会的、国际的——如说我们依然在互相吞食，并不足为怪。蛮子和杀戮，好像是有连带性，他们虽承认杀人是一种不合情理的事，是一种无可避免的罪恶，可是依然很干脆地把已被杀死的仇敌的腰肉、肋骨和肝脏吃掉。吃人的蛮子吃掉已死了的仇敌，而文明的人类，却把杀死了的仇敌埋葬了，并在墓上竖起十字架来，为他们的灵魂祷告。我们是在自傲和劣性之外，又加上愚蠢了。这似乎就是吃人蛮子和文明人类的分别。

我也以为我们是在向着完美之路前进，那就是说，我们在目前还未达到完善的境地。我们要有沙囊动物的性情时，才可以称为真文明的人类。在现代人类之间，肉食动物和蔬食动物都有之——前者就是性情可爱的，后者便是那种性情不可爱的。蔬食的人终身以管自己的事为主，而肉食的人则专以管别人的事为生。十年前我曾尝试过政治生涯，但四个月后便弃绝仕途，因为我发现我不是天生的肉食动物，吃好肉排当然例外。世界上一半人是消磨时间去做事，另外一半人则强迫他人去替他们服役，或是弄到别人不得做事。肉食者的特点是喜欢格斗、操纵、欺骗、斗智，以及先下手为强，而且都出之以真兴趣和全副本领，可是我得声明我对于这种手段是绝对反对的。但这完全是本能问题；天生有格斗本能的人似乎喜欢陶醉在这种举动中，而同时真有创造性的才能，即能做自己事情的才能和能认清自己目标的才能，却似乎太不发展了。那些善良的、沉静的、蔬食类的教授们，在和别人竞争之中，似乎全然没有越过别人的贪欲和才能，不过我是多么称赞他们啊！事实上，我敢说，全世界有创造才能的艺术家，只管他们自己的事，实比去管别人的事情好得多，因此他们都可说是属于蔬食类的。蔬食人种的繁殖率胜过肉食人种，这就是人类的真进化。可是在目前，肉食人种终究还是我们的统治者。在以强壮肌肉为信仰的现实世界中其情其势必如此的。

五、论强壮的肌肉

因为我们是动物，有一个会死的身体，所以我们也就有被杀的可能，一般的人当然是不喜欢被杀的。我们有一种追求知识和智慧的神圣欲望，可是我们一旦有了知识，因而便产生各人不同的见解，争论也就此产生。在长生不死的神灵世界里，争论是永不会停止的，如果有异见的双方都不肯认错，我真想不出有什么方法可以解决它。在人类的世界里，便不同了，争论者的对方便是他的眼中钉——越看越觉得看不顺眼，他自己的论据也越觉合理——于是把对方干脆杀死，争端就此解决。如果甲杀死乙，甲便是对的；如果乙杀死甲，乙便是对的。毋庸讳言，这就是禽兽解决争端的老法子。所以在动物世界里，狮子始终是站在对的地位。

人类的社会情形就是这样的，所以我们可以根据这种现象，把人类的历史——一直到现代——做一种适当的解释。关系地球圆形说及太阳系的问题，伽利略（Galileo）曾发现了一些观念，但他不能不把他的观念改变一些，因为他有一个会死会被杀戮和被苦刑的身体。和伽利略辩论是件吃力的事，假如伽利略少了一个会死的身体的话，你休想叫他认错，这就变成讨厌的事情了。但在当时，只要有一间行刑房或一间监牢——更不必说断头台和炮烙柱——就可以叫他认错。当时的传教士和绅士们决心要和伽利略一决雌雄。后来伽利略认错了，于是传教士和绅士们更相信他们自己是对的。争端也就此爽快地解决。

这种解决方法极为便当，极有效力。侵略战争、宗教战争，萨拉丁（Saladin，十二世纪埃及和叙利亚的苏丹）跟基督教的战争，宗教的肃清，烧死神巫的事件，以至近代用战舰去宣传基督福音，逼迫异教徒改信基督教，以战舰去迫别种人担负“白种人的负荷”，以及墨索里尼以坦克和飞机到阿比西尼亚去传播文明，这一切的事件——全是依据于这种人类由遗传所得的动物的逻辑，意大利人有着较精良的枪炮，有着较准确的射击术，能杀较多的人，因之墨索里尼把文明传播到阿比西尼亚去了；如果阿比西尼亚有着更优良的枪炮，更准确的射击，能杀更多的人，我想塞拉西（Haile Selassie）也必要把阿比西尼亚的文明带到意大利去的。

我们都有一些高贵的狮子性格，我们都鄙视争论。我们崇敬军人，因为他能把意见不同者一无犹豫地杀死。如果一个人要证明他自己是对的，要使对方闭口无言，最敏捷的方法是把他绞杀，当人们无力强迫人家认错时，才会用说话这方法。所以实际行动的人是少说话的，他们卑视争论。我们说话的目的是想影响人家，如果我们知道力量足以影响人家，或统治他们，那又何必多说话呢？这样看来，国际联盟在上次东三省战争和阿比西尼亚战争时说了那么许多的话，岂不有点无聊吗？那是够伤心的，所以国际联盟这种特性是一个不祥的预兆。在另一方面如果以武力解决争论，而没有幽默感的话，有时即会造成大笑话，例如日本人竟相信用飞机的轰炸和机关枪的扫射，能消灭中国人的反日情绪。有着这个原因，我不敢决然地承认人类是合理的动物。

我常以为国际联盟实是一所优良的现代语言学校，注重现代语言的翻译，起先由一个演说家用英语做了一次完美的演说，等到听众熟识了演词的要旨和内容后，又由一个翻译专家把这篇演词译成流利畅达、优雅的法国语。关于发音声调之抑扬顿挫等等，务必达于上乘，使听众对语言学得到一次极美满的实习，事实上他比倍立兹学校更好；它是一所现代语言学兼演说学的学校。有一个朋友甚至对我说，当他在日内瓦住了六个月后，他多年发音含糊的旧习也居然纠正了。但是这里也有一个令人诧异的事实，就是在这个虽然是专为交换意见之用的国际联盟里，除了说话外不做别用的机关里，居然也有"大说话者"和"小说话者"之别，"大说话者"是那些有"大拳头"者，"小说话者"是那些有"小拳头"者，可见这种玩意儿根本是骗人的勾当，是十分无聊的。这好像是"小拳头"国家的口才不能像"大拳头"国家那么流利似的，我以为信服"大拳头"者的口才的固有观念，仍是上述那种动物遗传性的一部分[我在此不愿用畜生(Brute)一字，然而用在这里似乎是再适当也没有了]。

这件事的要点当然是在人类除了有斗争的本能外，也还有说话的本能。从历史的意义上说来，舌头是和拳头或粗臂膀同其久远的。人类之异于其他动物，便是人类能把说话跟拳脚混合应用，这就是人类特有的性格。这点似乎是说明国际联盟、美国议会或职工大会这一类的组织——只要是人类有机会说话的任何组织——会永远存在着的，我们人类似乎是注定必须要先用谈论的方法去决定正或误，这并不错，因为谈论也是天使们的一个特性。所糟糕的是：当我们谈论到某一个程度时，臂膀较粗的一边便会恼羞成怒，由恼羞成怒而捏紧拳头向台一敲，揪住对方的颈项痛殴一番，然后回过头来问那些好似陪审官的观众道："我对，还是他对？"这种解决方法只有人类会用。天使完全以说话去解决争端；禽兽完全以肌肉和爪牙解决争端；唯有人类拿拳脚和说话去解决争端。天使绝对相信公理；禽兽绝对相信强权；只有人类以为强权就是公理。两者比较起来，谈论本能或辩白是非的努力当然是比较高尚一些。我们相信终会有一天人类将完全以谈论的方式去解决争端。到那时候，人类才是真的得救了。在现在我们只好暂时让茶馆方法和茶馆心理去解决争端，不管争端是在茶馆里或国际联盟里解决；这两个地方始终是一贯地同样表现着人类的特性。

这种茶馆式的解决方式，我曾见到过两次，一次是在一九三二到一九三三年，一次是在一九三六年。最有趣的是：在这两次的争论中，又夹杂了人类的第三种本能——谦让。在一九三二年那桩事件中，两边发生了争端，我们在茶馆里据说是做陪审官的。起诉的原因是一边犯了偷窃产业之罪。那个臂膀粗大的家伙起初也参加争论，做了一次替自己辩争的演说，他说他对这邻人已表示无上的忍耐——他是多么有自制力，多么大量慷慨，他是要替他邻人整顿花园，动机是多么纯洁！但有桩可笑的事情，当他一边在督促我们继续谈论下去时，一边却溜出屋外，在那偷来的产业四周筑了一道篱笆，然后回来请我们去看看他的行径是否正当。我们都去看，我们看见他把那道新筑的篱笆，还在慢慢地向西扩大开去，篱笆在这时候还继续不断地移动着呢，"好吧！我对，还是他对？"我们的判决是："你错了。"——我们说这句话确有一点轻率。于是那个臂膀粗大的家伙以为他在大庭广众之间遭了凌辱！他的谦让之心受了冤枉，他的荣誉遭了玷污，便提出抗议。并且又生气又骄傲地走出会场，用着带讥笑的卑视态度把鞋上的尘埃拂去，认为我们都不够朋友。试想这样的一个家伙居然以为是受了凌辱！所以我说，谦让这第三种本能把事情弄得愈加复杂。这次之后，这家以科学方法解决私人争端为标榜的茶馆便失掉了大部分的威信。

后来我们在一九三六年又去评判另一个争端。另外一个臂膀粗大的家伙说，他要把这次争论的始末和盘托出，要求大家主持正义。我听得"正义"

试看人类灵心的演进程序。我们灵心的功用原本是一个觉察危险而保全生命的器官。而它的终于能够体会逻辑和准确的数学方程式，仅是一桩偶然的事。我们的这个灵心确不是为这种功用而创造的。它的原来功用是仅想嗅嗅食物。但除了嗅嗅食物外，如也能嗅嗅一个抽象的数学公式，那固然也不坏。以我的观念，人类的头脑是像一条章鱼，长了一些触角以便摸索真理，待摸到后就把他吃掉（我对其它动物的头脑观念也是如此）。我们今日总说“摸索”(Feeling)真理，而不说“思索”(Thinking)真理。脑部及其他的感官就是摸索用具。头脑的触角怎样摸索真理，在物理学上有着一个很奥妙的现象，正如眼睛网膜中的紫色怎样感光一样奥妙。当头脑每次和其他有关的知觉器官脱离联系，从事所谓“抽象的思维”时，当每次离开詹姆斯（W. James）所谓知觉的现实（Perceptual reality）而逃进意念的现实世界（The world of conceptual reality）时，它的活力消灭了，人性也消失了，也退了。我们都被一种错误的见解所困惑，以为灵心的真正功用便是思维，如果我们不更正我们对“思维”这个名词的错误观念，我们一定会在哲学上造下很笨拙的错误。当一个哲学家走出他们的书房，去观察市场上的往来群众时，这个错误的见解一定会使他感到幻灭，好像思维与我们日常的行为是很有关系似的。

已故的罗宾逊（Jameas Harvey Robinson）在《创造中的灵心》（*The Mind in the Making*）里，曾经想证明我们的灵心是怎样由四个基本阶段而产生，他以为人类的灵心，是由于动物的灵心、野蛮人的灵心、孩童的灵心和传统的文明人的灵心渐渐产生出来，现在还在这四个基本阶段上进展着；他同时又更进一步说，如果现代的人类要想把文明继续发展下去的话，我们还须产生一个更善于批评的灵心。我的思虑比较科学化的时候，颇赞同这个见解，可是在比较明慧的时候，却怀疑这个阶段在一般的进步上是否能办得到，或甚至是否适宜。我颇愿让我们的灵心，像现在一样地不合理下去，这是可爱的。我不愿见到我们在这世界上都变成十全十美合理的人类。我不相信科学的进步吗？不，我不信任圣者的境界。我反对知识吗？或许是，或许不是，我只是爱好人生，因爱好人生，所以我极端不信任智能。你可以幻想出一个完美的世界，在那里报纸上没有杀人的新闻，因为那时大家都是无所不通、无所不知，因此没有一所房屋会发生火警，没有一架飞机会失事，没有一个丈夫会遗弃他的老婆，没有一个牧师会跟歌女私奔，没有一个皇帝会因恋爱而牺牲皇位，每个人的心思都千篇一律，大家都各照着他自己在十岁时所决定的计划去实行，丝毫不苟——这么一个幸福的人世还是省了吧！在这么一个世界里，人生的一切兴奋和骚动全都消灭了。世界没有文学了，因为那时已没有罪恶，没有错误的行为，没有人类的弱点，没有混乱的情欲，没有不规则的举动，最坏的是，没有令人惊异的事物。那就等于四五万观众在看他们预先已知道哪一匹马得锦标的跑马比赛一样，毫无趣味。人类易生错误的本性是人生色彩的精粹所在，正如跳浜跑马比赛上的出冷门一样的有兴趣。试想约翰生博士(Dr.Johnson)如果没有他的固执偏见将成为怎样一个人？如果我们全是十全十美合理性的人类，那么我们非但不能变成十全十美的智者，反而将退化而成自动机器，而人类灵心也只在记录某一些冲动，像煤气表那样机械地记录下来。这便是不人道的行为，而不人道便是不好。

读者或许疑心我在故视罪恶为美德，竭力替人类的弱点辩护。这是不对的。如果我们一方面有了一个完全合理的灵心，而获得了合理完美的行为，另一方面，却会失去了人生的欢乐和色彩。跟一个具着美德但是平凡模样的丈夫或妻子同过一生，是再无聊也没有的事。我相信种种极其合理的人类所造成的社会，确是适于生存的，但我疑惑在这种情境之下的生存是否值得。我们固然要想尽种种方法去造成一个有秩序的社会——可是我们却不要一个太过于有秩序的社会。我想世界上，也许蚂蚁这种动物，是最合理的动物。它们无疑地已经创立了一个十全十美的社会主义国家，在这种制度之下生活了近一百万年。如单以合理的行为方面而论，我想蚂蚁应当占第一位，人类占第二位(但我还是怀疑我们是否有这个资格)。蚂蚁是一种耐劳的、健全的、好储蓄的、肯节俭的动物。它们的生活都受着社会的统制和自我的训练，但是我们却不然。它们为了国家或社会，肯一天工作十四小时；它们只知道义务而很少想到权利；它们有恒心、有秩序、有礼貌、有毅力，尤其有着更严明的纪律。人类在纪律方面是拙劣的标本，拙劣到连做博物院里的标本也够不上。

你可以跑到名人纪念堂去看看那些陈列在甬道上的伟大人物的雕像，你便能觉得在他们的一生中合理行为是最缺少的东西。那个爱上克丽奥巴德(Cleopatra)的恺撒(Julius Caesar)——高贵的恺撒，他的行为因为太不合理了，几乎为了一个女人而忘掉了帝国[安东尼(Anthony)却是完全忘掉帝

国的]。那个摩西——在一怒之下,把他那花了四十天工夫跟上帝在西乃山上铭刻的神圣石版敲碎,以这一点而论,他并不比那些叛弃上帝去崇拜金牛犊的以色列人更有理性。那个大卫王(King David)——有时残暴,有时慷慨,有时虔诚,有时亵渎,有时敬拜上帝,有时犯罪,后来写了诗篇来表示忏悔,重新敬拜上帝。所罗门王(King Solomon)——他是智慧的象征,但对他的儿子却一筹莫展。……孔子——他回答一个宾客说,他不在家,等那客人刚走到门口时,他又在楼上唱歌,使客人知道他确是在家。……耶稣——在喀西马尼流泪,在十字架上怀着疑心。莎士比亚——把"次好的床"遗赠给他的老婆。……密尔顿(Milton)——因为不能和他十七岁的妻子共同生活,写了一篇离婚的论文,后因受人攻击,便在自由请愿书(*Areopagitica*)一文里替言论自由辩护。……歌德(Goethe)和他的夫人在礼拜堂举行婚礼时,他们那十九岁的儿子就站在旁边看。史威夫脱(Jonathan Swift)和史黛拉(Stella)……易卜生(Ibsen)和巴达治(Emilie Bar-dach)(他保持着合理的行为——这对他是有益的。)……

统治这世界的是热情,不是理智,这已是很明显了。所以使这些伟大人物都成为可爱者,使他们有人性者,实是他们的缺乏"理性",而不是"合理性"。中国人为他们祖先所写的讣闻和传记,大多是无趣味的,不正确的,所以不堪一读,因为他们已把他们祖先写成变态的伪善人。——他们对于我所著的《吾国与吾民》最大的批评是:我把中国人描写得太有人性了,因为我把他们的长处和缺点都描写出来。他们(至少那些小官僚们)相信如果我能把中国写成一个乐园,有儒家圣贤居住着,永远过着和平和理智的幸福生活,我就能够替祖国做更有力的宣传!官僚们的愚蠢真是没有办法。——传记之有魔力和传记值得一读,全在其表现伟大人物所具有和我们相同的人性方面的特性,传记里面每一个不合理的行为,都能显示其更有真实性。斯德抵齐(Lytton Strachey)作品之所以成功,便是他在描画人物时能注意这一点。

英国人的健全灵心,可以做极佳的例证。英国人对于逻辑尚欠高明,但是他们的头脑,却有着很好的触角去察觉危险,保全生命。不过我在他们的民族行为上或他们的理性的历史里,还寻不出合于逻辑的东西。他们的大学、宪法、英格兰教会,都是杂凑成章的东西,因为它们都是在历史的发展过程中逐渐累积起来的。不列颠帝国的力量就是在于英国人的脑筋欠高明，在于他们完全不能了解别人的意见，他们深信英国人的工作方法是唯一正当的方法，英国人的食品是唯一精美的食品。英国人如一旦懂得了讲道理，并失去了倔强的自信心时，不列颠帝国便会倾覆灭亡。一个人如果对自己尚且怀疑，便不能出去征服世界。我们全然不能了解英国人对他们国王的态度，一方面如此忠诚和真实敬爱；但也就是他们剥夺了国王的言论自由，毫无顾忌地告诉他行为要谨慎，否则“滚你的蛋”……英国在伊利莎白女皇时代需要海盗来保护帝国，他便居然能够有着相当数目的海盗以应付当时的局势，因而也就崇敬他们。英国在每一时代都能在适当的时候，有着适当的同盟国，对付着相当的仇敌，从事适当的战事，可是她总用着一个不适当的名称。英国人从不依逻辑去行事，而是靠着他们的触角去行事的。

英国人有着红润的肤色，无疑地这是由于伦敦的雾和玩板球戏的结果。这么一个健康的皮肤在他们思想上当然占着极重要的地位，换句话说，在他们摸索中过着一生的程序上占着重要的地位。英国人用他们健康的皮肤去思想，正如中国人用他们的伟大的肚肠去思想一样。这一回事，凡是中国人大多是承认的。我们中国人以为我们确是用肚肠去思想的；我们说一个学者有学问便称他为“满腹思想”、“满腹经纶”、“满腹诗文”。此外还有“满腹”的“牢骚”、“愤怒”、“悔恨”、“郁闷”或“期望”等话。中国的情人分别之后写信时总说“愁肠百结”，或在别离的当儿说“肝肠寸断”。中国学者把一篇文章或演讲词的大意想好，而还没写上纸时，我们便说他们已打好了“腹稿”。他们已经把他们要写的东西在肚里安排好了。这一点是绝对科学化的，可以拿得出证据来。尤其是在现代心理学家对于我们思想的情感性质和构造更为明了的今日。可是中国人并不要科学上的证据，他们只要肚里有数。中国曲调的情感性质，全由唱曲者的横隔膜下发出来：如果你不懂得这个，你就无法了解中国音乐及其浓厚的情感色彩。

我们在研究自然的宇宙或和人类无关的任何东西时，不应该否认人类灵心的伟大才能。我对于科学的成就很乐观，可是对善于批评的灵心在应付人类事件时，或对于人类达到一种超过情欲支配的宁静和理解的境地时的发展，却怀着较小的希望。以我个人的意思，人类也许已经达到崇高的阶段，但是从社会集团这方面说来，人类还受着原始时代的情欲所支配。因之，在进化的过程中有时不免要开倒车，野蛮的本能有时要暴露出来，疯狂的行为和集团的歇斯底里有时也要产生出来。

我们既然了解了我们人类的弱点，所以更有理由可以诅咒那许许多多的坏蛋：即利用我们的弱点来煽动我们参加二次大战的坏蛋；那个灌输仇恨心理（我们之间的仇恨已经太多了）的人；那个称颂自夸和自私（这两种东西本已不少了）的人；那个利用我们人类的顽固的种族观念的人；那个在训练青年时取消上帝第五诫的人；那个推崇残杀和战争（好像我们还不够好战似的）的人；那个煽动我们人类的情欲（好像我们还不够像禽兽似的）的人。这种坏蛋的灵心，无论人是怎样的机巧，怎样的聪明，终于是禽兽的灵心。智慧的优美精神被一只禽兽或一个魔鬼绊缠着，这种情形我们现在才知道也是我们的动物遗传性之一；或也可说：智慧的优雅精神拿着一条破旧的皮带暂时把这个魔鬼缚住，使之驯服，不过这条皮带随时有扭断的可能，魔鬼也随时可以获得自由，在“和散那”（Hosanna，希伯莱颂赞上帝之声或祈福之语）的颂赞声中，偏净天[Juggernaut，印度神话中昆湿奴神（Vishnu）第八化身克理斯那（Krishna）的称号]每年的纪念日，人民以巨车载其偶像游行各处（如信徒自愿伏地下被车辗死，便可得升天国）的车子将毫无顾忌地在我们身上辗过去，暗示着我们是始终如何地近于野蛮，和我们的文明是多么肤浅，于是世界将变成一个伟大的舞台。在舞台上，摩尔人（Moors）将杀死基督徒，基督徒将弄杀摩尔人，黑种人将攻击白种人，白种人将杀死黑种人，野鼠将由沟渠里跑出来吃人类的尸身，鹰鸟将盘旋于一个丰盛的人肉宴席上——这一切不过是要提醒我们，使我们知道动物间的关系罢了。大自然是善于做这种实验的。

精神分析学家在医治有精神病的病人时，常常使他们回忆过去的事情，使他们用客观的眼光去观察他们自己的生活。所以人类如果对于他们的过去多多回忆一下，这对于他们自己的驾御力也许会有更大的进步。我们如果知道，我们有一个动物的遗传性以及跟禽兽相差无几，我们或许就会晓得怎样去抑止那些禽兽般的行为。我们有了这个动物遗性，使我们更容易在动物寓言和讥讽文章里，如伊索寓言（Aesop's Fables）、乔塞的《禽鸟国会》（*Parliament of Fowles*）、史威夫脱的《格里弗游记》（*Swift's Gulliver's Travels*）和佛郎士的《企鹅岛》（*Anatole France's Penguin Island*）等里边看见我们的原形。这些动物寓言在伊索时代固很合时宜，就是在救主降生后四千年仍旧是很适合的。我们有补救的方法吗？那善于批评的灵心是太浅陋、太冷酷了，要用这个灵心来思考是不能得益处的，智理也没多大用处；只有那种合理的，有理性的精神，那种温暖的、朝气的、情感的、直觉的思想，跟着同情混合起来，才不致使我们重复退化到我们祖先的典型。只有去把我们的生命发展起来，和我们的本能调和着，我们才会得救。我们为培植我们的感觉和情感，比诸教育我们的思想是更为重要的。

第四章　论近人情

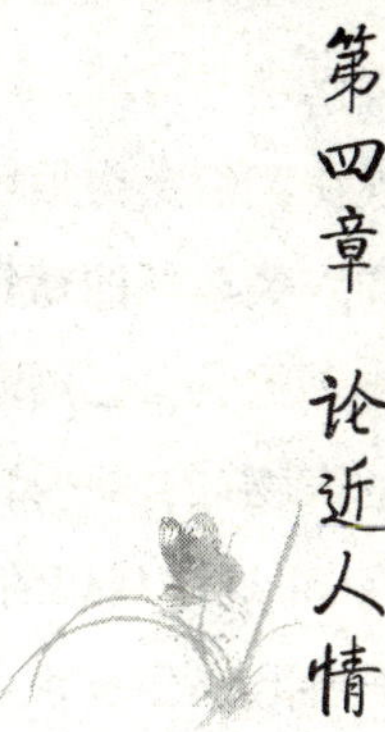

一、论人类的尊严

我在前一章里已经讨论过人类的不免一死和在动物界里的地位，以及人类文明本质上因此而发生的后果。可是我们觉得这个轮廓还不完全，我们还需要一种用以造成一个关于人类天性和人类尊严二者联合而成的圆满观念。噢，有了，人类的尊严——这就是我们所找寻的名词！我们必须对这一点多加说明，我们必须了解这尊严是由什么东西所造成，否则就会有谬误，而失掉它的踪迹。尤其是在二十世纪的现代和后代，我们随时有失掉我们尊严的危险。

如果你一定说我们是动物，那么你以为人类是最奇妙的动物吗？这一点我很同意。只有人类发明了一种文明，这就是难能可贵的事情。世间也许有形式更优良，构造更完美的高超动物，如马就是一例；其它如狮子，则有着更优美的肌肉；狗有着更灵敏的嗅觉，更驯良、更忠义的心地；鹰有着更锐利的视觉；鸽子有着更清晰的方向感觉；蚂蚁有着更节俭、更有纪律、更有劳作的能力；鸠鸽和鹿有着更温顺的脾气；牛有着更大的忍耐性和满足性；百灵有着更悦耳的歌喉；鹦鹉和孔雀有着更美丽的服饰。最后还有猴子有着一种更好的才能，使我比较喜欢猴子而不喜欢上述那些动物。人类因有一些猴子的好奇心和聪明，所以我就宁愿做人。就算蚂蚁像我上面所说，比我们有着更合理、更有纪律的社会，有着一个比今日西班牙更稳固的政府，可是它们没有图书馆和博物院，是不是？假如蚂蚁或象有一日发明一个大望远镜，或发现一颗新行星或预知月蚀的时候，或海豹假如能有一日发现微积分学，或海獭能够开浚巴拿马运河，我便要把锦标赠给它们，称它们为世界之主和宇宙的主宰。现在我们觉得很可自负，不过，这可以使我们足以自负的究竟是什么东西？和人类尊严的精华究竟在哪里？最好都把它探索出来。

我在本书的卷首已约略暗示过，这种人类的尊严是由放浪者（中国文学上所尊敬的人物）的四种特质所造成。就是：一种嬉戏的好奇心，一种梦想的能力，一种纠正这些梦想的幽默感，一种在行为上任性的、不可测度的质素。这些特质合并起来便是由美国的个人学说所蜕变而来的中国人的观念。中国文学上所表现的放浪者是一幅极其生动的个人主义者的肖像，拥戴美国个人主义最有力的文学家惠特曼（Walt Whitman）之所以被人家称为“伟大的闲逸者”，确是有来由的。

二、近乎戏弄的好奇心：人类文明的勃兴

人类的放浪者怎样开始去爬上文明的山巅？他的远大的前程，或他的发展中的智力，事先可有一些什么征兆？这问题的答案，无疑地便是人类有一种嬉戏的好奇心，他开头就用他的双手去摸索，把一切东西都翻过来考验研究，像猴子在闲逸的时候把同伴的眼皮或耳朵拨开来，捉一捉虱，或竟是无目的地翻着玩玩。你到动物园去看一对猴子在彼此玩弄耳朵，便可意会到一个牛顿或一个爱因斯坦的前程。

人类以手去做嬉戏摸捉的活动形象，实是一个科学上的真理，而不仅是一个形象。当人类能够把身体直立起来，变成了两足动物后，他的双手已得到了解放，人类文明的根基就这样造了起来。我们甚至在猫的身上，当它们的前肢不必担负走路和支撑身体的任务时，也常可以看见这种嬉戏的好奇心。猫和猴子都有产生文明的可能，只可惜虽然猴子的手指因为攀握树枝，已经有了特异的发展，而猫掌依然还是一个掌——一块块的肉和软骨造成的东西。

让我暂时忘掉我不是一个及格的生物学家，而由这两只手的解放来考据一些人类的文明兴起，因为我有几句话要说，不过这话也许已经有人说过

亦未可知。直立的姿势和双手的解放发生了极重大的后果。这使人类开始能够运用器具，产生了谦逊的意识，而且征服了女人；在这方面也许还有语言的发展，以及嬉戏的好奇心和探索本能的增强。大家都知道人类文明是由发现器具而开始，而这种发现就是因为人类晓得怎样运用他的双手的结果。当那只大人猿的一部分身体由树上伸下来时（也许因为他的身体太笨重吧），它的进化有两种趋向，不是变成用四只脚走路的狒狒，就是变成学用两只后脚走路的猩猩。由此可以猜想到人类的祖先一定不是狒狒，因为狒狒的前掌太忙了。在另一方面，猩猩至少已经能够直立起来，因此两只手可以得到自由，这种自由在全世界的文明发展上，它的意义是多么重大啊！那个时候，这人猿一定已经学会用手去采摘果子，而不必再用他的大颚。不久之后，他就居住在高崖上的山洞里，能搬起石头，由崖上滚下来攻打他的敌人。这是人类所用的第一个器具。我们可以想象到他当时怎样地无时无刻用双手去探索操纵，漫无目的地攫取着各式各样的东西。他在漫无目标的摸索之中，偶然摸到一些尖锐的燧石或凹凸棱角的石块，而发觉比圆形的石块更适于斗争杀戮。把东西翻覆察看的简单动作，例如看看耳后或耳前的简单动作，一定已经增加了他对一切东西的思考力，因而增加了他脑中的印象，于是他的头脑的前部因受刺激而发育起来。

我相信人类对于性欲方面的羞怯观念——这在动物是完全没有的——其原因也是由于这种直立的姿势。因为这种直立的姿势(造物主在创造万物的时候也许不曾有过这个意思)使身体后面的某些部分，立刻变成了身体的中心。而本来是在后边的东西，现在却在前边了。此外还有其他不良的部位调整与这种新姿势有关，这些不良的部位调整尤其影响到女人，使她们时常发生流产及月经方面的烦恼。依解剖学说来，我们的肌肉构造原本是根据四足动物而成。例如当母猪怀胎的时候，它就很合理地将它的胎儿由身上的横脊骨悬挂下来，像已洗涤干净的衣服晒挂在一条绳索上一样，重量的分配非常均称。如果要怀孕的女人直立着，正如把那绳索垂直起来，而仍希望挂在上边的衣服保持着原来的地位。我们的腹膜肌肉是极端不适于这种姿势的：如果我们本来是两足动物，那么这种肌肉一定会很适宜地连在肩膀上，而一切也比较合理称职。对于人类的子宫和卵巢的构造有着相当研究的人，在看见这些东西能保持原来的位置并且发生了它们本来的作用，而并没有脱节和引起更多的月经烦扰等等时，应当感觉奇怪。月经的整个神秘现象还没有人有过满意的解释，可是我却非常相信纵使卵巢里的卵子有按期更换的必要，我们敢说这种机能的现时程序实是太不适当、太冗长和太痛苦，我相信现在这些缺点都是二足的姿势所造成。

于是便发生了女人屈服的事情，而人类社会及其现在的特征或许也就这样发展起来。假如人类的母亲能以四足走路，我想绝不会被她的丈夫所征服。这里有着两种力量同时在进行。在一方面当时男女已经是闲逸的、好奇的、嬉戏的动物，好色的本能有了新的表现。接吻还不够快乐或完全美满，这点我们可由两只黑猩猩用坚硬的、突出的下颚互相接吻的情形看出来。可是有了手却产生出一些较灵巧较温柔的新动作：轻拍、抚摸、搔抓、拥抱，这些完全是因为互相捕捉身上的虱子而偶然发现的。假如我们多毛的人类祖宗身上没有虱子，我相信世界上一定不会有抒情诗之类的东西产生，所以对于这好色本能的发展一定是有着很大帮助。

在另一方面，那两足的怀孕母亲，现在须过着长期的、微弱无力的、一筹莫展的生活。在较早的时候，当人类对于直立的姿势还没有完全适应时，我知道那怀孕的母亲如要带着她的重负到各处去走动，是很困难的，尤其是在脚腿和后跟还没有完全改变成功，盘骨还没有向后突出，而使前面的负担可以平衡的时候。在最早的时期，直立的姿势尚是拙劣不便的，所以一个洪积期的母亲一定会在没有人看见的地方匍匐而行，以减轻其背脊的疼痛。人类的母亲因为有了这些不便利和其他方面的女人的困难，于是便开始运用其他的手段，而以爱情为媒介，但因此便失掉了她的一些独立精神。她在这种困于床褥的时候，当然需要人家的安慰和体贴啊！并且直立的姿势使婴孩难于学步，因此，总须经过一段长的婴孩时期方能走路，但小牛或小象几乎一出世就会走路，而初生的婴孩却要两三年的工夫才能学会。担任养育婴孩的责任除了母亲外还有更适宜的人吗[①]？

于是人类走上了一条崭新的发展之路。广义的性问题开始渲染了人类的日常生活；人类社会就是依据这一个事实而发展起来的。女人比其他的雌

① 这种父母的养护时期是越来越延长的：一个六七岁的野蛮小孩子，差不多可以自立了。而文明社会的孩子，却需二十多年的工夫去做求生的准备，甚至在二十多年的教育之后，他还得从头学习过。

性动物——黑女比雌虎，伯爵夫人比雌狮——更有着女人特具的女性化，更始终不变地成为女性。在文明的意义上说来，男女开始有了明显的分野。从前是男人注意修饰，现在却是女人专意修饰了；她们第一步想必是把脸上和胸前的毫毛拔去。这不足为怪，纯然是生存策略之一，在动物间尤其明显。老虎有攻击的策略，乌龟有退避的策略，马匹有逃走的策略——究其目的，无非是求生存。女性的可爱和美丽，以及温柔的和狡猾的手段，在生存目的上自有其价值。男人有着较强壮的臂膀，跟他们战斗是不能取胜的；所以唯有贿赂他，谄媚他，博他的欢心，这便是现代文明的特性。女人不用抵抗和进攻的策略，而用迷惑的手段，不用武力去达到她的目的，而尽力用温柔的方法去求实现。所以总括地说，温和即文明。我认为人类的文明是由女人开始的，而不是由男人。

同时，我也认为在说话（即今日之所谓语言）的进展史上，女人也比男子占着更重要的地位。说话的本能在女人是得天独厚的，所以我深信她们对于人类语言的演进，一定有着比男人更重大的贡献。我想古代的人类一定是沉默寡欢的动物。当男性人猿离开洞穴去打猎时，邻居的女人在她们的洞穴前无所事事，一定谈论威廉是否比哈罗好，或哈罗是否比威廉好，或是哈罗昨晚多情得讨厌，他性子多么暴躁。我想人类的语言必是在这个时候开始，此外别无他途。人类以手去取食，使颚部不必再担负去拿食物的任务，结果使颚部逐渐低平，逐渐变小，这对于人类语言的发展也有很大的帮助。

不过，这种姿势最重要的结果，是把两手解放了，使它们可以把东西拿起来观察研究，像猴子捉虱为乐那样，这种动作便是研究精神发展的起点。今日的人类进步大抵还须归功于捕捉那些扰乱人类的虱子。一种好奇的本能也发展出来了，使人类的灵心可以很自由地，用嬉戏的态度去探究各种题目和社会疾患。这智能上的活动和寻索食物并没有关系，而完全是一种人类精神上的训练。猴子捉虱的目的，不是想把它们吃掉，而是当一种游戏玩着。这便是有价值的人类学术和知识的特征，对事物本身发生兴趣，心中存着嬉戏的、闲逸的欲望想把它们了解。而并不是因为那种学问可以直接使我们的肚子不饿（如果这里有自相矛盾的话，那么，以中国人的立场来说，我对于自相矛盾这件事是觉得快活的）。我以为这是人性的特征，对于人类尊严有着极大的帮助。追求知识的方式，不过是一种游戏：所有一切伟大的科学家和发明家，以及创立过有价值的伟大事业者，他们都是如此的。从事医学研究的人觉得对微菌所引起的兴趣比对人类更大；天文学家很起劲地记录一颗距离我们有几万万里远的星星的动作，虽则这颗星星对于我们人类一点没有关系。一切动物，尤其是年轻的，都有这种游戏的本能，但也只有人类把这种嬉戏的好奇心发展到值得重视的地步。

三、论梦想

有人说过，不知足是神圣的；我却以为不知足是人性的。猴子是第一号的阴沉动物，在动物中，我只看见黑猩猩有一个真正忧郁的面孔。我往往觉得这种动物很像哲学家，因为唯有哲学家才会有忧郁和沉思的表情。牛似乎不会思想，至少似乎不在推究哲理，因为它们看起来是那么知足；象也许会怀着盛怒，可是它们那不断摆动象鼻的动作似乎代替了思想，而把胸怀中的一切不满都排除。唯有猴子能够显示出彻底讨厌生命的表情。猴子是真够伟大啊！

九九归原地说起来，哲学或许是由讨厌的感觉而开始。无论怎样，人类的特征便是怀着一种追求理想的期望，一种忧郁的、模糊的、沉思的期望。人类住在这个现实的世界里，还有梦想另一个世界的能力和倾向。人类和猴子的差异点也许是猴子仅仅觉得讨厌无聊，而人类除讨厌无聊外，还有着想象力。我们都有一种脱离旧辙的欲望，我们都希望变成另一种人物，大家都有着梦想。兵卒梦想做伍长，伍长梦想做上尉，上尉要想做少校或上校。一个气魄宽宏的上校是不把上校当做一回事的，用文雅的词语说起来，他仅仅称之为服务人群的一个机会而已。在事实上讲起来，这种工作确没有什么别的意义。老实说，琼·克劳馥(Joan Crawford)对于自己并不像世人那么注意，珍妮·盖诺(Janet Gaynor)对于自己也不像世人那么注意。世人对一切伟人说："你们不都是很伟大吗？"如果那些伟人真正是伟大的，他们总会回答："伟大又算什么呢？"所以这个世界很像一家照菜单零点的餐馆，每一个顾客总以为邻桌顾客所点的菜肴，比他自己所点的更有味、更好吃。一位现代中国大学教授说过一句诙谐语："老婆别人的好，文章自己的好。"在这种意义上说来，世间没有一个人会感到绝对的满足的。大家都想做另一个人，只要这另一个人不是他现在的自己。

这种特性无疑地是由于我们有想象力和梦想才能。一个人的想象力越大，就越不能得到满足。所以一个富于想象力的小孩，往往比较难于教育；他常常像猴子那样阴沉忧郁，而不像牛那样地感到快乐知足。同样，离婚的案件在理想主义者和富有想象力的人们当中，一定比无想象力的人们多。一个理想中的终身伴侣的幻想会生出一种不可抗拒的力量，这种力量若在缺乏想象和理想的人们便永远不会感觉。笼统地说来，人类有时也被这种理想的力量引入歧途，有时则辅导上进；可是人类终是完全靠这种想象力而进步的。

我们晓得凡是人都有志向和抱负。有这种东西是可贵的，因为志向和抱负大都被视为高尚的东西。无论个人和国家，都有梦想，我们的行动多少都依照梦想而行事。有些人比一般普通人多做了一些梦，正如每个家庭里都有一个梦想较多的孩子，或是有一个梦想较少的孩子。我得承认我私下比较喜欢那个有梦想的孩子，虽则是个比较忧郁的孩子，也没有关系；他有时也会享受到更大的欢乐、兴奋和狂喜。我觉得人类的构造和无线电收音机很相像，所差者我们收来的不是播来的音乐，而是我们自己所产生的观念和思想。有些灵敏的收音机能够收到其他收音机所收不到的短波，因为这些更远更细的音乐不大容易收到，所以更觉宝贵。

而且我们幼时的那些梦想并不是没有实现性的。这些梦想常和我们终身共存着。因此，如果我自己可以自选做世界上作家之一的话，我颇愿做个安徒生。能够写美人鱼（*The Mermaid*）的故事，想着那美人鱼的思想，渴望着到了长大的时候到水面上来，那真是人类所能感到的最深沉最美妙的快乐了。所以，无论一个孩子是在屋顶的小阁上，或在谷仓里，或是躺在水边，随处都有他的梦想，而这些梦想也是真实的。爱迪生、史蒂芬生、司格德（Sir Walter Scott）这三个人在幼年时都梦想过。这种奇妙的梦想，结出了最优美最瑰丽的果。但是较平庸的孩子也曾多少有过这些梦想。他们梦想中的幻象或许各不相同，但是他们感觉到的快乐是一样的。每个小孩子都有一颗思慕的和切望的灵魂，怀着一种热望去睡觉，希望在早晨醒转来时发现他的梦想已成为事实。他并不把这些梦想告诉大家，因为这些是他自己的，是他正在生长的自我的一部分。小孩子的梦想当中有些较为清晰，有些较模糊，清晰者产生了迫使这梦想实现的力量；而那些较不明晰的便在长成的时候逐渐消失。我们一生中总想把我们幼时的梦想说出来，但是，“有时还没有找到我们所要说的话，我们已经死了”。

讲到国家也是这样，她也有其梦想。这种梦想可以经过许多的年代和世纪，依然存在着。有些梦想是高尚的，有些却是歹恶的。征服人家，和那些独霸世界一类的梦想，都可说是噩梦；这种国家比之那些较有和平梦想的国家不安得多。不过另外也还有较好的梦想，梦想着一个更好的世界，梦想着和平，梦想着各国和睦共处，梦想着减少残酷，减少不公平，减少贫穷和痛苦。噩梦常想破坏好梦，因之，二者之间不断地搏斗苦战。人们为梦想而斗争，正如为财产而斗争一样。于是梦想即由幻象的世界走进了现实的世界，而成为我们生命中的一个真实力量。梦想无论怎样模糊，总潜伏在我们心底，使我们的心境永远得不到宁静，直到这些梦想成为事实才止；像种子在地下一样，一定要萌芽滋长，伸出地面来，寻找阳光。所以梦想是真实的。

我们有时也会有混乱的梦想和不符现实的梦想，那是很危险的。因为梦想也是逃避的方法之一。一个做梦者常常梦想要逃避这个世界，但是又不知道要逃避到哪里去。知更鸟常常引动浪漫主义者的幻想。人类有一种热烈的欲望，想把今日的我们变成另一种人，脱离现在的常轨。只要是可以促成变迁的事物，一般人便趋之若鹜。战争总是有吸引力的，因为它使城市里的事务员有机会可以穿起军服，扎起绑腿布，可以有机会免费旅行；同时在战壕里已经度过三四年生活的兵士，觉得厌倦了的时候，休战也是情愿的，因为这又使他们有机会回家再穿起平民的衣服，打上一条红领带了。人类显然需要这种刺激。假如世界真要避免战争的话，最好各国政府行一种制度，每隔十年募集二十岁至四十五岁的人，送他们到欧洲大陆去做一次旅行，去参观博览会一类的盛会。现在英国政府正在动用五十万万英镑去重整军备，我想这笔款子尽够送每个英国人民到利维埃拉（Riviera，法国东南地中海边名胜区）去旅行一次了。他们以为战争的费用是必须的，而旅行是奢侈。我觉得不很同意！旅行是必须的，而战争才是奢侈哩。

此外还有其他的梦想，如乌托邦的梦想和长生不老的梦想。长生不老的梦想虽则也像其他的梦想一样的模糊，但是十分近于人情，而且是极其普遍。不过人类如果真的可以长生不死，到了那时恐怕他们也要不知所为。长生不死的欲望，跟站在另一极端的自杀心理属于同类。二者都厌恶这世界，以为现在的世界还不够好。如果问为什么现在的世界还不够好呢？我们只要在春天到乡间去游览一次，就能知道这句问话是不应该问而觉得惊异了。

乌托邦的梦想情形也是如此。理想仅是一种信仰另一世态的心境，不管它是什么一种世态，总之只要和现代人类的世态不同就是了。理想的自由主义者往往相信本国是国家中最坏的国家，他所生活的社会是最坏不过的社会。他依然是那个在餐馆里照单点菜的家伙，相信邻桌所点的菜总比他自己所点的好吃。《纽约时报》"论坛"的作者说：在那些自由主义者的心目中，只有俄国的聂泊水闸是一个真正的水闸，而民主国家永远没有建筑过水闸。当然也只有苏联才造过地底车道。在另一方面，法西斯报纸告诉他们的人民说，只有在他们的国度里，人类才找得到世界上唯一合理的、正确的、可行的政体。乌托邦的自由主义者和法西斯的宣传主任，他们的危险便在这里。为纠正起见，他们必须有一种幽默感。

四、论幽默感

我很怀疑世人是否曾体验过幽默的重要性，或幽默对于改变我们整个文化生活的可能性——幽默在政治上，在学术上，在生活上的地位。它的机能与其说是物质上的，还不如说是化学上的。它改变了我们的思想和经验的根本组织。我们须默认它在民族生活上的重要。德皇威廉缺乏笑的能力，因此丧失了一个帝国，或者如一个美国人所说，使德国人民损失了几十万万元。威廉二世在私生活中也许会笑，可是在公共场所中，他的胡须总是高翘着，给人以可怕的印象，好像他是永远在跟谁生气似的。并且他那笑的性质和他所笑的东西——因胜利而笑，因成功而笑，因高踞人上而笑——也是决定他一生命运的重要因素。德国战败是因为威廉二世不知道什么时候应该笑，或对什么东西应该笑。他的梦想是脱离笑的管束的。

据我看来最深刻的批评就是：民主国的总统会笑，而独裁者总是那么严肃——牙床凸出，下颔鼓起，下唇缩进，像煞是在做一些非可等闲的事情，好像没有他们，世界便不成为世界。罗斯福常常在公共场所中微笑，这对于他是好的，对于喜欢看他们总统微笑的美国人也是好的。可是欧洲独裁者们的微笑在哪里？他们的人民不喜欢看他们的微笑吗？他们一定要装着吃惊、庄严、愤怒，或非常严肃的样子，才能保持他们的政权吗？我所读到的关于希特勒最好的事情，是说他在私生活中是极其自然的。可是独裁者如果非装作愤怒或自负的样子不可，那么独裁制度里一定有什么别扭的地方，整个心性必都有错误。

现在我们讨论独裁者的微笑，并不是无聊地寻开心；当我们的统治者没有笑容时，这是非常严重的事，他们有的是枪炮啊。在另一方面只有当我们冥想这个世界，由一个嬉笑的统治者去管理时，我们才能够体味出幽默在政治上的重要性。比如说，派遣五六个世界上最优秀的幽默家，去参加一个国际会议，给予他们全权代表的权力，那么世界便有救了。因为幽默一定和明达及合理的精神联系在一起，再加上心智上的一些会辨别矛盾、愚笨和坏逻辑的微妙力量，使之成为人类智能的最高形式，我们可以肯定，必须这样才能使每一个国家都有思想最健全的人物去做代表。让萧伯纳代表爱尔兰；斯蒂芬•李科克(Stephen Leacock)代表加拿大；切斯休顿(G.K.Chesterton)已经死了，可是伍德郝斯(P.G.Wodehouse)或爱多斯•赫胥黎(Aldous Huxley)可以代表英格兰；威尔•罗杰(Will Rogers)可惜已经死了，不然他倒可以做一个美国代表；现在我们可以请劳勃•本区雷 (Robert Benclhey) 或海胡德•勃朗(Heywood Broun)去代替他。意大利、法国、德国、俄国也有他们的幽默代表，如果派遣这些人物在大战的前夕去参加一个国际会议，我想无论他们怎样拼命地努力，也不能掀起一次欧洲的大战来。你会不会想象到这一批国际外交家会掀起一次战争，或甚至企谋一次战争。幽默感会禁止他们这样的做法。当一个民族向另一民族宣战时，他们是太严肃了，他们是半疯狂的。他们深信自己是对的，上帝是站在他们这一边的。具有健全常识的幽默家是不会这么样想。你可以听见萧伯纳在大喊爱尔兰是错误的，一位柏林的讽刺画家说一切错误都是我们的，勃朗宣称大半的蠢事应由美国负责，可以看见李科克坐在椅子上向人类道歉，温和地提醒我们说，在愚蠢和愚憨这一点上，没有一个民族可以自誉强过其他民族。在这种情形之下，大战又何至于能引起呢？

那么是谁在掀起战争呢？是那些有野心的人、有能力的人、聪明的人、有计划的人、谨慎的人、有才智的人、傲慢的人、太爱国的人，那些有“服务”人类欲望的人，那些想创造一些事业给世人一个“印象”的人，那些希望在什么场地里造一个骑马的铜像，来睥睨古今的人。很奇怪地，那些有能力的人、聪明的人、有野心的人、傲慢的人，同时，也就是最懦弱而糊涂的人，缺乏幽默家的勇气、深刻和机巧。他们永远在处理琐碎的事情。他们并不知那些心思较旷达的幽默家更能应付伟大的事情。如果一个外交家不低声下气地讲话，装得战战兢兢、胆怯、拘束、谨慎的样子，便不成其为外交家。——事实上，我们并不一定需要一个国际幽默家的会议来拯救这世界。我们大家都充分地潜藏着这种所谓幽默感的东西。当欧洲大战的爆发，真在一发千钧的当儿，那些最劣等的外交家，那些最"有经验"和自信的，那些最有野心的，那些最善于低声下气讲话的，那些最会装得战战兢兢、拘束、谨慎的模样的，甚至那些最切望于"服务"人类的外交家，在他们被派遣到会议席上去时，只稍在每次上午及下午的开会议程中，拨出十分钟的辰光来放映米老鼠影片，令全体外交家必须参加，那么任何战争仍旧是可以避免的。

我以为这就是幽默的化学作用：改变我们思想的特质。这作用直透到文化的根底，并且替未来的人类，对于合理时代的来临，开辟了一条道路。在人道方面我觉得没有再比合理时代更合崇高的理想。因为一个新人种的兴起，一个浸染着丰富的合理精神，丰富的健全常识，简朴的思想，宽和的性情，及有教养眼光的人种的兴起，终究是唯一的重要事情。人类的理想世界不会是一个合理的世界，在任何意义上说来，也不是一个十全十美的世界，而是一个缺陷会随时被看出，纷争也会合理地被解决的世界。对于人类，这是我们所希冀的最好的东西，也是我们能够合理地冀望它实现的最崇高的梦想。这似乎是包含着几样东西：思想的简朴性，哲学的轻逸性和微妙的常识，才能使这种合理的文化创造成功。而微妙的常识、哲学的轻逸性和思想的简朴性，恰巧也正是幽默的特性，而且非由幽默不能产生。

这样的一个新世界是很难想象的，因为它跟我们现在的世界是那么不同。一般地讲起来，我们的生活是过于复杂了，我们的学问是太严肃了，我们的哲学是太消沉了，我们的思想是太纷乱了。这种种严肃和纷乱的复杂性，使现在的世界成为这么一个凄惨的世界。

我们现在必须承认：生活及思想的简朴性是文明与文化的最崇高最健全的理想，同时也必须承认当一种文明失掉了它的简朴性，而浸染习俗，熟悉世故的人们不再回到天真纯朴的境地时，文明就会到处充满困扰，日益退化下去。于是人类变成在他自己所产生的观念、思想、志向和社会制度之下，当着奴隶，担荷这个思想、志向和社会制度的重担，而似乎无法摆脱它。幸而人类的心智尚有一种力量，能够超脱这一切观念、思想、志向而付之一笑，这种力量就是幽默家的微妙处。幽默家运用思想和观念，就像高尔夫球或弹子戏的冠军运用他们的球，或牧童冠军运用他们的缰绳一样。他们的手法，有一种因熟练而产生的从容，有着把握和轻快的技巧。总之，只有那个能轻快地运用他的观念的人，才是他的观念主宰，只有那个能做他的观念主宰的人，才不被观念所奴役。严肃终究不过是努力的标记，而努力又只是不熟练的标志。一个严肃的作者在观念的领域里是呆笨而局促的，正如一个暴发户在社交场中那样呆笨而不自然一样。他很严肃，因为他和他的观念相处还不曾达于自然。

说起来有点矛盾，简朴也就是思想深刻的标志和象征。在我看来，在研究学问和写作上，简朴是最难实现的东西。欲求思想明澈已经是一桩困难的事情，然而简朴更须从明澈中产生出来。当一个作家在役使一个观念时，我们也可说那观念在役使他。这里有一桩普通的事实可以证明：一个刚从大学里以优异的成绩毕业出来的大学助教，他的讲辞总是深奥繁杂，极其难于理解，而只有资格较老的教授们才能把他的思想单纯地用简明易解的字句表达出来。如果一个年轻的助教不用他自矜博学多才的语句来讲解，他确有出类拔萃而远大的前途的。由技术到简朴，由专家到思想家，其间的过程，根本是一种知识的消化过程，我认为是和新陈代谢的作用完全一样的。一个博学的学者，须把那专门的知识消化了，并且和他的人生观察联系起来，才能够用平易简明的语句把这专门知识贡献出来。在他刻苦追求知识的时间中[我们就假定说是詹姆斯(William James)的心理学知识吧]，我觉得一定有许多次“心神清爽的休息”，好像一个人在疲乏的长途旅行中停下来喝一杯清凉的饮料一样。在那休息的时间中，那些真正的人类专家，会把自己反省一下，“我们到底在做什么？”简朴必须先消化和成熟，当我们渐渐长大成人的时候，思想会变得更明澈，无关紧要的一点或虚假的一面，将尽被剔去，不再骚扰我们。等到观念有了较明确的形态后，一大串的思想便渐渐变成一个简括的公式，突然地有一天在一个明朗的清晨跑进了我们的脑子，于是我们的知识便达到了真正光辉的境界。嗣后便再不用努力了，真理已变得简单易解，读者也将觉得真理本身是简易的，公式的形成是自然的，因此获得很大的快乐。这种思想上和风格上的自然性——中国的诗人和批评家那么羡慕着——常常被视为是一种逐渐成熟的发展过程。当我们讲到苏东坡的散文逐渐成熟时，我们便说他"渐近自然"——这种风格已经把青年人的爱好华丽、夸炫、审美技艺和文艺夸张等心理一概消除。

幽默感滋养着这种思维的简朴性，这是很自然的事。一般地说，幽默家比较接近事实，而理论家则比较注重观念，当一个人跟观念本身发生关系时，他的思想会变得非常复杂。在另一方面，幽默家浸沉于突然触发的常识或智机，它们以闪电般的速度显示我们的观念与现实的矛盾。这样使许多问题变得简单。不断地和现实相接触，给了幽默家不少的活力、轻快和机巧。一切装腔作势、虚伪，学识上的胡诌、学术上的愚蠢和社交上的欺诈，将完全扫除净尽。因为人类变得有机巧有机智了，所以也显见得更有智慧。一切都是简单清楚。所以我相信只有当幽默的思维方式普遍盛行时，那种以生活和思维的简朴为特性的健全而合理的精神才会实现。

五、论任性与不可捉摸

看起来现在的军人是代替了放浪者而成为人类的最高理想人物了。我们不要那种任性的、无从捉摸的、难于测度的自由人，而要合理化的、有纪律的、受统制的、穿制服的、有爱国心的工人，要在有效的管理和组织之下，五六千万人所结成的一个民族能共同信仰同一种主义，皈依同一种思想，喜欢同一样的食物。关于人类的尊严，我们有两种相反的见解：一种以放浪者为理想；另一种以军人为理想；前者认为保持其自由和个性的人，是最崇高的典型，后者认为丧失了独立的判断力，将私人意见完全受制于统治者和国家，那才是最优越最崇高的人类。两种见解都可加以辩护，前者以常识为辩护，后者以逻辑为辩护。用逻辑去替爱国的自动机式的理想做辩护，是不很困难的。爱国的自动机是模范公民，可以当做达到另一个外在目标的工具，这就是国家的力量，而这种力量又是为了另一个目标而存在，这个目标就是去克服另外的国家。这一切都可用逻辑很容易地证明出来——又简单又坦白，所有的呆子都会死心塌地地相信。欧洲许多"文明的"和"开化的"的国家，在过去和现在都抱着这种见解，这实在使人好似难以相信。理想的公民是那种以为被遣到阿比西尼亚首都去，而结果却是在西班牙登岸的军人。这种公民又可分为“甲”、“乙”两等。那“甲”等的是那些在统治者所认为较好的公民，这种人晓得了他们是被运到西班牙去时，仍是非常温顺、愉快，自己祷告，或由军中的牧师代为祷告，感谢上帝派遣他们到枪林弹雨中去为国牺牲。那“乙”等的都是些未曾充分开化的人们，那些知道了被运错了地方，而心中觉得愤恨的人们。在我看来，那种内心的愤恨反抗情绪，是人类尊严的唯一标志，是那幅阴森惨淡图画中仅有的希望之火花，是人类在未来世界中恢复原位的唯一希望。

所以，不管它是什么逻辑，我自然还是拥护放浪者。我绝对拥护放浪者或流浪者，而口中或者也说并不如此。我们这种矛盾心理就是我们的文明唯一的希望，我的理由很简单：我们是猴子的嫡系而不是牛的嫡系，因为我们有矛盾的心理，所以已经变成更优越、更高尚的猴子。我的自私使我愿意让牛有一种温顺而满足的脾性，在人类命令下，无论是被领到草地上，或是屠宰场里，都能保持同样旷达高尚的心思，一心一意地去为主人而牺牲。同时也因为十分钟爱人类，所以我不希望我们自己也变成牛。等到牛能开始反抗，心中生出反抗的情绪，或等到它们现出任性的样子，现出较不服从的样子时，我就要把它们称做有人性的动物了。我以为一切独裁制度都是不对的，这理由是一种生物学上的理由。独裁者可以跟牛和睦相处，却不能跟猴子和睦相处。

老实说，我从一九二〇年后，对于西洋的文明已经减少了尊敬。我过去对中国的文明总感到惭愧，因为我觉得我们还没有创造出一个宪法和公权的观念，这是中国文明上的一个缺点：我始终相信建立一个共和或君主的立宪政府，是人类文化上的一种进步。可是现在在西洋文明的发祥地，我居然也看到人权、个人自由，甚至个人的信仰自由权（这自由权在中国过去和现在都享有着）都可以被蹂躏，看到西洋人不再视立宪政府为最高的政府，看见尤里披第型的奴隶在中欧比在封建时代的中国还要多，看到一些西方国家比我们中国只有更多的逻辑而缺少常识，这真使人暗中觉得欣慰，觉得中国是足以自傲的。现在我除了将中国人观念中人类最高文化的理想表现出来，把那个中国人理想中听天由命、逍遥自在的放浪者、流浪者和漂泊者表现出来之外，我还有什么更便当的制胜良策呢？西方可也有这么一个势均力敌的良策吗？可也有什么东西足以证明它的个人自由和公权学说是一种严肃的、健全的信仰或本能吗？这种信仰或本能可也有充足的活力，在今日那些炫耀的、穿制服的、同式同样的工人消灭了之后，使思想的摆子摆到另一方向去吗？我拭目待之。

欧洲个人自由的传统怎么会消失，摆子在今日为什么会摆到错误的方向去，这是很容易明白的。这里有两个原因：第一是由于现代集体经济运动的结果，第二是由于维多利亚时代中叶的机械观念的遗传。在今日的各种集团主义——社会的、经济的、政治的——方兴未艾的时候，人类似乎是自然地放弃了他的反抗权利，忘掉了他的个人尊严。当经济问题和经济思想占了优势，遮蔽了其他一切人类思想的时候，我们对于那种较有人性的知识和哲学，尤其是关于个人生活问题的哲学，便完全不加理会，而淡然置之了，这是极自然的。一种患胃溃疡的人时时在想到他的胃疾，一个社会有着经济弊病时，永远是给经济的思想纠缠着，结果把我们自己完全忘记了，几乎记不起还有个人。在过去是一个人，可是在今日的一般见解之下，却变成了一个全然服从物质律或经济律的自动机。我们不再把他当人看待，我们只把他当做齿轮上的一个齿，一个组合或一个阶级中的分子，一个可以列在百分数里进口的异邦人，一个遭卑视的小资产阶级分子，一个被排斥的资本家，或一个因为是工人而被视为是同志的工人。把一个人称为“小资产阶级分子”、“资本家”或“工人”好像已经能够彻底了解他似的。因此人们就可以随着情形很便当地憎恶他，或称呼他做同志。我们没有个人了，也不再像是人类了，我们只是阶级。那么，我可以说这是事情的过分简单化吗？放浪者已经完全不是一种理想人物了，那个有伟大的放浪者性格的人，那个以自由自在不可捉摸的态度去应付环境的人，也已经完全不是一种理想人物了。我们没有人类，只有阶级的分子；没有观念和偏见或癖嗜，有的只是意识形态或阶级思想；没有个性，只有盲目的力量；没有个人，只有马克思的辩证法，以准确的方法去统驭和支配一切人类的活动。我们大家都很快活地、热烈地、向着蚂蚁的模范迈进。

我也晓得我所说的只是陈旧的民主的个人主义，可是我要问问马克思主义：马克思自己本身可就是一世纪前赫其尔的逻辑（Hegelian logic）和维多利亚时代中叶的英吉利古典经济学派的产物？今日可还有比赫其尔的逻辑或维多利亚时代中叶的经济思想学派更陈旧的东西吗？——在中国的人性学者看来，再没有比这更难于置信，更不真实，更缺乏常识的东西。可是我们能知道人类这种机械观是怎样在机械科学完成工业、征服自然的当中创造出来的。人类偷窃了这种科学，把这种机械式的逻辑拿来应用于人类社会，于是研究人事的人们便竭力利用“自然律”这个严肃的名词。因之我们就有“环境比人类伟大”，及“人类个性可以化成方程式”这一类的流行理论。这也许是精湛的经济学，但总是拙劣的生物学。良好的生物学，承认一个人的反应力量跟物质环境在生命的发展上两者是同样重要的因素，正如一位良医承认病人的性情和身体的反应在抗拒疾病时是同样重要的因素。现代的医生已能确定每一个人都有一种不能测算的因素。有很多的病人如依逻辑和前例诊断起来，实在是应该死的，结果却会不死，反而复原起来，使医生也觉得惊奇。医生开着一式一样的药方给两个患同样疾病的人去吃，而不问他们的反应如何，我们真可以把他当做危害社会的人。社会哲学家如果忘掉个人，忘掉每个人都有不同的反应，忘掉他的一般任性的、不可捉摸的行为，那么社会哲学家也是危害社会的人了。

我也许是不了解经济学，可是经济学也不见得会了解我。今日的经济学还是在失败中，还不敢昂头来置身在科学之列。经济学如果只谈商品而不更向前谈到人类的动机，它当然不是科学；即使能谈到人类的动机而要想以统计的平均数去研究，也不是科学，充其量不过是拟科学而已。这是经济学的悲哀。经济学甚至还不曾创造出可以检查人类心智的技术。如果它以数学方法和统计的平均律去研究人类的活动，那更有着暗中摸索的危险。所以每当一个重要的经济政策要决定的时候，总有两派的经济专家和权威者站在绝对相反的地位。经济学终究和人类心智上的特癖是有关的，然而专家们对这些特癖一点也没有认识。一位专家相信如果英国放弃金本位，就会发生大变乱，但另一位专家却坚决地相信：如果英国要得救唯有放弃金本位。人们什么时候要买什么时候要卖，这就是最优异的经济专家也无法预测。证券交易之所以会变成投机事业，完全是这个缘故。纵使证券交易所能搜集到世界各国最可靠的经济资料，还是不能像天文台预测天气那样，正确地去预测金银或商品市价的涨落。原因是经济学上参有人类的要素，当很多人想卖出的时候便有一些人想买进，当很多的人想买进的时候，便有一些人想卖出。这里就有着人类的弹力和不可捉摸的要素。当然卖出的人总当那个买进的人是傻子，而那买进的人也以为卖出的人是傻子，到底谁是傻子，只有事实来证明。这种情形不但在商业交易上如此，在人类心理创造历史的过程中也是如此，同时在人类对于道德、风俗和社会改革的一切反应上，也都是如此。

六、个人主义

今日世界上的人类有些是生活在民主主义的国家里，多少受社会变动的影响，有些是生活在共产主义的国家里，逐渐回向民主的理想，有些是生活在朝不保暮岌岌自危的独裁制度里。但不管他在何种情形之下，个人的生活依旧是一个整体，虽受着时代潮流的影响，总还保持其个性。

哲学以个人为开端，亦以个人为依归。个人便是人生的最后事实。他自己本身即是目的，而绝不是人类心智创造的工具。世界最伟大的不列颠帝国，她存在的目的便是使住在苏赛克斯(Sussex)的人民可以过着幸福合理的生活。但是谬误的哲学理论，却会说那个人是为了大不列颠帝国而生活的。社会哲学的最高目标，也无非是希望每个人都可以过着幸福的生活。如果有一种社会哲学不把个人的生活幸福，认为文明的最后目标，那么这种哲学理论是一个病态的，是不平衡的心智的产物。

要批判一种文化的价值，我以为应该以这种文化能产生何等的男女为标准。惠特曼这位最有智慧、最有远见的美国人在他的《民主主义憧憬》(*Democratic Vistas*)一文里就是基于这种意义去阐明个人原则之为一切文化的最终目的：

我们应该想一想，文明本身所根据的是什么——文明跟它的宗教、艺术、学校等，除要达到一个丰富美丽而多变异的个人主义外，还有什么目的呢？一切事物都是向着这个目标而进展；民主主义本身就是因为要实现这个目的，才仿着大自然的规模把广漠无垠的人类荒田开垦起来，播了种子，给大家以均等的机会，所以它的地位仍在他种主义之前。一国的文学、诗歌、美学等之所以被重视，乃是由于它们能把个性的材料和暗示供给该国的男女，并以种种有效的方法去增强他们的力量。

惠特曼讲到个性是人生的最后事实时，他说：

当一个人神志在最清明的时候，他有一种意识，一种独立的思想，解脱一切而高升起来，像星辰那么地沉静永恒不灭。这就是和同思想——不管你是哪一种人，自己的思想终是属于自己的，我为我，你为你，各不相混。这确是奇迹中的奇迹，是人世间最神奇最模糊的梦想，但也是最明确的基本事业，是进向一切事实的大门。在那种虔诚的一瞬间，在意义深长的宇宙奇途中，信条和惯例在这个简单观念之下显得不足轻重了。在真正的幻象之光的照射下，它是唯一有内容、有价值的东西。像寓言中的黑影矮人一旦被解放了一样，能扩展到整个大地和长空。

对于这位美国哲学家推崇个人的言论，我本想多介绍几段出来；可是为节省篇幅起见我就用下面几句话做一个结束：

……我们可用一处简单的观念来做最后的结论：(不然整个事物的体系将成为无目标的、欺人的)最后的和最好的方法，是依赖人类本身，及其自己天生的、常态的、充分发展的质素，而绝对不掺杂迷信的成分。

在种种变迁，在不断地嘲笑、抗辩和表面的失败中，民主主义的目的，就是要冒着任何危险去证明一个学说或原理，就是：在那最健全崇高的自由下训练出的人，他本身就是他自己的一种法律。

我们所应关心的是我们对于环境的反应而不是环境的本身。法德英美都生活在一样的机械文明中，不过她们生活的形式和趣味都各自不同；用着各不相同的方法去解决政治上的问题。当我们知道人生有许多变化的可能时，当我们看见两个汽车夫同坐在一辆货车上，听了同样的笑话而有着不同的反应时，我们即不应假定人类都须很服贴地受着机械式的统制。一个父亲对于他的两个儿子可以给予同样的教育，同样的生活基础，可是到后来，他们会渐渐依照各自内在的个性去创造自己的前程。纵使两个人都做银行的行长，有着完全相等的资本，然而在各项重要的事务，与一切造成快乐和幸福的事物中，他们完全是两样的，他们的处世态度、腔调和性情无不两样；他们和属下职员间的关系也有相异之处，职员们或许怕他们，也许爱他们，他们也许是好吹毛求疵的，也许是和蔼而宽大的；他们储蓄和用钱的方法也不同；他们的私人生活，他们的癖好、朋友、俱乐部、书籍和妻子也都是两样的。在同样环境下生活的人居然有那么大的差异，所以当我们看见报纸上的许多讣告时，我们也不禁有些奇怪，以为生于同代，死在一天的人，两者的生活竟是那么不同，有的安居乐业，专心一志地努力着，在工作中获到乐趣；有的没有固定的职业，到处浮沉着；有的成了发明家，有的从事探险；也有些人喜欢说笑话，有的却终日沉默寡欢；有的正在飞黄腾达名利双收之时，而结果却无声无息地在角落里死掉了；有的做着卖冰卖煤的买卖，在他们的地下室里被人刺死，身后遗下了黄金两万元。是的，虽然在这工业时代，人生依然是奇妙的，只要人类还是人类，变化总还是人生的滋味。

不管是政治的或社会的革命，宿命论在人事上是没有这回事的。人性的因素使那些新原理和新制度创造者的计算完全失败。也击败了法律、制度和社会改革政策的创造者，不管所创造的是奥尼达团体制度（Oneida，奥尼达人系指居住纽约奥尼湖附近的美国印第安人）或美国劳工联盟，或法官林赛所定的伴侣婚姻制度。新娘和新郎的性格比婚姻和离婚的惯例更为重要。那些执行法律或维护法律的人们也比法律本身更其重要。

讲到个人之所以重要，不单是因为个人生活是一切文明的最终目标，并且也因为我们的社会生活、政治生活和国际关系的进步都是由许多个人（个人造成国家）的集体行动和集体脾性而产生，所以也完全以个人的脾气和性格为基础。国家的政治和国家每一时期的进化，其决定的因素完全是由于人民的脾性。因为在工业发展的原则之外，一个民族做事和解决问题的方法是比较重要的因素。卢梭不会预料到法国革命的演变和拿破仑的突然出现，正如马克思不会预料到他的社会主义原理的实际发展和斯大林的出现一样。法国革命的演变绝不是由一般所说“自由、平等、博爱”的口号所决定，而是由于人类天性上的某些特质和法国人脾性上的某些特殊质素所决定。马克思虽有很严谨的辩证法，可是他对于社会主义革命所将取的途径的猜测却是完全失败的。从逻辑上讲起来，照他的预料，这种无产阶级革命，应发生于工业文明最发达的地方和无产工人阶级抬头的地方——先在英国，继在美国，此外德国或许也有发生的可能，但是事实却不然，共产主义却是在俄国这么一个农业国，一个无产阶级没有多大力量的国家里，最先找到了实验的场所。这是因为马克思忘记顾到英国和美国的人的因素，忘记顾到英国人或美国人应付事件和解决问题的方法。所以我们可以说，经济学上的一切重大错误，全是由于不曾考虑到那个国家中那种不可测度的因素。英人不信任假说和口号，英人做事有着有条不紊慢慢去做的习惯。盎格罗逊民族有着个人自由、自尊、明达、秩序等的爱好，这些对于英美各种事态的发展，比之德国辩证学者的全部逻辑更有决定的力量。

所以一个国家内的政事进展以及社会和政治的发展趋势，都是以各种个人的内在观念为根据。这种民族的脾性，这种所称为"人民的天才"的抽象的东西，终究是许多个组成国家的个人的集合表现，也就是当一个国家在应付某项问题或危机时动作中所表现的性格。一部分人有着一种谬误的观念，以为这种"天才"的本质是像中世纪神学中的"灵魂"那样一个神话的实物，而不仅是一个比喻。实则国家的天才，不过是它的行为的一种性质和做事的方法罢了。对于这种天才，我们又有错误的观念，以为它也和国家的"命运"般同样是一个独立存在的抽象本质，这是不对的。这种天才是只能在动作中看得出来，只不过是一种选择的问题，即取舍和倾向，在危急时的特殊局势下，决定着国家的最后行动途径。旧式历史学家往往跟黑格尔(Hegel)一样，认为一个国家的历史仅是观念在机械的必然性下的一种发展，然而较微妙而现实的历史观念却以为这大概是机缘的问题。每当一个危急的时期，国家即做一次选择，在选择的时候我们看见相反的势力和互相冲突的欲望在战斗着，情感的多寡，即决定天秤的倾侧。国家在危机中所表现的所谓天才，即是那个国家对于一件事情所做的取舍决定。每个国家总依着自己的意思去选择他们所喜欢的而排斥所不能容忍的东西。这种选择是根据于思想的潮流、一些道德观念和社会的成见。

最近在英国宪政的危机中(结果迫使一个皇帝的逊位)，我们清楚地看到这种所谓民族的性格在发生作用，有时在所赞成和所反对的事物中表现出来，有时在变动的情感的狂潮中表现出来，有时在自以为是正常的动机的冲突中表现出来。这类动机即是对一位深孚众望的君王的私人爱戴，英格兰教会对一个离婚者的偏见，英国人对于国王的传统观念。国王的私事是否真是私事，是否可以以私事视之，国王是否应该做超越傀儡式的人物，他是否应该同情工党，在这些冲突的情感中，只要任何一种情感稍微多一些，便可生出不同的结果。

在现代历史中，情形永远是如此的，不管齐诺维夫(Zenoviev)、嘉美尼夫(Kamenev)和比亚达可夫(Pintakoff)会不会被杀，拉达克(Radek)会不会被监禁，不管"反革命"的阴谋和反斯大林的叛乱其范围是否会如所宣传的那么广大，不管德国天主教会和基督新教会在纳粹政权的高压下能不能保持它们的完整(这须看德国人民有着多少人类的弹力)，不管英国会不会真正地变成工党的国家，不管美国的共产党社会大众对它的好感或增或减，这些问题都须取决于各该有关国家内的个人思想、个人情感和个人性格。在一切人类历史的活动中，我只看见人类自身任性的不可捉摸的难于测度的选择所决定的波动和变迁。

根据这种意义，儒家就把世界和平问题和我们私人生活的培养联系起来，宋朝以后的儒家学者认为每一个人都该懂得这个道理，所以在儿童入学时，所读的第一课包括着下列的一段话：

古之欲明明德于天下者，先治其国；欲治其国者，先齐其家；欲齐其家者，先修其身；欲修其身者，先正其心；欲正其心者，先诚其意；欲诚其意者，先致其知。致知在格物。物格而后知至，知至而后意诚，意诚而后心正，心正而后身修，身修而后家齐，家齐而后国治，国治而后天下平。自天子以至于庶人，壹是皆以修身为本。其本乱而未治者否矣，其所厚者薄，而其所薄者厚，未之有也！物有本末，事有终始，知所先后，则近道矣。

第五章 谁最会享受人生

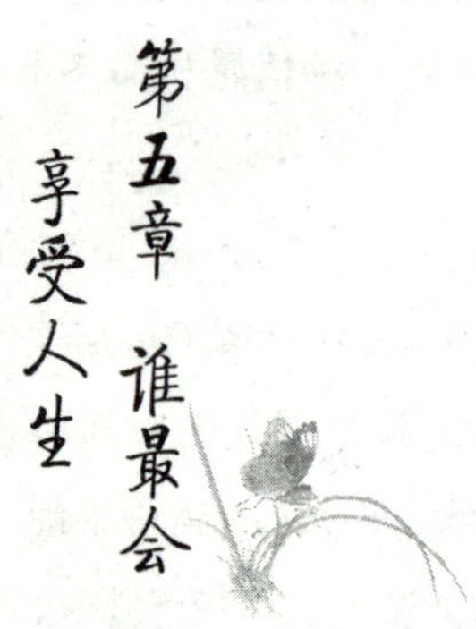

一、发现自己:庄子

在现代生活中,如果真有哲学家的话,那么“哲学家”这名词已变成一个仅是社交上恭维人家的名称了。哲学家差不多是世界上最受人尊崇,同时也最不受人注意的人物。只要是一个神秘暧昧、深奥不易了解的人物即可称之为“哲学家”,一个对现状漠不关心的人也被称为“哲学家”。然而,后者的这种意义中还有着相当的真理。在莎士比亚的《皆大欢喜》(*As You Like It*)一剧中,丑角达士东(Touchestone)所说的“牧羊人,你也懂得一些哲学吧”这句话就是包含后者这种意义的。从这一种意义说来,哲学仅是对事物和人生的一种普通而粗浅的观念。而且这种观念每个人多少总有一点。如果某一个人否认现实的表面价值,或不肯尽信报纸上所说的话,他就有哲学家的意味。他是一个不愿被骗的人。

哲学总带着一种如梦初醒的意味。哲学家观察人生,正如艺术家观察风景一样——是隔着一层薄纱或一层烟雾的。这种看法使生硬的人生琐事变成软化,容易使我们看出其中的意义。至少中国的艺术家或哲学家是如此思想的。所以,哲学家和彻底的现实主义者的观念完全相反:后者熙来攘往忙碌终日,以为他的成败盈亏,完全是绝对的、真实的。这种人真是无药可救,他连一些怀疑的念头也没有,所以不能得到一个起点。孔子说:“不曰如之何如之何者,吾末如之何也已矣!”——在孔子少数而有意的诙谐语句中,这句实得我心。

我想在这章中介绍一些中国哲学家对生活图案的观念。他们之间的意见越是参差，越是一致地以为人类必须有智慧和过着幸福生活的勇气。孟子的那种比较积极的人生观念和老子的那种比较圆滑和顺的观念，协调起来成为一种中庸的哲学，这种中庸的哲学可说已成了一般中国人的宗教。动和静的冲突，结果却产生了一种妥洽的观念，使人们对于这个不很完美的地上天堂也感到了满足。这种智慧而愉快的人生哲学就此产生。陶渊明——在我的心目中他是中国最伟大的诗人，有着最和谐的性格——就是这种生活的一种典型。

一切中国哲学家在不知不觉中所认为最重要的问题就是：我们要怎样去享受人生？谁最会享受人生？我们不去追求完美的理想，不去寻找那势不可得的事物，不去穷究那些不可得知的东西。我们认识的只是些不完美的、曾死的人类的本性。最重要的问题是怎样去调整我们的人生，使我们得以和平地工作，旷达地忍耐，幸福地生活。

我们是谁？这是第一个问题。这个问题似乎是不能解答的。不过我们都已承认，我们日常忙碌生活中的自我并不是完全真正的自我。在生活的追求中我们已经丧失一些东西。例如我们看见一个人在田野里东张西望地寻找东西。聪明的人可以提出一个难题来让那些旁观者去猜猜：那个人究竟失掉了什么东西？有的猜一只表，有的猜一只钻石别针；各人有各人的猜测。聪明人其实也不知道那人失掉了些什么，可是当大家猜不着时，他可以说："我告诉你们吧，他失掉魂儿了。"我想没有人会说他这句话不对。我们往往在生活的追求中忘记了真正的自我，正如庄子在一个美妙的譬喻里所讲的那只鸟一样，为了要吃一只螳螂而忘记自身的危险，而那只螳螂又为了要捕捉一只蝉也忘了自身的危险。

庄周游于雕陵之樊，睹一异鹊自南方来者。翼广七尺，目大运寸。感周之颡，而集于栗林。

庄周曰："此何鸟哉？翼殷不逝，目大不睹？"

蹇裳躩步，执弹而留之。睹一蝉，方得美荫，而忘其身；螳螂执翳而搏之，见得而忘形；异鹊从而利之，见利而忘其真。

庄周怵然曰:“噫!物固相累,二类相召也。”捐弹而反走,虞人逐而谇之。

庄周反入,三月不庭。蔺且从而问之:“夫人何为顷间甚不庭乎?”

庄周曰:“吾守形而忘身。观于浊水而迷于清渊。且吾闻诸夫子曰:‘入其俗,从其俗。’今吾游于雕陵而忘吾身。异鹊感吾颡。游于栗林而忘真,栗林虞人以吾为戮,吾所以不庭也。”

庄子乃是老子的门生,正如孟子是孔子的门生一样,二人都富于口才,二人的生存年月都和他们老师的距离约一百年。庄子和孟子生在同时,大约老子和孔子也在同时。可是孟子很赞成庄子人性已有所亡,而哲学之任务就是去发现并去取回那些失掉了的东西这句话。——据孟子的见解,以为失掉的便是“赤子之心”。他说:“大人者,不失其赤子之心者也。”孟子认为,文明的人为生活,其影响之及于人类赤子之心,有如山上的树木被斧斤伐去一样。

牛山之木尝美矣。以其郊于大国也,斧斤伐之,可以为美乎?是其日夜之所息,雨露之所润,非无萌蘖之生焉,牛羊又从而牧之。是以若彼濯濯也;人见其濯濯也,以为未尝有材焉。此岂山之性也哉?虽存乎人者,岂无仁义之心哉?其所以放其良心者,亦犹斧斤之于木也;旦旦而伐之,可以为美乎?其日夜之所患,平旦之气,其好恶与人相近也者几希。则其旦昼之所为,有牿亡之矣。牿之反覆,则其夜气不足以存;夜气不足以存,则其违禽兽不远矣。人见其禽兽也,而以为未尝有才焉者。是岂人之情也哉?

二、情智勇:孟子

最合于享受人生的理想人物,就是一个热诚的、悠闲的、无恐惧的人。孟子列述“大人”的三种“成熟的美德”是“仁、智、勇”。我以为把“仁”字改为“情”字当更为确当,而以“情、智、勇”为大人物的特质。在英语中幸亏尚有Passion这个字,其用法和华语中的“情”字差不多。这两个字起首都含有“情欲”的那种狭义,但现在都有了更广大的意义。张潮说:“多情者必好色,而好色者未必尽属多情。”又说:“情之一字,所以维持世界;才之一字,所以粉饰乾坤。”如果我们没有“情”，我们便没有人生的出发点。情是生命的灵魂，星辰的光辉，音乐和诗歌的韵律，花草的欢乐，飞禽的羽毛，女人的艳色，学问的生命。没有情的灵魂是不可能的，正如音乐不能没有表情一样。这种东西给我们以内心的温暖和活力，使我们能快乐地去对付人生。

我把中国作家笔下所用的“情”字译作 Passion 也许不很对，或者我可用 Sentiment 一字（代表一种较温柔的情感，较少急越的热情所生的冲动性质）去译它吗？“情”这一字或许也含着早期浪漫主义者所谓 Sensibility 一字的意义，即属于一个有温情的大量的艺术化的人的质素。在西洋的哲学家中，除了爱默生（Emerson）、爱弥儿（Amiel）、琼伯特（Jonbert）和伏尔泰（Voltaire）外，很少对于热情能说些好话的人，这是奇怪的。也许我们所用的词语虽不同，而我们所指的实是同一样东西。但是，假如说“热情”（Passion）异于“情感”（Sentiment），两者意义不同，而前者只是专指一种暴躁的冲动的情感而言，那么在中国字中便找不到一个相埒的字可以代表它，我们只好依然用“情”这个字了。我很疑惑这是否就是种族脾性不同的表征？这是否就是中国民族缺乏那种侵蚀灵魂去造成那种西洋文学里悲剧材料的伟大热情的表征？这可就是中国文学中没有产生过希腊意义上的悲剧的原因？这可就是中国悲剧角色在危急之时饮泣吞声，让敌人带去了他们的情人，或如楚霸王那样，先杀死情人，然后自刎的原因？这种结局是不会使西洋观众满意的，可是中国人的生活是这样的，所以在文学上当然也就是这样的了。一个人跟命运挣扎，放弃了争斗，在事过之后，随之在悲剧回忆中，发生了一阵徒然的后悔和向望。正如唐明皇的悲剧那样，他谕令他的爱妃自杀，以满足叛军的要求，过后，便神魂颠倒地成天思念她。这种悲剧的情感是在那出戏剧结束后，在一阵悲哀中才表现出来的。当他在出狩生活中旅行时，在雨中听见隔山相应的铃声，便做了那首《雨霖铃》曲以纪念她；他所能看到或扪触到的事物，无论是一条余香未尽的小领巾，或是她的一个老婢，都使他想起他的爱妃，这悲剧的结束便是由一个道士替他在仙境里寻觅她的芳魂。如此我们就在这里看到一种浪漫的敏感性，如不能称之为热情的话，不过这热情已变成一种圆熟而温和的了。所以，中国哲学家有着一种特点，他们虽卑视人类的“情欲”（即“七情”的意思），却不卑视热情或情感本身，而反使之成为正常人类的生活基础，甚至于视夫妇之情为人伦之本。

我们的热情或情感是随生命而同来，无可选择，正如我们不能择拣父母一样，我们不幸天生就有一种冷静或热烈的天性，这是事实。在另一方面，没有一个小孩生来就是冷心的；当我们渐次失掉那种少年心时，我们才会逐渐失掉我们内在的热情。在我们生活的某一时期中，我们热情的天性是被一种邪恶的环境所摧残压制，挫折或剥削，其所以如此，大概是由于我们没有留意使之继续生长，或者是我们不能从这种环境里解脱出来。我们在获取"世事经验"的过程中对于我们的天性曾多方摧残，我们学会了硬心肠，学会了虚伪矫饰，学会了冷酷、残忍，因此在一个人自夸他已获得了很多的人世经验时，他的神经显已变成不锐敏，而麻木迟钝——此种现象尤其是在政界为最多。结果世界上多了一个伟大的"进取者"(Go-getter)，把别人挤在一旁，而自己爬到顶上，世界上从此多了一个意志刚强，心志坚定的人，不过感情——他称之为愚笨的理想主义或多情的东西——在他胸怀中的最后一些灰烬，则也渐渐的熄灭了。我很看不起这种人，这世界上冷酷心肠的人实在太多了。如果国家有一天要施行消灭那些不适于生存者的生殖机能的话，第一步，应该先把那些无道德感念的人、艺术观念陈腐的人、铁石心肠的人、残酷而成功的人、意志坚决一无情义的人，以及那一切失掉生之欢乐的人，一起把他们的生殖机能割掉——而不必亟亟于那些疯狂的人和患肺痨的人。因为在我看来，一个热情而有情感的人，或许会做出一些愚蠢和鲁莽的事情，可是一个无热情也无情感的人却好像是一个笑话或一幅讽刺画了。他跟都德(Daudet)的莎复(Sappho)两者比较起来，只好算一条虫、一架机器、一座自动机、尘世上的一点污点而已。有许多妓女，她的一生比大腹便便的商人来得高洁。莎复虽然犯罪，但也懂得爱；我们对于那些会显示深爱的人，应该给予较大的宽恕，无论怎样，她从一个冷酷的商业环境中走出来的时候，总比我们周遭的那些百万富翁怀着更热烈的心情。对曼丽·玛黛玲(Mary Magdalene)崇拜是对的。热情和情感有时免不了使我们做错事，因而受罪是应该的。但是有许多宽容的母亲因为过于纵容子女，往往因爱子之心而失掉了理智的判断，不过她们到了老年的时候，她们一定会回忆到她们从前那种融融泄泄的家以为比那些苛刻严峻的人的家庭生活来得快乐。有一个朋友曾告诉我一个故事。他说有一个年纪已七十八岁的老妇人对他说："回溯过去的七十八年中，每想到我所做的错事时，我还是觉得快乐的；不过又想到我的愚蠢时，我甚至到今天还不能饶恕我自己。”

可是人生是残酷的，一个有着热烈的、慷慨的、天性多情的人，也许容易受他的比较聪明的同伴之愚。那些天性慷慨的人，常常因慷慨而错了主意，常常因对付仇敌过于宽大，或对于朋友过于信任，而走了失着。慷慨的人有时会感到幻灭，因而跑回家中写出一首悲苦的诗。在中国有许多的诗人和学者就是这样的，例如喝茶大家张岱，很慷慨地替亲友出力帮忙，甚至家产也因此花完，而结果还吃了他最亲密的亲友的亏；后来他把这遭遇写成十二首诗，那诗要算是我所曾读到过的最辛酸最悲苦的了。可是我很相信直到他老死还是那么慷慨大量的，即使是在他很穷困的时候，有几次几乎穷得要饿死，也必仍然如此。我相信那些悲哀的情绪不久就会烟消雾散，而他依旧会快乐的。

虽说如此。但这种慷慨热烈的心情须有一种哲学加以保护，人生是严酷的，热烈的心性不足以应付环境，热情必须和智勇连结起来，方能避免环境的摧残。我觉得智和勇是同样的东西，勇乃是了解人生之后的产物；一而二，二而一，一个完全了解人生的人始能有勇。如果智不能生勇，智便无价值。智抑制了我们愚蠢的野心，使我们为从这个世界的骗子(Humbug)——无论是思想上的或人生上的——手中解放出来而生出勇气。

在我们这个世界里，骗子真是不胜其多，不过中国佛教已经把许多的小骗子归纳于两个大骗子之中；就是名和利。据说乾隆皇帝游江南的时候，有一次在一座山上眺望景色，望见中国海上帆船往来如织。他便问他身旁的大臣那几百只帆船是干什么的，他的大臣回答道，他只看见两只船，一只叫做“名”，一只叫做“利”。有修养的人士也只能避免利的诱惑，只有最伟大的人物才能够逃避名的诱惑。有一次，一位僧人跟他的弟子谈到这两种俗念的根源时说:“绝利易，绝名心难。即退隐之学者僧人仍冀得名。彼乐与大众讲经说法，而不愿隐处小庵与弟子作日常谈。”那个弟子道:“然则师傅可为世上唯一绝名心之人矣。”师傅微笑而不言。

据我的人生观察，佛教徒的那种分类是不完全的。人生的大骗子不只两个，而实有三个:即名、利、权。在美国惯用的字中，可以拿“成功”(Success)这名词把这三个骗子概括起来。但是有许多智者以为成功和名利的欲望实是失败，贫穷和庸俗无闻的恐惧之一种讳称；而这些东西是支配着我们的生活的。有许多人已经名利双全，可是他们还在费尽心计想法去统治别人，他们就是竭一生心力为祖国服役的人。这代价常是巨大的。如果你去请一个真真的智者来，要选他做总统，要他随时向一群民众脱帽招呼，一天中要演说七次，这种总统他一定不要做的。白赉士(James Bryce，近代英国历史学家和外交家）以为美国民主政府现行的制度不能招致国中最优秀的人才去入政界服役。我觉得单是竞选的吃力情形足已吓退美国的智者了。从政的人顶了竭毕生心力为人群服役的名义，一星期常须参加六次的宴会。他为什么不坐在家里，自己吃一顿简单的晚餐，随后穿上睡衣，舒舒服服地上床去睡呢？一个人在名誉或权力的迷惑下，不久也会变成其他骗子的奴隶，越陷越深永无止日。他不久便开始想改革社会，想提高人们的道德，想维护教会，想消弥罪恶，做一些计划给人家去实行，推翻别人所定的计划，在大会中读一篇他的下属替他预备好的统计报告，在委员会的席上研究展览会的蓝纸图样，甚至于想创设一间疯人院(真厚脸皮啊！)——总之一句话，想干涉人家的生活。但是不久，这些自告奋勇而负起的责任，什么改造人家，实施计划，破坏竞争者的计划等问题，一股脑儿抛在脑后，或甚至还不曾跑进过他的脑筋呢。一个在总统竞选中失败了的候选人，两星期过后，对于劳工，失业关税等诸大问题都忘得一干二净！他是什么人，干嘛要改造人家，增高人们的道德，送人家进疯人院去呢？可是他如果成功了的话，那些大骗子和小骗子是会使他踌躇满志地奔忙着，而使他想象着以为他的确是在做一些事情，而确是一个“重要的人物”。

然而，世间还有一个次等的社会骗子，和上述的骗子有同样的魅力，一样普遍，就是时尚(Fashion)。人类原来的自我本性很少有表现出来的勇气。希腊哲学家德谟克利图(Democritus)他以为已把人类从畏惧上帝和死亡这两个大恐怖的压迫下解放出来，是一种对人类的伟大贡献。虽然如此，可是他还不曾把我们从另一个普遍的恐惧——畏惧周遭的人——中解放出来。人们虽由畏惧上帝和畏惧死亡的压迫中解放了出来，但还有许多人仍不能解除畏惧人们的心理，不管我们是有意或无意，在这尘世中一律都是演员，在一些观众面前，演着他们所认可的戏剧。

这种演戏的才能加上模仿的才能(其实即演戏才能的一部分)，是我们猴子的遗传中最出色的质素。这种表演才能无疑地可以得到实在利益，最显而易见的就是博得观众的喝彩。但是彩声越高，台后的心绪也越加紧张。同时这才能也帮助一个人去谋生，所以我们不能怪谁迎合观众心理去扮演他的角色。

唯一不合之处就是那演员或许会篡夺了那个人的位置，而完全占有了他；在这世上享盛名居高位的人，能够保存本性的，真少而又少，也只有这一种人自知是在做戏，他们不会被权势、名号、资产、财富等人造的幻象所欺蒙，当这些东西跑来时，他们只用宽容的微笑去接受，他们并不相信他们如此便变成特殊，便和常人不同。这一类的人物是精神上的伟大，也只有这些人的个人生活始终是简朴的。因为他们永不重视这些幻象，所以简朴才永远是真真伟大人物的标志。小官员幻想着自己的伟大；交际场中的暴发户夸耀他的珠宝；幼稚的作家幻想自己跃登作家之林，马上变成较不简朴，较不自然的人；这些都足以表示心智之狭小。

我们的演戏本能是根深蒂固的，以致我们常常忘记离开舞台，忘记还有一些真正的生活可过。因此，我们一生辛辛苦苦地工作，并不依照自己的本性，为自己而生活，而只是为社会人士的喝彩而生活，如中国俗语所说老处女“为他人做嫁衣裳”。

三、玩世、愚钝、潜隐：老子

老子刁慈的“老猾”哲学却产生了和平、容忍、简朴和知足的崇高理想，这看来似乎是矛盾的。这类教训包括愚笨者的智慧，隐逸者的长处，柔弱者的力量和熟悉世故者的简朴。中国艺术的本身，和它那诗意的幻象以及对于樵夫渔父的简朴生活之赞颂，都不能脱离这种哲学而存在。中国和平主义的根源，就是能忍受暂时的失败，静待时机，相信在天地万物的体系中，在大自然动力和反动力的规律运行之下，没有一个人能永远占着便宜，也没有一个人永远做“傻子”。

大巧若拙，
大辩若讷。
躁胜寒，

静胜热。

清静为天下正。

(老子《道德经》,下同)

我们既知道大自然的运行中,没有一个人能永远占着便宜,或是做着傻子,所以其结论是竞争是徒劳的。老子曰:"圣人夫唯不争,故天下莫能与之争。"又曰:"强梁者不得其死,吾将以为教父。"当今的作家也可加上一句:"世间的独裁者如能不要密探来卫护,我愿做他的党徒。"

因此,老子曰:"天下有道,却走马以粪;天下无道,戎马生于郊。"

善为士者不武;
善战者不怒。
善胜敌者不与;
善用人者为之下。
是谓不争之德,
是谓用人之力,
是谓配天古之极。

有了动力与反动力的规律,便产生了暴力对付暴力的局势:

以道佐人主者,
不以兵强天下;
其事好还。
师之所处,荆棘生焉。
大军之后,必有凶年。
善有果而已;
不敢以取强。
果而勿矜;
果而勿伐;
果而勿骄;

果而不得已。
果而勿强；
物壮则老。
是谓不道，
不道早已。

凡尔赛会议如果请老子去做主席，我想今日一定不会有这么一个希特勒。希特勒自以为他在政治上当权之速，证明他得到“上帝的庇佑”。但我以为事情还要简单，他是得到克列孟梭(Clemenceau)神魂的庇佑。中国的和平主义不是那种人道的和平主义——不以博爱为本，而以一种近情的微妙的智慧为本。

将欲歙之，
必固张之。
将欲弱之，
必固强之。
将欲废之，
必固兴之。
是谓微明。
柔弱胜刚强。
鱼不可脱于渊；
国之利器不可以示人。

关于柔弱者的力量，爱好和平者之总能得到胜利，以及隐逸者的长处这一类训诲，没有一个人再能比老子讲得更有力量。在老子看来，水便是柔弱者的力量的象征——轻轻地滴下来，能在石头上穿一个洞。水有道家最伟大的智慧，向最低下的地方去求它的水平线：

江海所以能为百谷王者，
以其善下之，故能为百谷王。

“谷”是空洞象征，代表世间万物的子宫和母亲，代表阴或牝。

谷神不死，
是谓元牝。
元牝之门，
是谓天地根。
绵绵若存；
用之不勤。

以牝来代表东方文化，而以牡来代表西方文化，这不会是牵强附会之谈吧。无论如何，在中国的消极力量里，有些东西很像子宫或山谷，老子说：“……为天下谷；于天下谷，常德乃足。”

恺撒要做乡村中第一个人，而老子反之，他的忠告是：“不敢为天下先。”讲到出名是一桩危险的事，庄子曾写过一篇讽刺的文章去反对孔子的夸耀知识行为。庄子著作里，有许多诽议孔子的文章，好在庄子写文章时，孔子已死，而且当时中国又没有关于毁坏名誉的法律。

孔子围于陈蔡之间，七日不火食。
大公任往吊之，曰：“子几死乎？”
曰：“然。”
“子恶死乎？”
曰：“然。”
任曰：“予尝言不死之道。东海有鸟焉，其名曰‘意怠’。其为鸟也，翂翂翐翐，而似无能；引援而飞，迫胁而栖；进不敢为前；退不敢为后；食不敢先尝；必取其绪。是故其行列不斥，而外人卒不得害，是以免于患。直木先伐，甘井先竭。子其意者饰知以惊愚，修身以明汙。昭昭乎若揭日月而行，故不免也。……”

孔子曰：“善哉！”辞其交游，去其弟子，逃于大泽，衣裘褐，食杼栗。入兽不乱群，入鸟不乱行。

我曾写过一首诗概括道家思想：

愚者有智慧，
缓者有雅致，
钝者有机巧，
隐者有益处。

在信仰基督教的读者们看来，这几句话或者很像耶稣的"山上训言"，而也许同样地对他们不生效力。老子说，愚者得福，因他们是世上最快乐的人。这句话好似替"山上训言"加了一些诙谐的成分。庄子缀老子"大巧若拙，大辩若讷"的名句而说"弃智"。八世纪时的柳宗元把他比邻的山叫做"愚山"，附近的水叫做"愚溪"。十八世纪时的郑板桥说了一句名言："聪明难，糊涂亦难，由聪明转入糊涂更难。"中国文学上有诸如此类不少赞颂愚钝的话。美国有一句俚语是"不要太精明"(Don't be too smart)，从这句俚语也可看出抱这种态度者的智慧。大智是常常如愚的。

所以，在中国文化上我们看见一种稀奇的现象，就是一个大智对自己发生怀疑，因而产生(据我所知)唯一的愚者的福音和潜隐的理论，而认为是人生斗争的最佳武器。由庄子的创说"弃智"，到尊崇愚者的观念，其中只是一个短短的过程；在中国的绘画中和文章中，有着不少的乞丐，不朽的隐逸者、癫僧，或如《冥寥子游》中的奇隐士等等，在那上面，我们都可以看出这种尊崇愚者观念的反映。当这个可怜的褴褛癫僧，变成了我们心目中最高智慧和崇高性格的象征时，智人即从人生的迷恋中清醒过来，接受一些浪漫的或宗教润色，而进入诗意的幻想境界。

傻子的受人欢迎是一桩实事。我相信无论在东方或西方，人们总是憎恶那个过于精明的同伴的。袁中郎曾写过一篇文字，说明他和他的兄弟为什么要用那四个极愚笨但是忠心的仆人。任何人只要把他所有的朋友同伴细细想一想，就可以发现我们究竟喜欢怎样的人。我们喜欢愚笨的仆人是因为他比较老实可靠，和他在一起过日子，我们尽可以写写意意，不必处处提心吊胆。智慧的男人多数要不太精明的妻子，而智慧的女子也多数愿嫁不太精明的丈夫。

中国历史上那些著名的傻子，都是因为他们的真癫或假癫而讨人欢喜，受人敬爱。例如宋朝著名画家米芾号“米颠”（即癫），有一次穿了礼服去拜一块岩石，要那块岩石做他的“丈人”，因此得了“米颠”的名号。他和元朝的著名画家倪云林都有好洁之癖。又有一个著名的疯诗人赤了足，往来于各大寺院，在厨房里打杂，吃人家的残羹冷饭，不朽的诗便写在庙寺里厨房的墙壁上。最受中国人民爱戴的，要算是伟大的疯和尚颠僧了，他名叫济公，是一部通俗演义的主人公；这部演义越演越长，篇幅比之《唐·吉诃德》（*Don Quixote*）还长三倍，但好像还没有完结。他是生活于一个魔术、能医、恶作剧和醉酒的世界里，他有一种神力，能在相距几百英里的不同城市里同时出现。纪念他的庙宇至今还屹立于杭州西子湖边的虎跑。十六世纪和十七世纪的伟大浪漫天才，如徐文长、李卓吾、金圣叹（他自号“圣叹”，据他说，当他出世时，孔庙里曾发出一阵神秘的叹息），他们虽然和我们一样是人，可是他们在外表和举动上多少违背着传统的习惯，所以给人一种疯狂的印象。

四、“中庸哲学”：子思

我相信主张无忧虑和心地坦白的人生哲学，一定要叫我们摆脱过于繁忙的生活和太重大的责任，因而使人们渐渐减少实际行动的欲望。在另一方面，生于现代的人，大都需要这种玩世主义之熏陶，因为这对他是很有益的。那种引颈前瞻徒然使人类在无效果和浪费的行动中过生活的哲学，它的遗毒或许比古今哲学中的全部玩世思想为害更大。每个人都有许多生理上的工作行动，它随时能把这种哲学的力量抵消；这种放浪者的伟大哲学虽到处受人欢迎，可是中国人至今还是世界上最勤勉的民族。大多数人都未成为玩世者，因为大多数的人都不是哲学家。

所以这样说来，玩世主义很少会变成大众所崇拜的流行思想的危险，这一点可以不必担忧。中国道家哲学虽已获得了中国人心胸中的感应，已经存在了几千年，在每首诗歌和每幅山水画里都可看得出来。但是大多数中国人依旧过着熙来攘往的生活，依旧相信财富、名誉、权力，肯为他们的国家服役。如若不是这样，人类生活便不能维持下去。所以中国并没有人人都服从玩世主义，他们只在失败后，才做玩世者和诗人；我们的多数同胞依旧还是出力的演员。道家玩世主义的影响，仅是在减低紧张生活，同时在天灾人祸的时候，引导人民去信仰自然律的动作和反动作，信仰正义必能因此而得伸张。

然而，在中国的思想上还有一种相反的势力，它和这种无忧无虑的哲学，自然放浪者的哲学，是站在对立的地位的。自然绅士哲学的对面有社会绅士的哲学，道家哲学的对面有儒家哲学。如把道家哲学和儒家哲学的涵义，一个代表消极的人生观，一个代表积极的人生观，那么，我相信这两种哲学不仅是中国人有之，而也是人类天性所固有的东西。我们大家都是生就一半道家主义，一半儒家主义。一个彻底的道家主义者理应隐居到山中，去竭力模仿樵夫和渔父的生活，无忧无虑，简单朴实如樵夫一般去做青山之王，如渔父一般去做绿水之王。道家主义者的隐士，隐现于山上的白云中，一面俯视樵夫和渔父在相对闲谈；一面默念着青山、流水，全然不理会这里还有着两个渺小的谈话者。他在这种凝想中获得一种彻底的和平感觉。不过要叫我们完全逃避人类社会的那种哲学，终究是拙劣的。

此外还有一种比这自然主义更伟大的哲学，就是人性主义的哲学。所以，中国最崇高的理想，就是一个不必逃避人类社会和人生，而本性仍能保持原有快乐的人。如果一个人离开城市，到山中去过着幽寂的生活，那么他也不过是第二流隐士，还是环境的奴隶。"城中隐士实是最伟大的隐士"，因为他对自己具有充分的节制力，不受环境的支配。如果一个僧人回到社会去喝酒、吃肉、交女人，而同时并不腐蚀他的灵魂，那么他便是一个"高僧"了。因此，这两种哲学有互通性，颇有合并的可能。儒教和道家的对比是相对的，而不是绝对的。这两种学说，只是代表了两个极端的理论，而在这两个极端的理论之间，还有着许多中间的理论。

我以为半玩世者是最优越的玩世者。生活的最高典型终究应属子思所倡导的中庸生活，他即是《中庸》的作者，孔子的孙儿。与人类生活问题有关的古今哲学，还不曾发现过一个比这种学说更深奥的真理，这种学说，就是指一种介于两个极端之间的那一种有条不紊的生活——酌乎其中学说。这种中庸精神，在动作和静止之间找到了一种完全的均衡，所以理想人物，应属一半有名，一半无名；懒惰中带用功，在用功中偷懒；穷不至于穷到付不出房租，富也不至于富到可以完全不做工，或是可以称心如意地资助朋友；钢琴也会弹弹，可是不十分高明，只可弹给知己的朋友听听，而最大的用处还是给自己消遣；古玩也收藏一点，可是只够摆满屋里的壁炉架；书也读读，可是不很用功；学识颇广博，可是不成为任何专家；文章也写写，可是寄给《泰晤士报》的稿件一半被录用一半退回——总而言之，我相信这种中等阶级生活，是中国人所发现最健全的理想生活。李密庵在他的《半半歌》里把这种生活理想很美妙地表达出来：

看破浮生过半，
半之受无用边。
半中岁月尽幽闲；
半里乾坤宽展。
半郭半乡村舍，
半山半水田园；
半耕半读半经廛；
半士半姻民眷；
半雅半粗器具，
半华半实庭轩；
衾裳半素半轻鲜，
肴馔半丰半俭；
童仆半能半拙；
妻儿半朴半贤；
心情半佛半神仙；
姓字半藏半显。
一半还之天地；
让将一半人间。
半思后代与沧田，
半想阎罗怎见。
饮酒半酣正好；
花开半时偏妍；

半帆张扇免翻颠，
马放半缰稳便。
半少却饶滋味，
半多反厌纠缠。
百年苦乐半相参，
会占便宜只半。

所以，我们如把道家的现世主义和儒家的积极观念配合起来，便成中庸的哲学。因为人类是生于真实的世界和虚幻的天堂之间，所以我相信这种理论在一个抱前瞻观念的西洋人看来，一瞬间也许很不满意，但这总是最优越的哲学，因为这种哲学是最近人情的。总而言之，半个林白比一个整的林白更好，因为半个能比较快乐。如果林白只飞了大西洋的半程，我相信他一定会更快乐。我们承认世间非有几个超人——改变历史进化的探险家、征服者、大发明家、大总统、英雄——不可，但是最快乐的人还是那个中等阶级者，所赚的钱足以维持独立的生活，曾替人群做过一点点事情，可是不多；在社会上稍具名誉，可是不太显著。只有在这种环境之下，名字半隐半显，经济适度宽裕，生活逍遥自在，而不完全无忧无虑的那个时候，人类的精神才是最为快乐的，才是最成功的。我们必须在这尘世上活下去，所以我们须把哲学由天堂带到地上来。

五、爱好人生者：陶渊明

所以我们已经晓得，我们如果把积极的人生观念和消极的人生观念适度地配合起来，我们便能得到一种和谐的中庸哲学，介于动作和静止之间，介于尘世的徒然匆忙和完全逃避现实人生之间；世界上所有的一切哲学中，这一种可说是人类生活上最健全最完美的理想了。还有一种结果更加重要，就是这两种不同观念相混合后，和谐的人格也随之产生。这种和谐的人格也就是那一切文化和教育所欲达到的目的，我们即从这种和谐的人格中看见人生的欢乐和爱好。这是值得加以注意的。

要描写这种爱好人生的性质是极困难的；如用譬喻，或叙述一位爱好人生者的真事实物，那就比较容易。在这里，陶渊明这位中国最伟大的诗人，和中国文化上最和谐的产物，不期而然地浮上我的心头。陶渊明也是整个中国文学传统上最和谐最完美的人物，我想没有一个中国人会反对我的话吧。他没有做过大官，很少权力，也没有什么勋绩，除了本薄薄的诗集和三四篇零星的散文外，在文学遗产上也不曾留下什么了不得的著作。但至今还是照彻古今的炬火，在那些较渺小的诗人和作家心目中，他永远是最高人格的象征。他的生活方式和风格是简朴的，令人自然敬畏，会使那些较聪明与熟识世故的人自惭形秽。他是今日真正爱好人生者的模范，因为他心中虽有反抗尘世的欲望，但并不沦于彻底逃避人世，而反使他和七情生活洽调起来。文学的浪漫主义和道家闲散生活的崇尚以及对儒家教义的反抗，在那时的中国已活动了两百多年，这种种和前世纪的儒家哲学配合起来，就产生了这么一种和谐的人格。以陶渊明为例，我们看见积极人生观已经丧失了愚蠢的自满心，玩世哲学已经丧失了尖锐的叛逆性，在梭罗身上还可找出这种特质——这是一个不成熟的标志，而人类的智慧第一次在宽容和嘲弄的精神中达到成熟的时期。

在我看来，陶渊明代表一种中国文化的奇怪特质，即一种耽于肉欲和灵的妄尊的奇怪混合，是一种不流于制欲的精神生活和耽于肉欲的物质生活的奇怪混合；在这奇怪混合中，七情和心灵始终是和谐的。所谓理想的哲学家即是一个能领会女人的妩媚而不流于粗鄙，能爱好人生而不过度，能够察觉到尘世间成功和失败的空虚，能够生活于超越人生和脱离人生的境地，而不仇视人生的人。陶渊明的心灵已经发展到真正和谐的境地，所以我们看不见他内心有一丝一毫的冲突，因之，他的生活也像他的诗一般那么自然而冲和。

陶渊明生于第四世纪的末叶，是一位著名学者兼贵官的曾孙。这位学者在家无事，常于早上搬运一百支甓到斋外，至薄暮又搬运回斋内。陶渊明幼时，因家贫亲老，任为州祭酒，但不久即辞了官职去过他的耕种生活，因此得了一种疾病。有一天，他对亲朋说："聊欲弦歌以为三径之资，可乎？"有一个朋友听了这句话，便荐他去做彭泽令。他因为喜欢喝酒，所以命令县里都种秫谷，可是他的妻子不以为善，固请种秔，才使一顷五十亩种秫，五十亩种秔。后因郡里的督邮将到，县吏说他应该束带相见，陶渊明叹曰："吾不能为五斗米折腰。”于是官也不愿做了，写了《归去来辞》这首名赋。此后，他就过着农夫的生活，好几次有人请他做官，他一概拒绝。他家里本穷，故和穷人一起生活，在给他儿子的一封信里，曾慨叹他们的衣服褴褛，做着贱工。有一次他送一个农家的孩子到他的儿子那里去，帮做挑水取柴等事，在给他儿子的信里说：“此亦人子也，可善遇之。”

他唯一的弱点就是喜欢喝酒。他平常过着孤独的生活，很少和宾客接触，可是一看见酒，纵使他不认识主人，也会坐下来和大家一起喝酒。有时他做主人的时候，在席上喝酒先醉，便对客人说：“我醉欲眠卿且去。”他有一张无弦的琴，这种古代的乐器，只能在心情很平静的时候，慢慢地弹起来才有意思。他和朋友喝酒时，或是有兴致想玩玩音乐时，便抚抚这张无弦的琴。他说：“但识琴中趣，何劳弦上声？”

他心地谦逊，生活简朴，且极自负，交友尤慎。判史王弘很钦仰他，想和他交朋友，可是无从谋面。他曾很自然地说：“我性不狎世，因疾守用，幸非洁志慕声。”王弘只好和一个朋友用计骗他：由这个朋友去邀他喝酒，走到半路停下来，在一个凉亭里歇脚，那朋友便把酒拿出来。陶渊明真的欣欣然就坐下来喝酒，那时王弘早已隐身在附近的地方，这时候便走出来和他相见。他非常高兴，于是欢宴终日，连朋友的地方也忘记去了。王弘见陶渊明无履，就叫他的左右为他造履。当请他量履的时候，陶渊明便把脚伸出来。此后，凡是王弘要和他见面时，总是在林泽间等候他。有一次，他的朋友们在煮酒，就把他头戴的葛巾来漉酒，用过了还他，他又把葛巾戴在头上了。

他那时的住处，位于庐山之麓，当时庐山有一个闻名的禅宗，叫做白莲社，是由一位大学者所主持。这位学者想邀他入社。有一天便请他赴宴，请他加入。他提出的条件是在席上可以喝酒。本来这种行为是违犯佛门的戒条的，可是主人却答应他。当他正要签名入社时，却又“攒眉而去”。另外一个大诗人谢灵运很想加入这个白莲社，可是不得其门而入。后来那位方丈想跟陶渊明做个朋友，所以他便请了另一位道人和他一起喝酒。他们三个人，那个方丈代表佛教，陶渊明代表儒教，那个朋友代表道家。那位方丈曾立誓说终生不再走过某一座桥，可是有一天，当他和他的朋友送陶渊明回家时，他们谈得非常高兴，大家都不知不觉地走过了那桥。当三人明白过来时，不禁大笑。这三位大笑的老人，后来便成为中国绘画上常用的题材，这个故事象征着三位无忧无虑的智者的欢乐，象征着三个宗教的代表人物在幽默感中团结一致的欢乐。

他就是这样地过他的一生，做一个无忧无虑的、心地坦白的、谦逊简朴的乡间诗人，一个智慧而快乐的老人。在他那本关于喝酒和田园生活的小诗集，三四篇偶然冲动而写出来的文章，一封给他儿子的信，三篇祭文（一篇是自祭文）和遗留给子孙的一些话里，我们看出一种造成那和谐生活的情感和天才。这种和谐的生活已达到了炉火纯青的境地，没有一个人能比他更卓越。他在《归去来辞》那首赋里所表现的就是这种爱好人生的情感。这篇名作是在公元四〇五年十一月，就是在决定辞去那县令的时候写的。

归去来辞

归去来兮，田园将芜胡不归！既自以心为形役，奚惆怅而独悲？悟已往之不谏，知来者之可追；实迷途其未远，觉今是而昨非。舟遥遥以轻飏，风飘飘而吹衣。问征夫以前路，恨晨光之熹微。乃瞻衡宇，载欣载奔，童仆欢迎，稚子候门。三径就荒，松菊犹存；携幼入室，有酒盈樽。引壶觞以自酌，眄庭柯以怡颜；倚南窗以寄傲，审容膝之易安。园日涉以成趣，门虽设而常关；策扶老以流憩，时矫首而遐观。云无心以出岫，鸟倦飞而知还；景翳翳以将入，抚孤松而盘桓。

归去来兮，请息交以绝游。世与我而相违，复驾言兮焉求！悦亲戚之情话，乐琴书以消忧。农人告余以春及，将有事于西畴。或命巾车，或棹孤舟；既窈窕以寻壑，亦崎岖而经丘。木欣欣以向荣，泉涓涓而始流；羡万物之得时，感吾生之行休。已矣乎，寓形宇内复几时，曷不委心任去留。胡为遑遑欲何之？富贵非吾愿，帝乡不可期。怀良辰以孤往，或植杖而耘耔。登东皋以舒啸，临清流而赋诗。聊乘化以归尽，乐夫天命复奚疑？

也许有人以为陶渊明是“逃避主义者”，但事实上他绝对不是。他要逃避的仅是政治，而不是生活的本身。如果他是逻辑家的话，他或许早已出家做和尚，彻底地逃避人生了。可是陶渊明不愿完全逃避人生，他是爱好人生的。在他的眼中，他的妻儿是太真实；他的花园，那伸到他庭院里的树丫枝，他所抚摸的孤松，这许多太可爱了。他仅是一个近情近理的人，他不是逻辑家，所

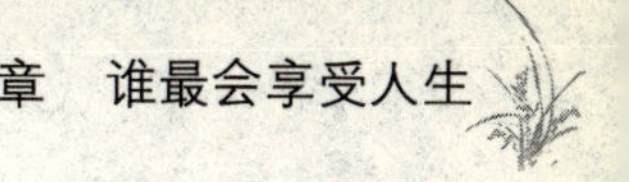

以他要周旋于周遭的景物之间。他就是这样地爱好人生，由种种积极的、合理的人生态度，去获得他所特有的能产生和谐的那种感觉。这种生之和谐便产生了中国最伟大的诗歌。他为尘世所生，而又属于尘世，所以他的结论不是逃避人生，而是“怀良辰以孤往，或植杖而耘耔”。陶渊明仅是回到他的田园和他的家庭里去。所以，结果是和谐，不是叛逆。

第六章 生命的享受

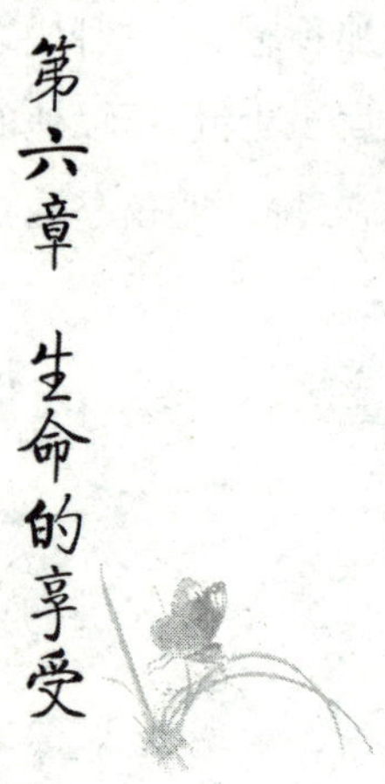

一、快乐问题

生之享受包括许多东西：我们本身的享受、家庭生活的享受，树木、花朵、云霞、溪流、瀑布，以及大自然的形形色色，都足以称为享受；此外又有诗歌、艺术、沉思、友情、谈天、读书等的享受，后者的这些都是心灵交流的不同表现。这许多享受中，有些享受是易见的，如食物的享受，社交宴会或家庭团聚的欢乐，风和日暖时春天的野游；另外一些较不明显的，则为诗歌、艺术和沉思等享受。我觉得这些享受，不能把它分为物质的或精神的两类，一来因为我不以为应有这种区别，二来因为我在把它们分类时，每不知适从。当我看见一批男女老少在享受一个欢乐的野宴时，叫我怎能说得出哪一部分是属于物质，哪一部分是属于精神？当我看到一个孩子在草地上跳跃，还有一个孩子用雏菊在编造一个小花环，母亲的手里拿着一块夹肉面包，叔父在咬一只甜美的红苹果，父亲仰卧在草地上凝望着天上的白云，祖父口中含着烟斗；也许还有人在开留声机，远远地传来了音乐的声音，或是波涛的吼声。这些欢乐之中，哪一种是属于物质，哪一种是属于精神的呢？享受一块夹肉面包和享受四周的景色（后者就是我们所谓的诗歌），其区别是否很容易地可以分出来呢？听音乐，我们称之为艺术的享受；吸烟斗，我们称之为物质的享受；可是我们能够说，前者的享受比后者更高尚吗？所以在我看来，物质上的欢乐和精神上的欢乐，它的分别是紊乱的、不易分辨的、不真确的。我疑心这种分类是根据一种错误的哲学理论，把美和肉严加分别，而并没有将我们真正的欢乐直接严密地研究一下子以为证明。

我拿人生这个未决定的正当目的问题来做论据，我这一假定是否太过分？我总以为生活的目的即是生活的真享受，其间没有是非之争，我用“目的”这个名词时有点不敢下笔。因为这种包含真正享受它的目的，大抵不是发自有意的，而是一种人生的自然态度。“目的”这个名词便含有一种企图和努力的意义。人生世上，他的问题不是拿什么做目的，或怎样去实现这目的，而是怎样去应付此生，怎样消遣这五六十年天赋给他的光阴。他应该把生活加以调整，在生活中获得最大的快乐，这个问题跟如何去享受周末那一天的快乐一样实际，而不是形而上的问题，如果人们生在这宇宙中另有什么神秘的目的，那么只可以做抽象的渺茫的答案了。

在另一面讲，我觉得哲学家们在企图判明这个人生目的问题时，他们心中大概假定人生必有一种目的。西方思想家所以把这个问题看得那样重要，就是因为受了神学的影响。我总以为我们对于这计划和目的这些东西假定得太过分了。人们想解答这个问题并为这个问题争论，甚至于弄得迷惑不解，显见都是徒然的、非必要的。如果人生真有目的或计划的话，那么这种目的或计划不应该这样令人困惑，那么渺茫而难于发现。

这个问题可以化为两个：第一个是关于神灵的，即上帝替人类所决定的目的；第二个是关于人类的，即人类自己所决定的目的。第一个问题我不想多加讨论，因为我们心中所存什么上帝的意志，事实上都是我们人类自己心中的思想；只是在我们想象中，上帝心中有这么一种思想而已。然而要用人类的智能来猜测神灵的智能，那是办不到的。我们的这种理论，其结果就是把上帝当做我们军中保卫旗帜的军曹，以为他和我们同样地具着爱国狂；我们自欺欺人地以为上帝对世界或欧洲是不会有什么“神灵目的”或“定数”的，只有对我们祖国才有之。我相信德国纳粹党的人物心中，上帝一定也带着卐字的臂章。每个人都认为这个上帝始终是在自己这边的，绝不会是在对方那边。其实世界上的民族，抱着这种观念的也不仅日耳曼人而已。

至于第二个问题，那争点不是人生的目的“是什么”，而是人生的目的“应该是什么”。所以这是一个实际的而不是形而上的问题，对于人生的目的“应该是什么”这个问题，每个人都有他自己的观念和评价。我们为这个问题而争论，就是因为我们每个人的评价都不相同的缘故。以我自己而论，我的观念比较实际而少抽象。我以为人生不一定要有目的或意义。惠特曼说："我这样地做一个人，已够满意了。"所以我也以为我现在活着——并且也许还可以再活几十年——人类的生命存在着，那就已经够了。这样看去，这个问题便变为极简单，而不容有两个答语，就是人生的目的除了去享受人生外，还有什么呢？

这个快乐问题是世界上一切非宗教哲学家所注意的重要问题，可是基督教的思想家却完全置之不问，这是奇怪的事。神学家把人类快乐这问题抛开，而所焦虑的重大问题是人类的"拯救"——"拯救"听来真是一个悲惨的名词，觉得怪刺耳的。因为我在中国天天总是听人家谈"救国"。大家都想要"救"中国。这种言论，使人油然而生一种好像是在快要沉没的船上的感觉，一种万事全休，大家只在想逃生方法的感觉。基督教——有人称它为"两个没落世界（希腊和罗马）的最后叹息"——在今日还保存着这种特质，它还是被拯救问题所烦扰。人们为了离尘世和得救问题而烦扰，结果反忘掉了生活问题。人类如果没有趋近灭亡的感觉，何必去为了得救的问题担忧呢？神学家总是注意拯救问题，而没想到快乐问题，因之他们对于将来，只能渺茫地说有一个天堂。假如我们问道：在那边我们要做些什么呢？在天堂我们要得到怎样的快乐呢？他们的回答只能给我们一些渺茫的观念，如唱诗穿白衣裳之类。穆罕默德至少也还用醇酒、甜美的水果和有着黑发大眼多情的少女，替我们画了一帧未来的快乐景象，这是我们这些俗人能够见得到的。如果神学家不把天堂里的景象弄得更生动逼真，更近情合理，那么我们真不想离开这个尘世而到天堂里去。有人说："明日有一只鸡，不如今日有一只蛋。"即在我们计划怎样去消遣暑假的时候，我们至少也要花些时间来探听我们所要到的地方。如果去问旅行社，而所回答的是模糊影响之辞，我是不想去的；我在原来的地方过假期好了。在天堂里也须奋斗吗？努力吗？（我敢说那些希望和相信努力的人一时是这样的假定）可是一旦我们已经十全十美了，我们还要努力些什么呢？进步到哪一层呢？或者说在天堂里可以过着游手好闲，无忧无虑的日子。如果真是这样的话，我们尽可在这尘世上先学过游手好闲的生活，以备将来惯于永生生活，那岂不更好吗？

我们如果必须要有一个宇宙观的话，就让我们把自己忘掉，不要把那宇宙观限制于人类生活的范围之内。我们须把宇宙观扩展开去，把整个世界——石、树和动物——的目的都包括进去。宇宙间有一个计划（“计划”这名词，和“目的”这名词一样，都是我所不喜欢的名词）——我的意思是说，万物创造中有一个图案。我们对于这整个宇宙，须先有一个观念——虽然这个观念并不是最后的固定不移的观念——然后可以在这个宇宙中确定我们应站的地位。这种关于大自然的观念，关于我们在大自然中所占地位的观念，必须出于自然，因为我们生时是大自然的一个重要部分，而死后又是回到大自然去的。天文学、地质学、生物学以及历史，只要我们不做冒昧下断语的尝试，都能给我们以材料，协助我们得到一个相当准确的观念。如果在宇宙的目的这个广大的观念中，人类退居了次要的地位，那也不要紧的。他有着一个地位已经够了，只要他能和周遭环境和谐相处，则对于人生本身便能产生一个实用而合理的观念。

二、人类的快乐属于感觉

人类一切快乐都发自生物性的快乐，这观念是绝对科学化的。这一点我必须加以说明，以免被人误解，人类的一切快乐都属于感觉的快乐。我相信精神主义者一定会误解我的意思：精神主义者所以和唯物主义者永远会有误解，就是因为他们的语气不同，或对同一句话抱着不同的见解。但是我们在这个获取快乐的问题上，难道也要被精神主义者所欺蒙而去跟着承认精神上的快乐才是真正的快乐吗？让我们马上承认并加以限制，说精神上的舒适是有赖于内分泌腺的正常动作。在我看来，快乐问题大半是消化问题。我很想直说快乐问题大抵即是大便问题，为保持我的人格和颜面起见，我得用一位美国大学校长来做我的护身符。这位大学校长过去对每年的新生演说时，总是要讲那句极有智慧的话：“我要你们记住两件事情：读《圣经》和使大便通畅。”他能说出这种话来，也可想见他是一个多么贤明，多么和蔼的老人家啊！一个人大便通畅，就觉快乐，否则就会感到不快乐。事情不过如此而已。

谈到我们的快乐，不要陷入抽象的议论中去，我们应该注意事实，把自己分析一下，看看我们一生中在什么时候得到真正快乐。这个世界中，快乐往往须从反面看出来，无忧愁、不受欺凌、无病无痛便是快乐。但也可成为正面感觉，那就是我们所说的欢乐，我所认为真快乐的时候，例如在睡过一夜之后，清晨起身，吸着新鲜空气，肺部觉得十分宽畅，做了一会儿深呼吸，胸部的肌肤便有一种舒服的动作感觉，感到有新的活力而适宜于工作；或是手中拿了烟斗，双腿搁在椅上，让烟草慢慢地均匀地烧着；或是夏日远行，口渴喉干，看见一泓清泉，潺潺的流水声已经使我觉得清凉快乐，于是脱去鞋袜，拿两脚浸在凉爽的清水里；或一顿丰盛餐饭之后，坐在安乐椅上，面前没有讨厌的人，大家海阔天空地谈笑着，觉得精神上和身体上都与世无争；或在一个夏天的下午，天边拥起乌云，知道一阵七月的骤雨就要在一刻钟内落下来，可是雨天出门不带伞，怕给人家看见难为情，连忙趁雨未降下的时候，先跑了出去；半途遇雨，淋得全身湿透，告诉人家，我中途遇雨。

当我听着我孩子说话的声音，或是看着他们肥胖的腿儿，我说不出在物质上爱他们或是精神上爱他们；我也完全不能把心灵与肉体的欢乐分别开来。世上可有什么人对于女人只在精神上爱她，而不在肉体上爱她，一个人要分析和分别他所爱的女人的媚态——如大笑、微笑、摇头的姿态、对事物的态度等——是件容易的事情吗？女子在衣饰清洁整齐的时候，都会觉得快乐，口红和胭脂使人有一种精神焕发的感觉，衣饰整齐使人感到宁静与舒泰，这在女子方面看来是真实而明确的，然而精神主义者对此就会觉得莫名其妙。我们的肉体总有一日会死去的，所以我们的肉体和精神之间只有极薄的隔膜，同时，在精神的世界里，要欣赏它最优美的情感与精神之美，只有用我们的感官才能胜任愉快。触觉、听觉和视觉各方面，是无所谓道德或不道德的。我们大都会失掉享受人生正面欢乐的能力。原因是我们感官的敏感性减退，和我们不尽量去运用这些感官。

我们用不着为这问题辩护，让我们拿出一些实在的事实：从东西洋许多酷爱人生的伟大人物里面，试举几个例证出来，看看他们是什么时候最感到快乐，这快乐和他们的听觉、嗅觉及视觉有怎样的密切关系。在某一节文章里，梭罗①对于蟋蟀的鸣声所生的崇高美感说：

---

① 梭罗对于人生的整个观念，在一切的美国作家中，可说最富于中国人的色彩。因我是中国人，所以在精神上觉得很接近他，就在几个月前才发现他，至今还觉得很高兴。如果我把梭罗的文章译成中文，说是一个中国诗人所写，一定不会有人疑心的。

先察蟋蟀所住的孔穴。在石头中间,穴隙到处都有。一只蟋蟀的单独歌儿更使我感到趣味。它暗示"出世已迟",但也只有当我们认识时间和永恒的意义时,"迟延"才感觉得到。其实它什么也不迟,只是赶不上世间一切琐碎而匆忙的活动罢了。它表现着成熟的智慧,超越一切俗世的思想,它就这样在春的希望和夏的炎热中间兼有秋的冷静和冬的智慧。它们对小鸟儿说:"啊!你们真像孩子,随着感情说话;大自然就是借着你们而说话的;我们却两样了,季节不为我们而旋转;我们反唱着它们的催眠曲。"它们就这样永恒地在草根脚下唱着。它们的住处便是天堂,不论是在五月或十一月,永远是这样。它们的歌儿具有宁静的智慧,有着散文的平稳,它们不饮酒,只吃露水。当孵卵期过后,它们的宁静无声并不是恋爱心境受了阻抑,而是归荣耀于上帝,与对上帝的永恒的享受。它们处于季节转变之外。它们的歌儿像真理那样地永垂不朽。人类只有在精神比较健全的时候,才能听见蟋蟀的鸣声。

再看惠特曼的嗅觉、视觉和听觉,它们怎样地促进他的精神生活,而他又怎样认为这些东西是非常重要的:

早晨大雪,至晚未停。我在雪花纷飞中,踯躅于树林里和道路上,约摸有两个钟头。微风拂过松树发出音乐般的低鸣,清晰奇妙,犹如瀑布,时而静止,时而奔流。此时视觉、听觉、嗅觉,一切的感觉,都得了微妙的满足。每一雪片都飘飘地降在常青树、冬青树、桂树的上面,静静地躺着,所有的枝叶都穿起一件臃肿的白外套,在边缘上还缀着绿宝石——这是那茂盛的、挺直的、有着红铜色的松树——还有那一阵阵轻微的树脂和雪水混合的香味(一切东西都有气味,雪也有气味,只有你辨别得出来——这种气味无论在哪一地、哪一时都不完全相同。正午的气味和半夜的气味,冬天的气味和夏天的气味,多风的气味和无风的气味都是不同的)。

我们可有人能辨别正午和半夜的气味,冬和夏的气味,或多风和无风的气味?如果人们觉得住在城市里比住在乡下较不快乐,那就是因为一律灰色墙壁和一律的水门汀行人道太过于单调,人们生活在这种环境中,一切视觉和听觉都引不起感应,终于麻木而消失了。

讲到快乐时刻的界限，以及它的度量和性质，中国人和美国人的观念是相同的。在我要举出一位中国学者的三十三快乐时刻之前，我另引一段惠特曼的话来做一个比较，证明我们之间感觉的相同：

是一个天气晴朗的日子——空气干燥，有微风，充满氧气。在我的四周，有着足以使我沉醉的奇迹，那些健全沉静而又美丽的树木、流水、花草、阳光和早霜——但最引动我的还是天空。它今天是那么澄清细致，那秋天特有的蓝色，又有那透明的蓝幕上浮着朵朵白云，或大或小，在伟大的苍穹中表现它们静穆的神灵动作。在上午(由七时至十一时)这天空始终保持着美丽洁净的蓝色。近正午时，渐渐转淡了，两三个钟头后，已变成了灰色——再淡下去，一直到日落的时候——我凝望一丛大树圆顶上的落日，在隙缝中闪烁着火红、淡黄、肝褐、赤红，千种颜色的华丽展览，万条灿烂的金光斜映水面——那种透明的阴影、线条、闪烁生动的颜色，是图画上所从来没有看到过的。

我不解其所以然，但我只觉得这次秋天所以使我得到许多心满意足的时刻，完全是这个天空(我一生中虽天天见到天空，但事实上过去我并没有真正看见过它)。我读过拜伦的事迹，有一段说他在逝世时，对一个朋友说，他一生中仅仅有过三个快乐的时刻。另外又有一个关于国王的钟的古代日耳曼传说，也讲到同一的感觉。当我在那树林里看那美丽的落日时，我想到了拜伦的故事和那个钟的故事，心中始悟到我在这时也正在享受一个快乐的时刻呢(我也许不曾把那最快乐的时刻记下来；因为当这种时候来临时，我不愿为着要记录而打断了它。我只是任性留连悠然自在，使我沉醉在宁静的出神中)。

快乐到底是什么呢？这就是一个快乐的时刻吗？或是像一个快乐的时刻吗？——快乐的时刻是那么难于理解——是像一个呼吸，或像一点易消失的彩色吗？我不知道——还是让我怀疑下去吧。清澄的天啊，在你蔚蓝的空中，你可有灵药来医治我的病症吗？(啊，我三年来损坏的身体和骚乱的精神哟)你现在可是把这种灵药微妙地，神秘地，经过空气隐隐地撒在我的身上？

三、金圣叹之"不亦快哉"三十三则

现在让我们来观察欣赏一位中国学者自述的快乐时刻，十七世纪印象派大批评家金圣叹在《西厢记》的批语中，曾写下他觉得最快乐的时刻，这是他和他的朋友在十日的阴雨连绵中，住在一所庙宇里计算出来的。下面便是他自己认为是人生真快乐的时刻，在这种时刻中，精神是和感官错综地联系着的：

其一：夏七月，赤日停天，亦无风，亦无云；前后庭赫然如洪炉，无一鸟敢来飞。汗出遍身，纵横成渠。置饭于前，不可得吃。呼簟欲卧地上，则地湿如膏，苍蝇又来缘颈附鼻，驱之不去。正莫可如何，忽然大黑车轴，疾澍澎湃之声，如数百万金鼓。檐溜浩于瀑布。身汗顿收，地燥如扫，苍蝇尽去，饭便得吃。不亦快哉！

其一：十年别友，抵暮忽至。开门一揖毕，不及问其船来陆来，并不及命其坐床坐榻，便自疾趋入内，卑辞叩内子；"君岂有斗酒如东坡妇乎？"内子欣然拔金簪相付。计之可作三日供也。不亦快哉！

其一：空斋独坐，正思夜来床头鼠耗可恼，不知其戛戛者是损我何器，嗤嗤者是裂我何书。中心回惑，其理莫措，忽见一狻猫，注目摇尾，似有所睹。敛声屏息，少复待之，则疾趋如风，唧然一声。而此物竟去矣。不亦快哉！

其一：于书斋前，拔去垂丝海棠紫荆等树，多种芭蕉一二十株。不亦快哉！

其一：春夜与诸豪士快饮，至半醉，住本难住，进则难进。旁一解意童子，忽送大纸炮可十余枚，便自起身出席，取火放之。硫磺之香，自鼻入脑，通身怡然。不亦快哉！

其一：街行见两措大执争一理，既皆目裂颈赤，如不戴天，而又高拱手，低曲腰，满口仍用者也之乎等字。其语刺刺，势将连年不休。忽有壮夫掉臂行来，振威从中一喝而解。不亦快哉！

其一：子弟背诵书烂熟，如瓶中泻水。不亦快哉！

其一：饭后无事，入市闲行，见有小物，戏复买之，买亦已成矣，所差者甚少，而市儿苦争，必不相饶，便掏袖下一件，其轻重与前直相上下者，掷而与之。市儿忽改笑容，拱手连称不敢。不亦快哉！

其一：饭后无事，翻倒敝箧。则见新旧逋欠文契不下数十百通，其人或存或亡，总之无有还理。背人取火拉杂烧净，仰看高天，萧然无云。不亦快哉！

其一：夏月科头赤足，自持凉伞遮日，看壮夫唱吴歌，踏桔槔。水一时奔涌而上，譬如翻银滚雪。不亦快哉！

其一：朝眠初觉，似闻家人叹息之声，言某人夜来已死。急呼而讯之，正是一城中第一绝有心计人。不亦快哉！

其一：夏月早起，看人于松棚下，锯大竹作筒用。不亦快哉！

其一：重阴匝月，如醉如病，朝眠不起，忽闻众鸟毕作弄晴之声，急引手搴帷，推窗视之，日光晶荧，林木如洗。不亦快哉！

其一：夜来似闻某人素心，明日试往看之。入其门，窥其闺，见所谓某人，方据案面南看一文书。顾客入来，默然一揖。便拉袖命坐，曰："君既来，可亦试看此书。"相与欢笑，日影尽去。既已自饥，徐问客曰："君亦饥耶？"不亦快哉！

其一：本不欲造屋，偶得闲钱，试造一屋。自此日为始，需木，需石，需瓦，需砖，需灰，需钉，无晨无夕，不来聒于两耳。乃至罗雀掘鼠，无非为屋校计，而又都不得屋住，既已安之如命矣。忽然一日屋竟落成。刷墙扫地，糊窗挂画。一切匠作出门毕去，同人乃来分榻列坐。不亦快哉！

其一：冬夜饮酒，转复寒甚，推窗试看，雪大如手，已积三四寸矣。不亦快哉！

其一：夏日于朱红盘中，自拔快刀，切绿沉西瓜。不亦快哉！

其一：久欲为比邱，苦不得公然吃肉。若许为比邱，又得公然吃肉，则夏月以热汤快刀，净割头发。不亦快哉！

其一：存得三四癞疮于私处，时呼热汤关门澡之。不亦快哉！

其一：箧中无意忽检得故人手迹。不亦快哉！

其一：寒士来借银，谓不可启齿，于是唯唯亦说他事。我窥其苦意，拉向无人处，问所需多少。急趋入内，如数给与，然后问其必当速归料理是事耶？为尚得少留共饮酒耶？不亦快哉！

其一：坐小船，遇利风，苦不得张帆，一快其心。忽逢艑舸，疾行如风。试伸挽钩,聊复挽之。不意挽之便着,因取缆,缆向其尾,口中高吟老杜"青惜峰峦,共知橘柚"之句,极大笑乐。不亦快哉!

其一:久欲觅别居与友人共住,而苦无善地。忽一人传来云有屋不多,可十余间,而门临大河,嘉树葱然。便与此人共吃饭毕,试走看之,都未知屋如何。入门先见空地一片,大可六七亩许,异日瓜菜不足复虑。不亦快哉!

其一:久客得归,望见郭门,两岸童妇,皆作故乡之声。不亦快哉!

其一:佳磁既损,必无完理。反覆多看,徒乱人意。因宣付厨人作杂器充用,永不更令到眼。不亦快哉!

其一:身非圣人,安能无过。夜来不觉私作一事,早起怦怦,实不自安。忽然想到佛家有布萨之法,不自覆藏,便成忏悔,因明对生熟众客,快然自陈其失。不亦快哉!

其一:看人作擘窠大书,不亦快哉!

其一:推纸窗放蜂出去,不亦快哉!

其一:做县官,每日打鼓退堂时,不亦快哉!

其一:看人风筝断,不亦快哉!

其一:看野烧,不亦快哉!

其一:还债毕,不亦快哉!

其一:读《虬髯客传》,不亦快哉!

可怜的拜伦,他一生中只有三个快乐的时候!如果他不是一个病态而又心地不平衡的人,他一定是被那个时代的流行忧郁症所影响了。如果忧郁的感觉不那么时髦的话,我相信他至少有三十个快乐时刻。这样说来,世界岂不是一席人生的宴会,摆起来让我们去享受——只是由感官去享受;同时由那种文化承认这些感官的欢乐的存在,而使我们也可坦白地承认这些感官的欢乐的存在;这岂不显而易见吗?我疑心我们所以装作看不见这个充满着感觉的美妙世界,乃是由于那些精神主义者弄得我们畏惧这些东西的缘故,如果我们现在有一个较高尚的哲学,我们必须重新信任这个"身体"的优美收受器官,我们把轻视感觉和畏惧情感的心理一律摒除。如果那些哲学家不能使物质升华,不能把我们的身体变成一个没有神经,没有味觉,没有嗅觉,没有色觉,没有动觉,没有触觉的灵魂,而我们也不能彻底模仿印度禁欲主义者的行为，那么我们必须勇敢地面对着这个现实的人生！唯有承认现实人生的那种哲学才能够使我们获得真正快乐，也唯有这种哲学才是合理的、健全的。

四、对唯物主义的误解

当我们读到金圣叹三十三则"不亦快哉"时，一定会觉得现实的人生中，精神欢乐和身体的快乐是不可分离的。精神的欢乐也须由身体上感觉到才能成为真实的欢乐。我甚至于认为道德的欢乐也是同样的。宣传任何学说，也须准备接受人们的误解，像快乐主义者(Epicureans)和克欲主义者(Stoics)那样地受人们的误解。许多人都不能了解奥理略(Marcus Aurelius)那种克欲主义者所不可少的仁厚精神；同时快乐主义者的智慧和约束学说也常被人们误解为追求欢乐的学说。人们对于这种唯物主义的观念会毫不犹豫地加以攻击，说它的意识是自私的，完全缺乏社会责任的，说它造成每个人都只为自己的享受而着想。这一类的辩论完全由于愚昧和无知，说这话的人是自己也不知所云的。他们不晓得玩世主义者的仁厚，也不知道这个爱好人生者的温顺。爱人类不应该成为一种学说，或是一个信条，或是一个智能上的坚信问题，或是一个能发生辩论的题目。对人类的爱如果需要一些理由来做根基，那便不是真正的爱。这爱必须是绝对自然的，对于人类，应该像鸟鼓翼那样地自然。这爱必须是一种直觉，由一个健全的接近大自然的灵魂产生出来。一个真爱树木的人，绝不会虐待任何动物。在十分健全的精神当中，当一个人，对人生与同类都具有一种信念时，当他们对大自然具有深切的认识时，仁爱也就是自然的产物了。这一种人用不着任何哲学或任何宗教去告诉他要有仁爱。因为他自己的心灵已经从他的感官上获得适当的营养；他的心灵已经从造作的生活和人类社会的人为学问解放出来，他已能保持一种智能和道德的健全。所以，当我们挖开泥土，使这个仁爱泉源的洞口扩大时，人家不能责难我们，说我们在宣布大公无私的观念。

唯物主义是被人们误解了，而且误解得很严重。关于这一点我应该让桑塔耶纳(George Santayana)来说话。他说他自己是"一个唯物主义者——也许是仅存的唯物主义者”，可是，我们都知道在现代他或许是一个最可爱的人物。他说我们对唯物主义观念的偏见乃是一种外表观察者的偏见。人们对于某些缺点，只在拿来和自己的信条比较时，才会觉得惊异。但只有当我们的精神生活在那个新世界中的时候，我们方才能够真正了解异族的、信仰宗教或国家。所谓“唯物主义”是含有一种喜悦、一种欢乐、一种健全的情感，这是我们平日不曾仔细看到的。桑塔耶讷说：“真正的唯物主义者是跟德谟克利图(Democritus)这一类的笑的哲学家一样的，我们都是‘不情愿的唯物主义者’，希冀着精神主义，可是事实上却过着自私自利的物质生活，我们只是畸形地向着智力方面去发展，而不能发笑。”

“一个彻底的唯物主义者，一个生就的而不是半路出家的唯物主义者，应像那个智慧的德谟克利图那样是一个笑的哲学家。他对于那些能够表现各种美妙形状的机构，那些能鼓动极大兴奋的情感，一定会感到欣喜。在自然科学博物院里的参观者，见了那些放在匣中的数千百种蝴蝶、火烈鸟、介属、古象、大猩猩，一定会感到欣喜；这两种快乐情绪一定含有智能上同样的质素。这世界中的无量数的生命里，当然也有它们的苦痛，不过这些苦痛是马上会消失的，然而当时的行列是何等的瑰丽伟大，那些普遍的交互动作也何等的引人入胜，而那些专制的小情感偏又何等的愚蠢，而又无法避免。有活力的灵心里所产生的物质主义，大抵就是下列这种情感吧：如活跃的、欢乐的、大公无私的、蔑视私人幻觉的。

“唯物主义者的伦理学，对于生理的痛苦也有其感觉。它和另外的慈悲体系一样，对于痛苦也感到一些寒栗，并且想用制欲的那种克制方法把意志收束，不使意志遭遇挫折。绝对乐观的‘偏净天’巨车[*Juggernaut*，印度神话毘湿奴神的第八化身克理斯娜(*Krisnna*)的称号，在每年的纪念日必以偶像载于巨车在各处游行，如信徒自愿伏地下而被车碾死者可以上天国]上的那些颂赞上帝的驾驭者，才不会不顾念到人类的悲哀。可是那些完全虚荣和自欺所生的罪恶，那些自以为人类是宇宙最高目标，对这些笑是适当的防御方法。笑的里面有一种微妙的长处，人们可以一面笑而一面仍含着一些同情和友爱，人们对于唐·吉诃德所做的荒谬行为和所遭遇的灾难，虽也觉得好笑，但是并不讥笑他的意志。他的热心虽是可佩，但他必须去认识世界，然后能合宜地改造世界，并且须在理智的当中，才能得到快乐。”①

那么，这种值得我们那么夸耀，甚至胜于情欲生活的智能生活或精神生活，究竟是什么东西呢？可叹现代生物学有一种趋势，想把精神回溯到它的根源，想发觉它就是那么一些纤维、液体和神经组合而成的。我疑惑乐观就是一种液体，或是由某一种循环液体而促成的一种神经状态。可是，我要问问智能生活是从哪一部分产生的呢？智能生活又从何处得到它的生命和滋养呢？哲学家早就告诉我们人类所有的知识都是由于感官之经验而产生。如果我们没有视觉、触觉、嗅觉等感官，便不能获得知识，好比照相机一样，没有了凹凸镜和感光片，便不能拍摄景物。聪明和愚笨的分别就是前者的透镜和感受器比较更精细更完美，因之摄取的影像更清晰，而能保持得更长久。从书本上所得的知识进展到人生的知识，只靠想象或认识是不足为用的；他必须不停地摸索前进——去感觉各色各样事物的实情，对于人生和人类天性中的万般事物，都去获得一种正确的而不是杂乱的整个印象。对于去感觉人生和觅取经验，我们所有的感官是互相合作的。只有感官的合作和心脑的合作，我们才能得到智能上的热情。智能上的热情是我们所必须的，它是生命的标志，其重要犹如植物中的绿色。我们可由热情的存亡去辨认某个人的思想中的生命，犹如观察一株半枯的树，从它的叶和纤维质的水分和结构，可以发现这株树在遇火之后，还是有它的生命的。

五、心灵的欢乐怎样

这里让我们来讨论这种所谓心灵和精神的高等欢乐，究竟它们和我们的情感（不是智能）有什么关系，它们的关系达到何种程度。谈到这件事，我们就不期然生出以下的问题，这些有别于高等欢乐的下等情感欢乐，究竟是什么东西？它们可是同样东西的一部分，生于情感而又回到情感？它们是否和情感是难于分解的？当我们研究到这些较高的心智欢乐时——文学、艺术、宗教、哲学——我们发现，智能比之情感和感觉实占着较为无关重要的

① 节录自史密斯著《桑塔耶讷小品集》（*Little Essays of Santayana Edited by Logan Pearsall Smith*）《唯物主义者的情感》（*Emotions of the Materialist*）一文。

地位。一幅美丽的图画，它的功用，只是使我们回想到一片真的风景或者是一个美丽可喜的面貌，因而生出一种情欲的欢乐，此外可还有什么作用？文学也只是重作一幅人生的图画，表现它的环境和色彩，表现草地的香味和都市中沟渠的臭味，此外，可还有什么作用呢？我们大抵都有一个观念，认为一部小说必须要描写出真正的角色和真实的情感，才近于真正文学的水准。如果一本书的描写脱离了人生，或只把人生做了一个平淡的解剖，那便不是真正的文学；一本书越有真实的人性，也便越是好文学。如果一本小说只淡淡地分析一下，而不把人生的甜酸苦辣描写出来，怎能引得起读者的兴趣呢？

关于其他的东西，例如诗歌，那不过是渲染着情感的真理；音乐，是无字的情感；宗教，是由幻象中表现的智慧。诗歌之基于音韵及真理的情感，正如绘画之基于色觉及视觉一样。音乐全然是情感，绝用不着那种运用智能所必须的语言。音乐不但能表现牛铃、繁闹的鱼市场以及战场上的声响；并且能表现花朵的美妙、波浪的澎湃起伏、月光的幽丽恬静；但如果要越出感觉的界线，而想表达一个哲学的观念时，我们可说它是没落的，它是一个没落世界的产物。

那么宗教的衰落可也就是由于理智的本身而开始？桑塔耶讷曾说，宗教衰落是由于推理过多，“不幸，这种宗教历来已不是在幻象中所表现出来的智慧，而只变成了推理过多的迷信。”宗教的衰落，就是由于迂腐太过，以及由于信条、公式、学说和谢罪文的树立所致。如果要使我们的信仰变成越加正当合理的东西，一定以为我们是对，那么我们将越加变得不敬虔了。各种宗教相信只有它自己所发现的才是唯一的真理，因之，都成为褊狭的宗派，也就是这个道理。我们越是信仰我们是合理的，便越发变得褊狭，这就是目下一切宗教派别的同一现象。因此宗教慢慢地和私人生活上最可憎的偏执仄狭、自私的心理发生了关系。这种宗教造成了个人的自私，不但卑视其他的宗教，并且使宗教的信仰变成了他自己和上帝的私人契约，在这契约之下，乙方颂赞着甲方，终日地在唱着圣诗，祷祝甲方的名字，而甲方为报答起见，也将要拿较给旁人更多的福音给乙方，较给别家更多的降福给乙方的家庭。因此我们所看见的那些按时上礼拜堂最“虔诚”的老太太，都是自私自利的。结果，那种自以为正常的意识，那种自以为发现了唯一的真理，便代替了产生宗教的更微妙的情感了。

我觉得艺术、诗歌和宗教的存在，其目的，是辅助我们恢复新鲜的视觉，富于感情的吸引力和一种更健全的人生意识。我们正需要它们，因为当我们上了年纪的时候，我们的感觉将逐渐麻木，对于痛苦、冤屈和残酷的情感将变为冷淡，我们的人生想象，也因过于注意冷酷和琐碎的现实生活而变成歪曲了。现在幸亏还有几个大诗人和艺术家，他们的那种敏锐的感觉，那种美妙的情感反应和那种新奇的想象还没失掉，还可以行使他们的天职来维持我们道德上的良知，好比拿一面镜子来照我们已经迟钝了的想象，使枯竭的神经兴奋起来。这样说来，艺术应该是一种讽刺文学，对我们麻木了的情感、死气沉沉的思想和不自然的生活下的一种警告。它教我们在矫饰的世界里保持着朴实真挚。它应该可以使我们回复到健康幸福的生活，使我们从过分智能活动所产生的昏热中恢复过来。它应该可以使我们的感觉变敏锐，重使我们的理性和本有的天性发生联系，由恢复原有的本性，把那脱离生活中已毁坏的部分收集起来，重变成一个整体。如果我们在世界里有了知识而不能了解，有了批评而不能欣赏，有了美而没有爱，有了真理而缺少热情，有了公义而缺乏慈悲，有了礼貌而一无温暖的心，这种世界将成为一个多么可怜的世界啊！

讲到哲学这种运用着卓越的精神的东西，其危险比我们失去生命本身的感觉更大。我晓得这种智能上的乐趣包括写一个很长的数学方程式，或是去发现宇宙间的一个大体系这类事情。这种发现或许是一切智能欢乐中的最单纯的欢乐，但是在我看来，反不如去吃一顿丰盛的餐食来得开心。第一，这种意念本身可说就是一个畸形产物，即是我们心智活动的副产物；它确是令人愉快，因为它是不费钱的，但无论如何它对我们总好像在生活上不大需要。这种智能上的喜悦，充其量，也只是和猜着了纵横字谜（Crossword Puzzle）的喜悦一样。第二，哲学家在这时大都是会欺瞒自己，和这个抽象的完美发生爱情，幻想这世界上有一样比现实本身所能证明者更为伟大合理的完美。这好比是我们把星画成五个尖角一样讹误——我们把一切东西都化成公式的、矫揉造作的、太简单化的东西了。只要我们不太过分，这种对于完美的东西所生的喜悦倒也是好的，不过我们也要晓得许许多多没有发现这个简单一式的图样的人们，他们也是照常快乐的。我们没有这种东西也能生活。所以我情愿同一个黑种的女佣人谈话，而不愿和一位数学大家谈话；她的言语比较具体，笑也笑得较有生气；和她谈话至少对于人类天性可以增长一些知识。我是唯物主义者，所以在无论什么时候总是喜欢猪肉而不喜欢诗歌，宁愿放弃一宗哲学，而获得一片拌着好酱汁的焦黄松脆的精肉。

我们只有摆脱思想而生活，才能脱离这种哲学的酷热和恶浊的空气，进而重新获得一些孩子的新鲜自然的真见识。真正的哲学家对于一个孩子，甚至是一只关在笼里的小狮子，应该会觉得汗颜的。试看大自然所赋予那只小狮子的掌爪、肌肉、美丽的皮毛、竖直的耳朵、光亮的眼睛、敏捷的动作和嬉戏的感觉，这些是多么完美啊！自然完美的东西有时被硬弄成不完美的东西，真正哲学家对之应该觉得惭愧；好好一个人要去戴着眼镜，胃口不好，常常感到身心不安，一无人生的乐趣，他们对这些也应该觉得惭愧。我们不能从他们那里得到什么好处，因为他所说的话大都是于我们无关痛痒的。只有那种和诗歌相应的哲学，只有那种使我们对大自然和人类天性更有真切见识的哲学，于我们才有用处。

无论哪一种人生哲学，它必须以我们天赋本能的和谐为基础。太过于理想主义的哲学家，不久之后，大自然本身也将证明他的错误。依据中国儒学的观念，对于人类尊严的最高理想，是顺其自然而生活，结果达到德参造化之境。这便是孔子的孙儿在《中庸》一书里所倡导的学说。

天命之谓性，率性之谓道[①]，修道之谓教。喜怒哀乐之未发，谓之中；发而皆中节，谓之和。中也者，天下之大本也；和也者，天下之达道也。致中和，天地位焉，万物育焉。

自诚明，谓之性；自明诚，谓之教；诚则明矣，明则诚矣。唯天下至诚，为能尽其性；能尽其性，则能尽人之性；能尽人之性，则能尽物之性；能尽物之性，则可以赞天地之化育；可以赞天地之化育，则可以与天地参矣。

---

① 儒家的意思里也有浓厚的道家质素，这或许是受了道家思想的影响。但平常人是不大注意到的。无论怎样，这一段确是儒家“四书”中的文字；此外《论语》中也可以援引同类的文字。

第七章 悠闲的重要

一、人类是唯一在工作的动物

现在当着我们面前的是人生的盛宴，唯一成为问题的是我们的胃口如何，胃口比筵席更为实在。讲到人，最最难于了解的是他对工作所抱的观念，以及他自己要做的工作或社会需要他做的工作。世间万物尽在过悠闲的日子，只有人类为着生活而工作。他因为不能不去工作，于是在文明日益进步中的生活变为愈加复杂，随时随地是义务、责任、恐惧、障碍和野心，这些并不是生而有之，而是由人类社会所产生。譬如当我坐在书桌边时，我看见一只鸽子在那远处的一座礼拜堂的尖塔旁回翔，它绝不忧虑午餐要吃些什么。但是我的午餐就比那鸽子复杂得多，拿到我面前的食物，已经过了千万人的工作，已经过了种种极复杂的种植、贸易、运输、递送和烹饪，正因如此，人类要获得食物比动物困难万倍。如果一只森林里的野兽跑进人类的都市里来，看到人类为生活如此匆忙，这只野兽一定会对这个人类社会发生很大的疑惑和惊奇。

我想那森林中的野兽，它的第一个思想一定是说人类是唯一工作的动物，因为在世间除了一些驮马和磨坊里的水牛之外，所有的动物甚至家畜等都不必工作的。警犬很少去执行职务；看门的狗总是玩耍的时候多，并且在阳光温暖的时候，总要舒舒服服地在地上睡一下，那贵族化的猫更用不着为生活而工作，它有一个天赋的敏捷身体，可以随时跳过邻居的篱笆，它甚至不以为自己是一个俘囚——想到什么地方去就去。这样看来，世间只有人类辛苦地工作着，驯服地关在笼子里，为了食物，被这个文明和复杂的社会强迫着去工作，为了自己的供养而烦虑。我虽然知道人类也有人类的长处——知识的愉快、谈话的欢乐和幻想的喜悦。例如在看一出舞台戏的时候，更能表现出来。可是在这里我们不能忘掉根本的事情，就是人类的生活太复杂了，只是一个供养自己的问题，已经要费去我们十分之九以上的活动力。所以文明大约是寻觅食物的问题，而进步便是使食物难于得到的一种发展。文明如果不使人类难于得到食物，人类就绝对不用这样劳苦地工作。人类的危机是在社会太文明，是在获取食物的工作太辛苦，因而在那获取食物的劳苦中，吃东西的胃口也失掉了——我们现在已经达到这个境地。由森林中的野兽或是由哲学家看来，这好像是没有多大意义的。

当我每次看到那摩天大厦或一望无际相连的房顶时，总有些心惊胆战。这种景象确是令人惊奇的。两三座水塔，两三座钉有广告牌的钢架，一两座高入云霄的尖塔，鳞次栉比的沥青屋顶，形成了一些四方形的、垂直矗立的轮廓，全没有组织或次序，只是点缀着一些泥土，褪了色的烟囱，以及几根晒着衣服的绳索和许多交叉在天空的无线电天线。俯视街道，所见的是一列灰色或已褪色的红砖墙，墙壁上开着成列的、千篇一律的阴暗小窗，窗门半开着，一半掩着阴影，有的窗槛上有一瓶牛乳，其余的窗槛上放着几盆纤弱的病态的花儿。每天早晨，有一个女孩子带着她的狗儿跑到屋顶上来，坐在屋顶的楼梯边晒太阳。当我再仰起头来极目远望时，我看见一列一列的屋顶连绵数英里，形成了一些难看的四方形的轮廓，一直到极远的远方。此外又不过仍是一些水塔和一些砖屋。人类在这里居住，他们怎样居住呢？每家就住在这种阴暗的窗户的里面吗？他们怎样生活呢？说来令人咋舌。在那两三个窗户的后面，就住着一对夫妻，每天到了晚上就像鸽子那样地回到那鸽子式的房子里去睡觉。早晨起来后，喝了些咖啡，丈夫出去到某地方，为家人去寻求面包，妻子便在家里不断地、拼命地把尘埃扫出去，使那一块小小的地方干净一些。下午四五点钟，她们跑到门边和邻居们谈谈天，吸了一些新鲜空气。到了晚上，他们又拖着疲乏的身体睡上床去。他们就是这样生活下去的。

其他家道较小康的人家便住在较好的公寓里。他们有着较“美术化”的房间和灯罩，房间里布置得较干净，房中稍有空处，但也仅是一些些而已。租上七个房间的已算是奢侈生活，更不用说是自己拥有一套七个房间的公寓了！但是住在公寓里，也不一定会有更大的快乐，只不过是少受一些经济和债务的烦扰。可是情感上的纠纷、离婚案件、晚上不回家的丈夫，或夫妻各自在晚上出去游乐放荡等类事件，却反而较多了。他们所需要的是娱乐。真是天晓得，他们要离开这些单调的墙壁和发光的地板去另找刺激！于是他们去看裸体女人。因此患神经衰弱症啦，吃阿司匹林药片啦，患贵族病啦，结肠炎啦，消化不良啦，脑部软化啦，肝脏变硬啦，患十二指肠溃烂症啦，患肠部撕裂症啦，胃动作过度和肾脏负担过重啦，患膀胱炎啦，患肝脏损坏症啦，心脏胀大啦，神经错乱啦，胸部平坦和血压过高啦，还有什么糖尿病、肾脏炎、风湿痹、失眠症、动脉硬化症、痔疮、瘘管、慢性痢疾、慢性便秘、食欲减退和生之厌倦等等，真是到处可见，比比皆是。这样还不够，还得多养几只狗和几个孩子。快乐的成分完全须看这些住在高雅的公寓里的男女的性质和脾气而定。有些人确是过着欢乐的生活，可是其他的人却并不见得欢乐。而且普遍地说来，他们甚至还比不上那些劳苦工作的人们，他们只觉得无聊和厌倦。不过他们有一辆汽车，也许还有一座造在乡间的住宅。啊！乡村住宅，这便是他们的救星。人们在乡村中劳苦工作，希望能够到都市去，在都市里赚足了钱，可以再回到乡村中去隐居。

如果你在都市街上散步，你可以在大街上看见美容院、鲜花店和运输公司。在后面的一条街上可以看见药店、食品杂货店、铁器铺、理发店、洗衣店、小餐馆以及报摊。如果那都市是很大的话，就是闲荡了一个钟头，还是在那都市里。只不过多看一些街道，多看见一些药店、食品杂货店、铁器铺、理发店、洗衣店、小餐馆和报摊。这些人都怎样过生活？他们都来此干什么？问题很简单，就是洗衣服的去洗理发匠和餐馆堂倌的衣服，餐馆里的堂倌去侍候洗衣匠的饭食，而理发匠则替洗衣匠和堂倌剃头，那便是文明。这不是太令人惊奇了吗？我敢说，有些洗衣匠和理发匠或堂倌一生中不曾到过十条街以外的地方。总算还好，他们还有电影可看，可以看见鸟儿在唱歌，树木在滋长、在摇摆。也可以看见世界之大，土耳其、埃及、喜马拉雅山、安第斯山(Andes)暴风雨、船舶沉没、加冕典礼、蚂蚁、毛虫、麝鼠、蜥蜴跟蝎的搏斗、山丘、波浪、沙土、云霞，甚至月亮——一切的一切统统在银幕上而已。

啊！聪明智慧的人类！我颂赞你。人们为了生活而任劳任怨地工作，为了要活下去而烦虑到头发发白，甚至忘掉游息，真是不可思议的文明！

二、中国的悠闲理论

美国人是闻名的伟大的劳碌者，中国人是闻名的伟大的悠闲者。因为相反者必是互相钦佩的，所以我想美国劳碌者之钦佩中国悠闲者，是跟中国悠闲者之钦佩美国劳碌者一样的。这就是所谓民族性格上的优点。我不晓得将来东西文明是否会沟通起来，可是在事实上，现在的东西文明已经联系起来了。如将来交通更进步，现代的文明更能远布时，它们间的关系将更加密切。现在至少我们可以这样说，机械的文明中国不反对，目前的问题是怎样把这两种文化加以融合——即中国古代的物质文明——使它们成为一种普遍可行的人生哲学。至于东方哲学能否侵入西洋生活中去的这一个问题，无人敢去预言。

机械的文明终于使我们很快地趋近于悠闲的时代，环境也将使我们必须少做工作而多过游玩的生活。这尽然是环境问题，当人类觉得有很多的闲暇工夫时，他不得不去想出一些消磨空闲的聪明方法。这种空闲是飞快进步的结果，不管他愿意不愿意，他必须接受。一个人终不能预测下一代的事物。三十年后的生活怎样，只有大胆的人们才敢去拟想。对于这世界不断地进步，人类总有一天会感到厌倦，而去清查他对于物质方面的成就。当物质环境渐渐改善了，疾病灭绝了，穷困减少了，人寿延长了，食物加多了，到那时候，人类绝不会像现在一样的匆忙。而且我相信这种环境或者会产生一种较懒惰的性格。

此外，主观的因素常是和客观的因素同样重要的。哲学不但变换了人类的观念，同时也改变了人类的性格。人类对于机械文明的反应，是视人类本性而异的。在生物学上讲到有下列一类的情形，如对刺激的敏感性，反应的缓急，以及各种动物在同样的环境之下所做的不同行为。有些动物的反应比较迟缓。就是在机械文明里（美英法德俄等包括在内）我们看见各民族的不同气质，对于这个机械时代也产生不同的反应，同时，在个人方面，在同样的环境中也会产生不同的反应。我认为中国未来的机械文明所创造的生活方式，一定近于现代的法国生活方式，因为中国人和法国人的气质是极相近的。

今日的美国是机械文明的先导者，大家都以为世界在未来的机械控制下，一定倾向于美国那种生活形态。这种理论我却有所怀疑，谁也不会知道未来的美国人又将是怎样的一种气质，勃鲁克(Van Wych Brook)在新著《新英格兰文化时代》一书中所描写的也许会重现于今日，我以为这是可能的。没有人敢说新英格兰文化的产物不是典型的美国文化，也没有人敢说惠特曼在他的民主主义的憧憬里所预测的理想——自由人类和完美母亲的产生——不是民主主义进步中的理想。假如美国能有短期的休息，我相信它或许会产生新的惠特曼，新的梭罗与新的罗威尔(Lowell)。到那时候，那种采金狂热所弄糟了的美国旧文化，也许会再开花结果。这样说来，美国将来的气质，不是又要跟今日的两样了吗？不是将接近于爱默生和梭罗的气质吗？

我认为文化本来就是空闲的产物，所以文化的艺术就是悠闲的艺术。在中国人心目中，凡是用他的智慧来享受悠闲的人，也便是受教化最深的人。在哲学的观点上看来，劳碌和智慧似乎是根本相左的。智慧的人绝不劳碌，过于劳碌的人绝不是智慧的，善于优游岁月的人才是真正有智慧的。在此我不想讲些中国人的悠闲过活技巧和分类，只是想说明那种养成他们喜闲散，优游岁月，乐天知命的性情——常常也就是诗人的性惰——的哲学背景。中国人那种对成就和成功的发生怀疑，和对这种生活本身如此深爱的脾性研究是怎样生出来的呢？

中国人的悠闲哲学，可以在十八世纪的一个不大出名的作家舒白香所说的话里看出来，他以为时间之所以宝贵，乃在时间之不被利用："闲暇之时间如室中之空隙。"做女工的女人租不了小小的一个房间住着，房里满是东西，一无旋转的余地，因而感到不舒服；如果一旦她的薪水略为增加，她便要搬到一间较宽敞的房子里，在那里除了放置床桌和煤气炉子外，还有一些回旋的地方，这就使她感到舒适。同样理由，我们有了闲暇，才能感到生活的兴趣。我曾听说纽约公园街(Park Avenue)有一位富婆，她把住宅旁边的无用地皮都买了下来，原因是恐防有人在她的住宅旁造摩天大厦，她仅仅是为了要得一些弃置不用的空地，不惜花费大量金钱；但我以为她花的钱，再没有比花在这种地方更精明的了。

关于这点，我可以报告一些我个人的经验。原先我看不出纽约市中摩天大厦的美点，后来到了芝加哥，才觉得只要在摩天大厦的前边有相当的地

面，而四周又有半里多的空地，倒可成为庄严美丽的。芝加哥在这方面比较幸运，空地较纽约曼哈顿市区多一些。如果那些大建筑物间的距离比较宽阔，则在远处看起来，就似乎没有什么东西阻碍了视线。这样比较起来，我们的生活太狭仄了，使我们对精神生活的美点，不能得到一个自由的视野。我们精神上的屋前空地太缺少了。

三、悠闲生活的崇尚

中国人之爱悠闲，有着很多交织着的原因。中国人的性情，是经过了文学的熏陶和哲学的认可的。这种爱悠闲的性情是由于酷爱人生而产生，并受了历代浪漫文学潜流的激荡，最后又由一种人生哲学——大体上可称它为道家哲学——承认它为合理近情的态度。中国人能囫囵地接受这种道家的人生观，可见他们的血液中原有着道家哲学的种子。

有一点我们须先行加以澄清，这种消闲的浪漫崇尚(我们已说过它是空闲的产物)，绝不是我们一般想象中的那些有产阶级者的享受。那种观念是错误的。我们要明了，这种悠闲生活是穷愁潦倒的文士所崇尚的，他们中有的是生性喜爱悠闲的生活，有的是不得不如此，当我读中国的文学杰作时，或当我想到那些穷教师们拿了称颂悠闲生活的诗文去教穷弟子时，我不禁要想他们一定在这些著作中获得很大的满足和精神上的安慰。所谓“盛名多累，隐逸多适”，这种话对那些应试落第的人是很听得进的；还有什么“晚食可以当肉”这一类的俗语，在养不起家的人即可以解嘲。中国无产阶级的青年作家们指责苏东坡和陶渊明等为罪恶的有闲阶级的知识分子，这可说是文学批评史上的最大错误了。苏东坡的诗中不过写了一些“江上清风”及“山间明月”。陶渊明的诗中不过是说了一些“夕露沾我衣”及“鸡鸣桑树颠”。难道江上清风、山间明月和桑树颠的鸡鸣只有资产阶级者才能占有吗？这些古代的名人并不是空口白话地谈论着农村的情形，他们是躬亲过着穷苦的农夫生活，在农村生活中得到了和平与和谐的。

这样说来，这种消闲的浪漫崇尚，我以为根本是平民化的。我们只要想象英国大小说家斯顿(Laurence Sterne)在他有感触的旅程上的情景，或是想象英国大诗人华兹华斯(Wordsworth)和柯勒律治(Coleridge)，他们徒步游欧洲，心胸中蕴着伟大的美的观念，而袋里不名一文。我们想象到这些，对于这些个浪漫主义就比较了解了。一个人不一定要有钱才可以旅行，就是在今日，旅行也不一定是富家的奢侈生活。总之，享受悠闲生活当然比享受奢侈生活便宜得多。要享受悠闲的生活只要有一种艺术家的性情，在一种全然悠闲的情绪中，去消遣一个闲暇无事的下午。正如梭罗在《瓦尔登湖》(*Walden*)里所说的，要享受悠闲的生活，所费是不多的。

笼统说来，中国的浪漫主义者都具有锐敏的感觉和爱好漂泊的天性，虽然在物质生活上露着穷苦的样子，但情感却很丰富。他们深切爱好人生，所以宁愿辞官弃禄，不愿心为形役，在中国，消闲生活并不是富有者、有权势者和成功者独有的权利(美国的成功者更显匆忙了)，而是那种高尚自负的心情的产物，这种高尚自负的心情极像那种西方的流浪者的尊严的观念，这种流浪者骄傲自负到又不肯去请教人家，自立到不愿意工作，聪明到不把周遭的世界看得太认真。这种样子的心情是一种超脱俗世的意识而产生，并和这种意识自然地联系着的；也可说是由那种看透人生的野心、愚蠢和名利的诱惑而产生出来的。那个把他的人格看得比事业的成就来得重大，把他的灵魂看得比名利更紧要的高尚自负的学者，大家都把他认为是中国文学上最崇高的理想。他显然是一个极简朴地去过生活，而且卑视世俗功名的人。

这一类的大文学家——陶渊明、苏东坡、白居易、袁中郎、袁子才——都曾度过一个短时的官场生活，政绩都很优良，但都因为厌倦那种磕头迎送的勾当而甘心弃官辞禄，回到老家去过退隐生活。当袁中郎做着苏州的知县时，曾对上司一连上了七封辞呈，表示他不愿做这种磕头的勾当，要求辞职，以便可以回家去过自由自在的生活。

另外的一位诗人白玉蟾，他把他的书斋题名"慵庵"，对悠闲的生活竭尽称赞之能事：

丹经慵读，道不在书；
藏教慵览，道之皮肤。
至道之要，贵乎清虚，
何谓清虚？终日如愚。
有诗慵吟，句外肠枯；

有琴慵弹，弦外韵孤；
有酒慵饮，醉外江湖；
有棋慵奕，意外干戈；
慵观溪山，内有画图；
慵对风月，内有蓬壶；
慵陪世事，内有田庐；
慵问寒暑，内有神都。
松枯石烂，我常如如。
谓之慵庵，不亦可乎？

从上面的题赞看来，这种悠闲的生活，也必须要有一个恬静的心地和乐天旷达的观念，以及一个能尽情玩赏大自然的胸怀方能享受。诗人及学者常常自题了一些稀奇古怪的别号，如江湖客（杜甫）、东坡居士（苏东坡）、烟湖散人、襟霞阁老人等等。

没有金钱也能享受悠闲的生活。有钱的人不一定能真正领略悠闲生活的乐趣，那些轻视钱财的人才真正懂得此中的乐趣。他须有丰富的心灵，有简朴生活的爱好，对于生财之道不大在心，这样的人，才有资格享受悠闲的生活。如果一个人真的要享受人生，人生是尽够他享受的。一般人不能领略这个尘世生活的乐趣，那是因为他们不深爱人生，把生活弄得平凡、刻板，而且无聊。有人说老子是嫉恶人生的，这话绝对不对，我认为老子所以要鄙弃俗世生活，正因为他太爱人生，不愿使生活变成“为生活而生活”。

有爱必有妒。一个热爱人生的人，对于他应享受的那些快乐的时光，一定爱惜非常。然而同时却又须保持流浪汉特有的那种尊严和傲慢，甚至他的垂钓时间也和他的办公时间一样神圣不可侵犯，而成为一种教规，好像英国人把游戏当做教规一样的郑重其事。他对于他在高尔夫球总会中同他人谈论股票的市况，一定会像一个科学家在实验室中受到人家骚扰那样觉得厌恶。他一定时常计算着再有几个春天就要消逝了，为了不曾做几次遨游，而心中感到悲哀和懊丧，像一个市侩懊恼今天少卖出一些货物一样。

四、尘世是唯一的天堂

我们的生命总有一日会灭绝的。这种省悟，使那些深爱人生的人，在感觉上增添了悲哀的诗意情调。然而这种悲哀却反使中国的学者更热切深刻地要去领略人生的乐趣，这看来是很奇怪的。我们的尘世人生因为只有一个，所以我们必须趁人生还未消逝的时候，尽情地把它享受。如果我们有了一种永生的渺茫希望，那么我们对于这尘世生活的乐趣便不能尽情地领略了。基士爵士(Sir Arthur Keith)曾说过一句和中国人的感想不谋而合的话："如果人们的信念跟我的一样，认尘世是唯一的天堂，那么他们必将更竭尽全力把这个世界造成天堂。"苏东坡的诗中有"事如春梦了无痕"之句，因为如此，所以他那么深刻坚决地爱好人生。在中国的文学作品中，常常可以看到这种"人生不再"的感觉。中国的诗人和学者在欢娱宴乐的时候，常被这种"人生不再"、"生命易逝"的悲哀感觉所烦扰，在花前月下，常有"花不常好，月不常圆"的伤悼。李白在《春夜宴桃李园序》一篇赋里，有着两句名言："浮生若梦，为欢几何？"王羲之在和他的一些朋友欢宴的时候，曾写下《兰亭集序》这篇不朽的文章，它把"人生不再"的感觉表现得最为亲切：

永和九年，岁在癸丑，暮春之初，会于会稽山阴之兰亭，修禊事也。群贤毕至，少长咸集。此地有崇山峻岭，茂林修竹，又有清流激湍，映带左右，引以为流觞曲水，列坐其次，虽无丝竹管弦之盛，一觞一咏，亦足以畅叙幽情。是日也，天朗气清，惠风和畅，仰观宇宙之大，俯察品类之盛，所以游目骋怀，足以极视听之娱，信可乐也。

夫人之相与，俯仰一世，或取诸怀抱，晤言一室之内；或因寄所托，放浪形骸之外；虽取舍万殊，静躁不同，当其欣于所遇，暂得于己，快然自足，不知老之将至；及其所之既倦，情随事迁，感慨系之矣！向之所欣，俯仰之间，已为陈迹，犹不能不以之兴怀；况修短随化，终期于尽。古人云"死生亦大矣"，岂不痛哉！每览昔人兴感之由，若合一契，未尝不临文嗟悼，不能喻之于怀。固知一死生为虚诞，齐彭殇为妄作，后之视今，亦犹今之视昔，悲夫！故列叙时人，录其所述，虽世殊事异，所以兴怀，其致一也。后之览者，亦将有感于斯文。

我们都相信人总是要死的，相信生命像一支烛光，总有一日要熄灭的，我认为这种感觉是好的。它使我们清醒，使我们悲哀，它也使某些人感到一种诗意。此外还有一层最为重要：它使我们能够坚定意志，去想法过一种合理的、真实的生活，随时使我们感悟到自己的缺点。它也使我们心中平安。因一个人的心中有了那种接受恶劣遭遇的准备，才能够获得真平安。这由心理学的观点看来，它是一种发泄身上储力的程序。

中国的诗人与平民，即使是在享受人生的乐趣时，下意识里也常有一种好景不常的感觉，例如在中国人欢聚完毕时，常常说："千里搭凉棚，没有不散的筵席。"所以人生的宴会便是尼布甲尼撒（Nebuchadnezzar，古巴比伦王，以强猛、骄傲、奢侈著称）的宴会。这种感觉使那些不信宗教的人们也有一种神灵的意识。他观看人生，好比是宋代的山水画家观看山景，是给一层神秘的薄雾包围着的，或者是空气中有着过多的水蒸气似的。

我们消除了永生观念，生活上的问题就变得很简单了。问题就是这样的：人类的寿命有限，很少能活到七十岁以上，因此我们必须把生活调整，在现实的环境之下尽量地过着快乐的生活。这种观念就是儒家的观念。它含着浓厚的尘世气息，人类的活动依着一种固执的常识而行，他的精神就是桑塔耶讷所说把人生当做人生看的"动物信念"。这个根据动物的信念，我们可以把人类和动物的根本关系，不必靠达尔文的帮助，也能做一个明慧的猜测，这个动物的信念使我们依恋人生——本能和情感的人生——因为我们相信：既然大家都是动物，所以我们只有在正常的本能上获得正常的满足，我们才能够获得真正的快乐。这包括着生活各方面的享受。

这样说起来，我们不是变成唯物主义者了吗？但是这个问题，中国人是几乎不知道怎样回答的。因为中国人的精神哲理根本是建筑在物质上的，他们对于尘世的人生，分不出精神或是肉体。无疑地，他爱物质上的享受，但这种享受就是属于情感方面的。人类只有靠理智才能分得出精神和肉体的区别，但是上面已经说过，精神和肉体的享受必须通过我们的感官。音乐无疑地是各种艺术中最属于心灵的，它能够把人们高举到精神的境界里去，可是音乐必须通过我们的听觉。所以对于食物的享受为什么比交响曲不属于心灵的这一问题，中国人实在有些不明白。我们只有在这种实际的意义上，才能意识到我们所爱的女人。我们要分别女人的灵魂和肉体是不可能的。我们爱一个女人，不单是爱她外表的曲线美，并且也爱她的举止、她的仪态、她的眼波和她的微笑。那么，这些是属于肉体的呢？还是精神的呢？我想没有人能回答出来吧。

这种人生现实性和人生精神性的感觉，中国的人性主义是赞成的，或者可以说它是得到中国人全部思想方法和生活方法的赞成的。简单讲来，中国的哲学，可说是注重人生的知识而不注重真理的知识。中国哲学家把一切的抽象理论撇开不谈，认为和生活问题不发生关系，以为这些东西是我们理智上所产生的浅薄感想。他们只把握人生，提出一个最简单的问题："我们怎样地生活？"西洋哲学在中国人看来是很无聊的。西洋哲学以论理或逻辑为基点，着重研究知识方法的获得，以认识论为基点，提出知识可能性的问题，但最后关于生活本身的知识却忘记了，那真是愚蠢琐碎的事，像一个人，只谈谈恋爱求求婚，而并不结婚生子；又像操练甚勤的军队不开到战场上去正式打仗。法国的哲学家要算最无谓，他们追求真理，如追求爱人那样地热烈，但不想和她结婚。

五、运气是什么

道家不信幸运和命运的这种思想，对中国人好悠闲的性格的形成，有着很重要的关系。道家的重要思想是戒过度，性格胜于事业，静胜于动。一个人能不受祸福的扰动，才能获得内心的宁静。道教哲学家淮南子曾写过一篇很有名的寓言，名叫《塞翁失马》。

近塞上之人，有善术者，马无故亡而入胡。人皆吊之，其父曰："此何遽不为福乎？"居数月，其马将胡骏马而归。人皆贺之，其父曰："此何遽不能为祸乎？"家富良马，其子好骑，堕而折其髀。人皆吊之，其父曰："此何遽不为福乎？"居一年，胡人大入塞，丁壮者引弦而战。近塞之人，死者十九。此独以跛之故，父子相保。

显而易见，这种哲学，使人能够忍受一些折磨而不烦恼，他相信祸福是相连的，正如古钱必有正反面一样。这种哲学使人能得到宁静，不喜忙劳，淡于名利。这种哲学似乎是说："你以为不要紧，便什么都不要紧了。"成功的欲望和失败的恐惧，两者是差不多的东西，有了这个聪明的意念，成功的欲望就不会太热切了。一个人的事业越是成功也越怕失败。不可捉摸的功名报酬及不上隐晦所得的利益。在道家看来，有识之士在成功时是不以为自己成功的，在失败时也不以为自己是失败。只有一知半解的人才把外表的成功和失败当做绝对真实的事情。

佛道二家的区别在于佛家的意念是要一个人无求于世，道家的意念却相反，要一个人不被世人所求。世上最快乐的人，也就是不被世人所求的无忧无虑的人。道家最有名最有才智的哲学家庄子，他时常告诫我们，不要太著名，也不可太有用。太肥的猪要被人杀死，去供神；羽毛太美丽的飞禽，易遭猎户的注意。他又说了一个譬喻：说两个人协同去掘坟，偷窃死人所穿戴的衣物，为了要得到死人口中所含着的珍珠，竟连死人的头颅，连同颊骨和下颚都用铁锤给敲碎了。

为什么不去过悠闲的生活呢？这是这些哲学理论的必然结论。

六、美国三大恶习

"一个人以为不要紧，就什么都不要紧了。"这种中国人所特有的美妙的观念，同美国人的观念形成了奇特的对比。人生真的是要麻烦到"心为形役"的境地吗？这种观念被悠闲哲学的崇高精神所排斥。在一家工程公司的广告上，我曾看到一条大字标题："差不多正确是还不够的。"这是我们所见到的最特殊的一张广告。求全的欲望已近于淫。美国人的错处也就是一定要把已经差不多正确的东西造成更正确些；而中国人则以为差不多正确已经是够好的了。

讲求效率，讲求准时，及希望事业成功，似乎是美国的三大恶习。美国人所以那么不快乐，那么神经过敏，原因是因为这三种东西在作祟。于是享受悠闲生活的天赋权利被剥夺了，许多闲逸的、美丽的、可爱的下午被他们错过了。一个人第一步应相信世界上并无灾难，也应相信"把事情放着不做"比"把事情做好"更要高尚。大体上说，一个人在接信后马上写回信，结果是好坏各居其半。如果不写回信，虽然一个人也许会错过几次良好的约会，但也会避免几次不欢而散的约会。假如把搁置在抽屉里已三个月的信件拆开来看一下，觉得多数的信是毋需答复的；三个月后再拿起来看，那么你竟或觉得全无答复的必要了，答复只是把光阴浪费掉。写信实也可以变成一种罪恶，它使写信者变成推销货品的优等掮客，能使大学教授变成有效率的商业经理。在此种意义上，对那些时常上邮局的美国人抱轻视心理的梭罗，使我颇能了解他。

讲求效率能够把事情做完，而且做得甚是良好，这是毋庸争论的。我老是不喜欢用中国的自来水龙头，而喜欢美国制造的，那也是一种安慰，因为美国所制的自来水龙头不漏水。可是我们对大家“必须有用，必须有效率，必须做官，必须掌握大权”的这个旧观念，我们不约而同地回答：“世界上自有许多傻子，他们愿意做有用的人，不怕烦恼，劳碌终日，喜欢掌握大权，而自会将一切事业都办好的。”紧要的问题却是：是谁比较聪明——悠闲者，还是劳碌者呢？我们不赞成讲求效率是因为讲求效率太费工夫，为了想把事情做得十全十美，连享受悠闲的乐趣也失掉，并且连神经也跟着损坏了。美国有一个杂志编辑，为了要严密校正错字，就连头发也校得灰白。中国的编辑便聪明得多，他把几个没校出来的错字留下，以便增加读者发现错误的乐趣，增加读者细心观察的能力。不但这样，并且中国杂志上，都是按期刊登一篇连载小说，登了几期之后，便突然失踪，而读者和编者也就淡忘了。这在美国，那编辑或许因此会大受攻击，但中国的编辑是没有关系的，原因就是没有关系而已。美国工程师在建设桥梁时，核算准确，两端的接榫点，一寸的十分之一也不会相差。要是两个中国工人，在山的两面分掘山洞，结果是会掘成两个进口，两个出口。只要山洞掘得出，中国人就觉得是没有关系的，有两个山洞反而可以筑双轨铁道了。如并不匆忙的话，两个和一个是没有关系的，山洞总是山洞，掘也算掘了，工作也算完毕了，要是火车能够行走如常，那也就算不错了。中国人也极守时，不过你须给予他们充足的工作时间。只要这规定的时间是够长的话，那么他们总能把一份工作按照规定时间做完。

这种伟大的悠闲生活在现代工业生活的速度下使我们没法享受。何况，现在拿钟来计时，使每个人的脑中对于时间这件物事印下一种特异的观念，以致连我们聪明的人类也变成了钟。这种情形自然会传到中国。譬如一家雇佣两万个工人的工厂，如若全数的工人都依着各人的兴趣随随便便依着自己的时刻进厂做工，这情形岂不要变得非常可怕，于是这种按时按刻的上工规则便定了出来，造成了生活之所以那样困苦、那样紧张。一个人如要在下午五时准时到达某地，结果连五时以前所有的时候，都会因此牺牲在预备这件事上。在美国，几乎每个成人都参照小学生上课方式去决定他自己的工作时刻——三时做这件事，五时做另一件事，六时三十分换衬衣，六时五十分上汽车，七时到达旅馆。这样一来，生活险乎失掉了他的重要价值了。

美国人过于注意安排时间，已使这件事渐臻于凄惨之境。他们不但把明天的工作时刻预先排定，不但把下星期的工作时刻完全排定，并且连下一个月的工作时刻也完全排好，甚至三星期后的一个约会时刻也会预先排定，这似乎是太过分了一些。一个中国人接到他朋友一张请帖时，不必答复他的朋友到或不到，如在请客名单上写一个"到"字，即表示要来的，不来的话呢，即写上一个"谢"字，这样就算了事，可是另有多数被邀者都直截了当地写上一个"知"字，意思即是已经知道，来不来不一定。一个即将离开上海的美国人或欧洲人，他会很有把握地告诉我说，他将在一九三八年四月十九日下半天三时正，在法国巴黎参加一个委员会议，之后，又将在五月二十一日乘早班七时的火车直达奥京维也纳。假如我们要把一个人下午判处死刑，难道一定将行刑期判决得这样早吗？一个人既然做了自己的主人翁，难道竟不能随着他的趣味旅行，任着自己的意思来去吗？

但是美国人之所以不懂悠闲，还有一个更重要的原因在于：他们做事的情趣太高，把工作看得高于生存，比生存来得紧要。世界上一切出名的艺术，大家都一定要求要有一个名副其实的特性，我们的生活同样地也该要求他具有一种特性。但特性这种奇妙的东西是跟酒的醇熟一样的，它必须要静止不动，并且还需要经过一段相当长的时间，并不是马上就可以制造出来的。在东方人的心目中，美国的男女老少，一概都觉得十分好笑，因为他们统统想做工作，用尽方法来获得宝贵的自尊心和使后起者尊敬。其实老年人做工作，正如在教堂上装设播音机，播送爵士音乐的节目罢了。老人家做了一辈子还不够吗？难道他们一定要永远做工作吗？壮年不悠闲已经是很糟糕的了，若到了老年再不优游岁月享享清福，这真是人类天性上的一种罪恶。

特性常和那些古旧的事物，那些依靠时间去生长的事物保持着密切的联系，特性在创造中的标识很多，人到中年时，面孔上一些美丽的线条，就是这标识的表现。但特性在每个人都把旧型汽车去贴换新型式汽车的那种生活方式中，是很难找到的。我们对于自身的好坏正和我们对所造的物事一般，随着时间而变换。在一九三七年，我们男女都是一九三七年式样，到了明年，每个人又都具有明年的式样了。古教堂、旧式家具、版子很老的字典以及古版的书籍，我们是喜欢的，但大多数的人都忘却了老年人的美。这种美是值得我们欣赏，在生活上是十分需要。我以为古老的东西，圆满的东西，饱经世变的东西才是最美的东西。

有一些时候，我会发生一种先知式的幻觉，幻想在一千年之后，纽约曼哈顿市区的住户都变成了行动缓慢者，美国的“进取者”(Go-getter)都成了东方式的悠闲人。美国的绅士们或许都披上了长袍，着上了拖鞋，要是学不会像中国人的模样将两手缩在袖中呢，那么将两手插在裤袋内，在百老汇大街上踱方步。十字路口的警察同踱方步的人搭讪，车水马龙的马路中，开车者相遇，大家来寒暄一番，互问他们祖母的健康。有人在他店门口刷牙，一边却叨叨地向他邻人谈笑，偶然还有个自称为满腹经纶的学者踉踉跄跄地走路，袖子里塞着一本连角都卷了的烂书。午馆店的柜台拆除了，自动饮食店里低矮而有弹力的安乐椅子增多了，以供来宾的休息。有一些人则会到咖啡店去坐上一个下午，半个钟头才喝完一杯橘汁，喝酒也不再是一口气地灌上一大杯，而是沾唇细酌，品味谈天，体会其中无穷的乐趣。病人登记的办法取消了，“急症房”也废除掉，病人同医生可以讨论人生哲学。救火车变得像蜗牛那样地笨，慢慢地爬着，救火人员将会跳下车来，赏识人们的吵架，他们是为了空中飞雁的数目而引起的。这种快乐的时代可惜在纽约曼哈顿市区是没有实现的希望的。如若一旦能实现，则人民一定可以尽情享受许多悠闲的下午了。

第八章　家庭之乐

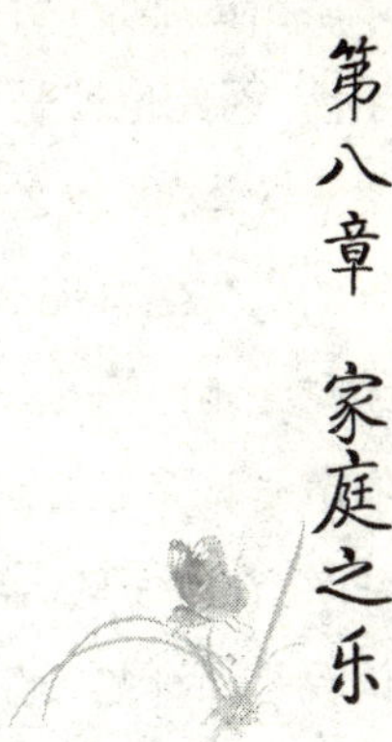

一、趋近生物观念

依我看来，不论哪一种文明，它的最后测验即是它能产生何种形式的夫妻父母。除了这个严峻而又简单的问题之外，文明的他种成就，如艺术、哲学、文学和实际生存，都退到无关重要的地位。

我对于中国费尽心力以东西文明做比较的人们，每用这句话给他们当做一服清凉剂，并且极有效验，这是使我很得意的。研究西方生活和学术的学生，不论远渡重洋或在本国做研究，他们对于西方的灿烂成就，从医学、地质学、天文学，到摩天的大厦，优美的汽车公路和天然色彩的照相机，自然觉得目迷五色，极可惊异。他们必转着热烈羡慕或自惭不如他人的念头，也许两样念头都有。于是一种反抗自卑的意念即油然而生，能使他不知不觉地努力替东方文明辩护，甚至于斥摩天的大厦和优美的汽车公路为无用之物。——不过我还没有听见过斥照相机为废物的话——这种状态是很可怜的，使他失去了合理地和旁观地衡量东西两方的优劣的资格。他在这种被自惭不如别人的思想所烦扰和炫惑的时候，实应给他一剂定心丸，使他的心平静下来。

我所建议的这种测验，能扫除文明和文化中的一切不必要的事物，而有使人类归于平等，将一切人类都置在一个简单而又明白的方程式之下的奇效。于是文明的其他一切成就都可被认为是促进产生优良夫妻父母的方法。

人类之中，百分之九十有夫妻关系，百分之百是人子，而婚姻和家庭确是人类生活中最亲密的部分，所以能产生优良夫妻父母的文明，实造成一种较快乐的人类生活，因此也就是一种较高级的文明。这是很显明的。和我们同居的男子或女子的本质，较之他们的重要得多。所以凡是女子，也应对可以给她一个较好的丈夫之文明表示感激。这种事物都是相对成就的，因此理想的夫妻父母无时无地不有之。欲有优良夫妻父母的最好方法或者是优生学，这可以使我们节省许多教导他们的辛劳。反之，凡是轻视家庭或撳之于低下地位的文明，即往往产生较为低劣的子女。

我承认我是渐渐趋于生物主义。但我本属于生物，世上男女也都属于生物，不问我们是否愿意，终免不了是个生物，所以趋于生物主义那句话，其实也是多说的。我们因生物性而快乐，因生物性而发怒，因生物性而有志愿，因生物性而信神或爱好和平，虽然我们自己或者还没有觉得是如此。我们既是生物，自不能逃避出生、吃母奶、婚嫁和生育等事。每个男人都是妇人所生，每个男人(除了少数之外)都须和一个妇人共过一生去做小孩的父亲。每个女人也都是妇人所生，每个妇人(除了少数之外)也都须和一个男人共过一生，生育小孩。中间也有几个不愿意做父母，这等于花木之不肯生子以传它们的种；但是没有一个人能不要父母而生，也正如花木之不能不要种子而生。因此我们就得到生命中最紧要的相互关系，就是男人、女人、小孩三者之间的相互关系那桩事实，而生命哲学，除非是讨论这个必须的相互关系，即不能称为适当的哲学，或不成其为哲学。

但单是男女之间的关系还嫌不够。这关系必须生出婴孩，否则便不能称为完备。所以无论哪一代的文明，绝无理由剥削男女人产生婴孩的权利。我知道目前曾发生一个真正难题，有许多男女不肯结婚，另有许多人虽结婚，但因这样或那样的理由不肯产生婴孩。据我的意见，不论他们所持的是何种理由，凡是男女不遗留子女而离开这世界，实在是犯了一件对于自身的大罪。如若他们的不生育是为了身体关系，那么他们的身体已是退化或有差错的地方。如若是为了婚姻的程度过高，那么这过高的婚姻程度就有不合理的地方。如若是为了一种谬误的个人主义哲学，那么个人主义哲学必是错的。最后，如若是为了整个的社会组织，那么这整个社会组织是不对的。待到二十一世纪，我们对于生物科学已有较高的认识，能更了解我们之为生物时，男女们大概就会见到这个真理。我深信二十世纪将为生物学世纪，正如十九世纪之为自然科学世纪。等到人们更能了解自己，而觉悟到对于造化所赋予的天性即使争斗也是徒然时，他们就会更加重视这类简单智慧。从瑞士心理学家荣格劝告有钱的病人回到乡间去饲养鸡、鸭、小孩和栽种萝卜那件事，我们看到这种生物学的和医学的智慧已有生长的征兆。这类有钱的女性病人，她所犯的弊病就在未能顺着生物性发挥本能，或是她们的发挥程度过于低下。

自有历史以来，人们从来没有学习过怎样和女人共同生活。最奇怪的事是，虽然如此，但是从来没有一个人能完全脱离女人而生活。一个人如觉悟他绝不能无母而生到这世界上来时，他便不会轻蔑女人。从出生到死亡，他的四围没有一天没有女人，如母亲、妻子、女儿等等。即使他不娶亲，也免不了和诗人华兹华斯一般依赖他姊姊过日子；或和诗人斯本塞一般地依赖他的管家婆。没有一种哲学能拯救他的灵魂，如他不能和母亲姊妹们建立相当的关系。如若他甚至不能和管家婆建立相当关系，那么他简直不能算人。

凡是未能和女人达到相当关系，而又走着道德歧路的人，如王尔德之类，实在有些可怜。他们一面喊着男人万难和女人共同生活；但一方面又说男人不能无女人而生活。这样看来，从印度《创世纪》的著者，直到二十世纪的王尔德，中间虽已经过四千余年，但是人类的智慧好似分寸没有进步。因为那印度著者正抱着和王尔德同样的心理。据这本《创世纪》所说，上帝于创造女人时，系采取花的美丽，鸟的歌音，虹霓的彩色，风的柔态，水的笑容，羊的温柔，狐的狡猾，云的难于捉摸和雨的变幻无常，将它们交织成一个女人，而拿她送给男人做妻子。亚当很快乐，他俩便在这美丽的世界中自在游行。几天之后，亚当跑去向上帝说："请你将这女人带走，我实在不能和她过下去了。"上帝答应他的请求，将夏娃带了回去。于是亚当即觉得很寂寞，依旧不能快乐。几天之后，他又到上帝那里说："请你将那个女人还给我，因为我没有她不能生活。"上帝依旧听从他，将夏娃还他。几天之后，他又跑到上帝那里请求说："你所创造的这个夏娃，仍请你收了回去，我发誓不能和她过下去。"上帝于无限智慧之中仍然顺从了他。等到亚当第四次走来说没有了那个女伴不能生活时，上帝虽允了他的请求，但要他答应以后绝不改变心肠，不论甘苦，以后和她永远过下去，尽他俩的智力在这个世上共度生活。我以为这幅景象，直到眼前，并没有什么大改变。

二、独身主义——文明的畸形产物

采取这种简单而自然的生物性观点，包含两种冲突：第一，个人主义和家庭的冲突；第二，富有智力阶级的无生殖哲学和天性阶级的较有热情的哲学的冲突。因为个人主义和崇拜智力往往能蒙蔽一个人，使他看不见家庭生活之美丽。两者比较起来，尤以后者为更可恶。一个相信个人主义者向着它的合理后果而进行，尚不失其为一个具有理解力的生物。但专一相信冷静头脑，而毫不知有热情心肠者，简直是个呆子。因为家庭的集体性，就其为一个社会单位而论，尚有可以替代的物事。但是配偶天性和父母天性之失灭，是无从弥补的。

在这起点，我们不能不假定人类不能单独无伴地生活于这世界而得到快乐。他必须和近旁的一群人做伴，而成为一个范围较大的我。这个我的范围并不限于本身身体轮廓之内，而实在是向外伸展到他的心灵和社会活动所能达到之处。不论在哪一个时代或国度里，不论在什么政体下，一个人所真正爱好的生活绝不和当时的国家或时代同其广泛，而必仅限于他所熟识的人和所做的活动那个较小的范围之内。此即所谓较大的我。他生活、活动于这个社会单位之内，而为其中的一个生物。这种单位可以是一个教区，一个学堂，一个监狱，一家商店，一个秘密社会，或一个慈善机关。这类单位有时可以替代家庭，甚至完全取而代之。宗教本身或一场广大的政治运动有时也可以占尽一个人的心力，使他抛弃一切。但在这许多团体中，仍只有家庭是自然的，具有生物性的实在的，可以使人们满意而有意义的生存单位。因为人们在出生时即已置身于家庭之中，并且将终身如此，所以家庭于他是自然的。因为嫡血的关系，引起人们对于较大的我实在是一件看得见的实物的概念，所以家庭是生物性实在的。一个人如不能在这个自然的团体生活中获得成功，则他在以外的团体生活中，大概也难于期望有所成就。孔子说："弟子入则孝，出则弟，谨而信，泛爱众，而亲仁。行有余力，则以学文。"离了这个人所视为重要的团体生活之外，人们必须有一个相当的异性分子和谐地辅佐他，方能使他有完美的表现，完美的尽职和将他的个性发展到最高的程度。

女人具有比男人更深的生物性感觉，所以很明了这一点的中国女孩儿都潜意识地羡慕红裙花轿；西方的女孩儿也同样地羡慕结婚网纱和结婚钟。大自然所赋予女人的母性，根深蒂固，所以不易于被人造的文明所毁灭。我毫不怀疑地相信大自然创造女人，尤其期望她做母亲，而不仅做一个配偶；因此所赋予的心灵和道德本质，都是诱导之于母亲任务之类，而于母性中获得其真正解释和和谐，如现实主义、判断力，遇事不厌求详，怜爱弱小，乐于施助，较强烈的兽性爱憎，较厉害的个人偏见和感情用事和对于事物的一般的个人眼光。所以哲学如果离弃了大自然的本意，不计及这个母性(即女人整个生存之具有支配力的特点和中心解释)，而要想使女人快乐，实已走入歧途。因此，在未受教育和受过合理教育的女人中，这个母性是从不强自压制的。它萌芽于儿童时期，渐渐强盛而达到充足于成熟时期。但在男人中，这个父性在三十五岁之前大概都隐而不显，或至少须等到子女已经五岁方能感觉。我想二十五岁的少年大概不会想到将要做父亲的事。这时他只知道爱上一个女子，无意之间生下一个孩子就丢开了，等他的妻子去一心照顾。总要到三十岁之后，才能一旦觉得自己已有了一个可以携带到公共场所炫耀于人前的孩子，而感觉他的父性。二十余岁的少年对于孩子的观念大多视为有些可笑，但除了觉得有些可笑之外，便不再加以思索。至于在一个有了孩子或将有孩子的女人，这就成为她一生中最严重的一桩事情，甚至变更她的整个生命，变换她的性情和嗜好。女人一到怀孕将产，便似进了另一个世界，从此她即能认清自己生命的使命和到世上生存的目的，而毫无疑惑。她知道有人需要她，所以即发挥她的效能。我曾看见过最娇养的中国富家女郎，于她的小孩病中变为异常伟大，目不交睫地整个月服侍下去。在大自然的配合中，如此的父性是无需的，所以并不给他。因为男人也好似雄鸭雄鹅一般，除了种子之外，对于子嗣方面的其他事情均毫不关心。所以一个女人如若她的生命的中心主动力得不到表现和发挥的机会，她即在心理上受到最大的痛苦。美国容忍那么许多很可爱的女人无辜地失去嫁人的机会，因此，如有人向我称赞美国的文明对于女子是怎样仁慈，我简直不相信。

我相信美国婚姻所以调整失当，大多是由于这类女人的母性和男人的父性参差过甚所致。美国人的所谓情感不成熟性，除了这个生物性事实外，没有其他的解释。男人因在青年时代过惯了过于放浪的生活，这种社会制度使他们缺乏负责思想的天然节制；然而女人则因了较深大的母性，仍是具有的。大自然如若未曾赋予女人以充分的镇静性去应付将做母亲的心理预备，事情就将不可收拾。所以大自然就如此做去。贫穷人家的子弟由于艰苦的环境，已将负责思想深印于脑筋之中。只剩下那些生活放浪的富家儿郎，在崇拜青春和纵容青年的国度里，于理想的情形中发展而成为情感上和社会上的低能儿。

说来说去，我们所关切的实在只是如何去度一个快乐生活的问题。一个人除在外场生活的浅薄成熟之余，能触动内心机械，使它得到合于常规的发挥之外，别无求得生活快乐之道。独身主义在个人事业的形式上成为理想目标时，不但带着个人主义的色彩，并也带着愚拙的智力主义色彩。因了后者的理由，这种独身主义应由我们所唾弃。我常疑心立誓不娶不嫁的男女，由于已经变成无用的智力主义者，不肯更变心肠，他们都已被外场的成就所蒙蔽，误信他们以属于人类而言，能从家庭之替代物中得到快乐，或从能使他们满意的智力艺术或职业兴趣中得到快乐。

我认为他们是错误的。这种个人主义的现象：不婚嫁，无子息，拟从事业和个人成熟之中寻求充足满意生活的替代物和阻止虐待牲畜，在我看来，都是很愚笨可笑的。在心理方面而言，这颇仿佛几个老处女因在马戏团里边看见老虎背上有几条鞭痕，引起疑心，而拟控诉马戏团老板虐待老虎一般。这种抗议用非其地，是母性的畸形发挥。试想真正的老虎会在乎打几鞭子吗？这种老处女是在盲目地摸索一个生命中的位置，而又自以为是地要想旁人承认她们为合理。

政治文学和艺术的成就所给予成功者的报酬，不过是些空心的智力上的喜悦。但眼看自己的儿女长大成人，其愉快是出于衷心，而何等实在。著作家和艺术家，有几个能在老年时对于自己的作品感觉满意？其中大多数无非视之为消遣中的偶然产物，或借以维持生活的工作而已。据说斯宾塞（Herbert Spencer）在临终的前几天，将他所著的《综合哲学》十八巨册放在膝上，当他觉到其分量沉重时，颇有这分量如若换上一个孙儿岂不更好的感触。聪明的伊里亚岂不是愿意将他所著的论文去兑换一个梦想中的儿女吗？人造粮、人造乳油、人造棉花，已够讨人嫌；如再加上人造儿童，岂不更可悲吗？约翰·洛克菲勒（John D. Rockefeller）的慈善施舍遍及全世界，受益的人不计其数，他对这些，自然感到一种道德上的审美的满意；但同时我深信如此的满意是异常淡薄和脆弱的，在高尔夫球棍一挥之际，即能完全忘却，而他的真实的不会遗忘的满意，仍是在于他的儿子。

从另一方面看来，世人的快乐大部分是在于能否寻到一种值得用毕生心力去做的工作，即心爱的工作。现在男女人所做的职业，我很疑心有百分之九十是属于非其所好。我们常听人夸说："我很爱我的工作。"但这句话是否言出于衷颇是一个问题。我们从没有听人说："我爱我的家。"因为这是当然的，是不言而喻的。普通职业人士每天走进他们的公事房时，其心境差不多是和中国妇人之对生育儿女一般地抱着一种"人人如此我又何能例外"的心理。个个都在说我爱我的工作，这句话如出之于电梯司机、电话接线女生，或牙科医生之口，显然是一句谎言。如系出于编辑人、地产经理人，或证券经纪人则尤其属于违心之论。我以为除了到北极去的探险家和试验室中的科学家专心致力于发明之外，人们对于他的工作，充其量也不能超过颇感兴趣、颇合性情，而总够不上爱字。对工作的爱，万不能比拟母亲对儿女的爱。许多人常因对于自己的职业发生厌恶而屡次改业，但从没有一个母亲会对养育教导儿女这桩毕生工作发生疑义。成功的政治家会放弃他的政治成就，编辑人会舍弃他所出版的杂志成就，飞行家会放弃飞行成就，拳击家会放弃比拳场成就，优伶会放弃舞台，但从没有听见过一个母亲不论她是成功的或失败的会放弃她的母职。她觉得自己是必不可少的人物，她在生命中已有了一个地位，坚信她的职务没有一个人能够代替。这信念比希特勒自信只有他能够拯救德国还要深切。除了这桩自己在生命中得到切实地位的满意以外，更有什么东西能给人以更大的快乐？我敢说执业的人当中，或者有百分之五居然能得到合于自己性情的工作，而能够爱好；但百分之百的父母都觉得抚育自己的儿女乃是生活目标中最深入最切身的部分。因此可知一个女人自然在做母亲的天职中比做一个建筑师更易于获得真正的快乐，而大自然也绝不使她失望的。所以婚姻岂不是最宜于女人的职业吗？

我知道女人未始没有这种感觉，不过没有形之于口罢了。现在经我一旦说破，而又明说家庭的重担终究必须由女人去肩挑，女人听了或者要受到一些惊惧。但这个确是我的本意和题旨。我们等着看罢，究竟哪个待女人好些？因为我们所关切者不过在于女人的快乐，但不是社会成就上的快乐，而是自我的快乐。即从相宜或合格的观点上讲起来，我以为没有几个银行经理能像女人般地适宜于其职务。我们常听见说才力不及的主任，才力不及的营业经理，才力不及的银行家，才力不及的总理，但难得听见才力不及的母亲。所以女人是天然合宜于母职的这桩事，她们自己都知道，并也愿意去做。现在的美国女大学生似乎已若有离开谬误理想的趋向，有许多人已渐渐知道用合理的眼光去视察生命，而公然宣布她们愿意嫁人了。我理想中的女人有爱好化妆品而同时也爱好数学者，是个柔媚的女性，而不单是一个女性。让她们去调脂弄粉，如尚有余力，则让她们如孔子所说一般去从事于数学。

我在上边所说的这些是以普通男女的一般理想而论。女人中也和男人一般有才能杰出者，世上的真正进步即系依赖他们的创造才能而成功。我希望一般女人能把婚姻当做理想职业去生育小孩，或者也洗一些碗盏。同时我也希望一般的男人放弃了艺术而单去做赚钱养家的工作：如理发、擦鞋、捉贼、补锅，或饭店侍者之类。生育小孩，教养他们，当心他们，使他们长成为有用的聪明的国民，势需有人去担任；而男人则显然不但不能生育，即叫他去抱小孩或替小孩洗澡也要手足无措，所以我只好期望女人去担任了。这两类工作：教养小孩和理发擦鞋或替人开门，哪类比较高尚一些？我也不能确定。但我总以为丈夫既在那里替别人开门，则他的妻子又何必憎嫌洗碗盏，从前立柜台的都是男人，现在被大批女人跑进来占据了这位置，而将男人挤了出去做替人开门的工作。如女人认为这是较为高尚的工作，我们很欢迎她们来做。但须知在生活寻求的方式上，工作无所谓高低之别。一旦女人在衣帽室里收付衣帽，未必高尚于替丈夫补袜子，其间的分别，不过在于补袜子者对于这袜子所有人有荣辱与共的关系，而是衣帽管理人所没有的。我们自然希望这袜子所有人是一个良好丈夫而值得他妻子的服侍，但人们也不应该悲观到凡是丈夫的袜子都是不值一补的地步。男人也未必都是不肖的。最重要的一点就是：教养儿童之神圣工作的家庭生活于女人太为低贱这个普通假说，实不能称为合理的社会态度。只有在女人、家庭和母职未能受着相当尊重的文化中，才有这种观念。

三、性的吸引

在女权和增进女子的社会权利的门面背后，即美国也未能以应有的地位给予女人。我希望我这印象是不对的，我也希望在女权增进的当中，男人的中古式武士精神没有减退。因为这两件事并非一定联系而行。武士精神或真心敬重女人精神，并非即是听女人自由花钱，听女人自由行动，听女人担任执行公务和听女人投票选举之谓。在我这种生于老旧世界，抱有老旧观念的人看来，世上的事情都有切己和不切己之别。美国女人在不切己的事情上，其地位已远胜于旧世界的姊妹。但在真正切己的事情上，则依旧相同，没有寸进。武士精神在美国也未见得较明显于欧洲。美国女人能真正发挥权力之处依旧是在她传统的区域，即家庭中。她在这区域中，以服务安琪儿的精神做她的主人。我曾见过这样的安琪儿，但只有在家庭的神圣私生活中才能见到，只在一个女人飘然往来于厨房客室之间，做专心爱好家庭的主妇中才能见到。她在这里放射出一种灿烂的光明，如移置到公事室去时，便是不合适而不可思议的了。

这只不过因为女人穿了飘逸的长裙比穿着短小的公事褂更为动人，更为娇美。这或许不过是我的想象。问题的要点只在：女人居家正如鱼之居水，女人一穿上公事短褂之后，男人就会拿她们当做相类的同事，即可以任意批评。但一等到她们在公事时间之外穿上了飘飘长裙，男人即自然放弃和她们竞争的心思，而只会坐着向她们张口呆看了。一进公事范围，女人比较更守纪律，对于日常例行公事也比较优胜。但一出公事房，例如在喜事茶会等处，同事彼此遇到时，女人即较为活泼，较会发挥本能。她们会随口劝告男同事，甚至她们的经理，快去理发，或告诉他们到哪里去买最好的医治脱发药水。在公事房中女人说话时极低声下气，但在公事房之外，她即以权威者的态度发言。

从一个男人的观点坦白说起来——其实也无需讳言——我以为公共场所中有了女人，实在使生活上例如公事房中和街上增添不少动人的点缀和自然的礼貌。这于男人很有益处，可以使公事房中的语声变为柔和，色彩较为鲜艳，公事桌上也可以较为整齐。我又以为造化所赋予的性吸引力，或性吸引力的欲望，其程度至今没有变更。不过美国的男人则享受较大的艳福，就因为在性诱引上，美国女人较别国女人例如中国女人更为致力于获得男人的欢心。我的结论是：西方的人们过于着重性，而过于轻视女人。

美国女人所费于整理头发的时间，其长久和旧时的中国女人差不多。她们对于修饰较为公开、恒久和不择地而行。对于节食、运动、按摩和寻求保持美态的方法较为热烈。早晨在床上将两腿做起落的运动，以收束腰身，较为严切奉行。在一个中国女子已经抛弃脂粉的年龄，但在美国依然会拍粉点脂，色染头发。她们于生发水和香水花费较多的钱，所以美国的化妆品如白天雪花膏、夜用雪花膏、无色雪花膏、搽粉之前所用的冷膏、面霜，防止毛孔涨大的冷霜、柠檬冷霜、避日炙冷油、去皱纹冷油、鱼油，以及各种稀奇古怪的香油，多至不可胜计，销路多很广大。也许是美国女人有较多的时间和钱可以耗费。她们或者是穿衣服以讨男人的欢喜，脱衣服以讨自己的欢喜，或两者都有之，都说不定。中国女人没有这样的厉害，也许是因中国女人没有得到这许多种化妆品的机会的缘故。但对于女人想要吸引男人的欲望，我实在不敢说各种族之间有什么不同的地方。以前的中国女人也因极力想讨男人的欢喜，将她的双足缠成三寸金莲，不过现在则已经解放，而改为穿高跟皮鞋了。我虽然不是先知，但我敢预言，在不久的将来，中国女人也必于每天早晨在床上做几分钟的腰腿运动，以讨她的丈夫或自己的欢喜。然而很显明的事实在这里：现在的美国女人是更致力于注意身体上的性吸引力，并专在性吸引力方面讲究她们的衣饰，以讨男人的欢喜。其结果是：在公园里或街上所见的一般女人，大概都具有较为苗条的身材，都穿着较为讲究的衣裳。这确须感谢女人所费于保持其曲线的努力，因而使男人获得很大的愉快。但据我的想象，她们在神经上必因此受很重大的影响。我所说的性吸引力，均系对母性吸引力，或对女人一般的吸引力而言。我疑心现代文明的这一种状态，已把它的特质深印于现代恋爱和婚姻上了。

艺术使现代男人有了性的意识。对于这点，我毫无疑义。先前是艺术，后来变为商业性的利用，将女人的全体直到最后一条的曲线和最后一只染色的脚趾为止，完全开拓起来。我从未见过女人的肢体经过这样的商业性开拓，而我并且很奇怪何以美国女人竟肯这样驯服地听人家去将她们的肢体开拓到这个地步。在东方人的心目中，这种对女人身体的商业性开拓和尊重女人的观念绝不能并立。艺术家称之为美，看戏的观众称之为艺术，只有戏馆老板和经理直称之为性吸引力，而男人们也就因此得到很好的消遣。在这男人所创造，男人所统治的社会中，女人可以剥光了去供商业性的开拓，而男人则除了歌舞团团员之外，很少出身露体的时候，这实是一种奇特的现象。在戏台上我们能看到女人几乎不穿着什么，但男人则依然都是衣冠整齐。如若这个世界是女人统治的话，那么我们当然就要看见出身露体的男人，而女人则都穿上长裙了。艺术家对于男女人的身体构造同样地研究，但他们似乎终没有法子可以将男人的身体美化为商业性的用场。戏院以裸体为号召，但大概都是剥去了女人的衣服以吸引男人，而绝不剥去男人的衣服以吸引女人。就是在较为高尚的表演中，虽然是艺术和道德并重，但也总是让女人艺术化，男人道德化，而从不坚持女人道德化，男人艺术化（在游艺表演中，男演员大都偏重于滑稽；即跳舞的时候也是如此，而观众尚认为是艺术的）。商业广告都抓住这一点，千方百计地利用。所以现在的人们如要知道什么是艺术，他只须买一本杂志，将里边的广告看一遍，便能了然。其结果使女人的脑筋中深印下极其深刻的女人必须艺术化的印象，甚至下意识地默认了这个原则，很情愿地忍饥节食、运动、按摩，严格遵守一切纪律，以求对于美的世界有所贡献。心地不很明白的人看了，几乎要认做女人除了利用性吸引力外，竟没有其他抓住男人的方法了。

我认为这种对性吸引力的过于注重，造成一种对女人的整个天性的不成熟和不充足的观念，影响及于恋爱和婚姻的性质，而也引起了对于这两件事的谬误或不充足的见解。因此，女人即被认为只是一个可能的伴侣，而不是家庭的主持人物。女人是一个妻，也是一个母。但因现在如此地注意于性，以致伴侣的意想取代了为母意想的地位。不过我仍坚持女人只在为母时能达到她的最崇高身份。如若一个女人竟拒绝为母，则她便立刻丧失大部分的尊严和庄重，而有成为玩具的危险。我以为一个女人，不论她在法律上的身份如何，只要有了子女，便可视之为妻；而如若没有子女，则即使是妻，也只能视做姘妇。子女使姘妇抬高身份，而无子女则使妻降级。现代女人有许多不愿生育，理由也很显明，无非恐怀孕将妨碍她的苗条身段罢了。

好色的天性对于增进人生的生趣，有相当助力，但行之过分，则反而不利于女人。欲求保持性吸引力的意念当然是一种加在女人神经上的压力，而男人则没有的。这也是太不公平，因为人们如过于重视美丽及青春，则中年女人便陷于对灰白的头发和不可挽回的光阴做必不能胜的奋斗。中国某诗人早已提醒我们说，青春之泉是无稽之谈，无人能系住光阴不让它前进。因此中年女人如保持做性吸引力的努力，即等于和年龄赛跑，太不合理。只有幽默能补救这个处境。如若我们明知和老年白发无从争斗，则我们何不就认白发为美丽。朱杜的诗：

白发新添数百茎，
几番拔尽白还生；
不如不拔由他白，
那得功夫与白争。

这整个情形既不自然而且太不平。这是于为母者和年龄较大的女人不平允的。重量拳击家将锦标保持了数年之后，势不能不将宝座让给较为年轻的后进；跑马场里得锦标的马，过了数年，自不能不将第一位置让给年龄较小的马。同样的，年龄较大的女人，绝不能战胜年轻的少女。同类相争，其实何必。中年女人想在性吸引力上和少女争高下是一件愚拙、危险，而又无望的举动。女人所应重视者尚有比性更进一层的东西。谈情说爱的动作，大部分当然以身体的吸引力为根据，则较为成熟的男女自应视之为过去的事情，而不必再斤斤于此了。

我们知道人类是动物中最喜欢表示爱情的动物。但除了这表示爱情的天性外，还具有一种同样有力的父母天性，结果即产生了人类家庭生活。多数动物大概都和人类一般地表示爱情并具有父母天性，但人类家庭生活的起点则好像是发源于长臂猿。不过在一种过分矫饰的文化中，人类受了艺术上不断的性的刺激，如电影和戏院之类，他们的家庭天性便有屈服于表示爱情天性的危险。在如此的文化中，家庭理想的必须性常易于被人们所忘却，尤其是在同时又有一种个人主义观念的潮流。所以在这种社会中，我们对于婚姻即有了一种新奇的意见，视为不过是许多次的接吻，而于结婚的钟声中结束。对于女人也有了一种新奇的观念，视为不过是男人的伴侣，而不是为母者。因此理想的女人须是一个具有完美相称的身体和动人的体态者。但在我看来，一个女人最美丽的时候是在她立在摇篮的面前的时候；最恳切最庄严的时候是在她怀抱婴儿或扶着四五岁小孩行走的时候；最快乐的时候则如我所看见的一幅西洋画像中一般，是在拥抱一个婴儿睡在枕上逗弄的时候。或许我已对母道有一些迷信，但在我们中国人，若有一些心理上的迷信是并无妨碍的。我以为我对于女人的见解并非由于迷信母道所产生，而实是由中国式家庭理想之影响。

四、中国式的家庭理想

我颇以为《创世纪》中关于创造一节，应该从头写过。中国小说《红楼梦》里边的才子是一个极富于感情的柔性男人，最喜和女人为伴，万分崇拜他许多姊妹的美色，而常常自恨是个男人。他曾说，女人是水做的，而男人则是泥做的。其理由是：女人都是伶俐聪明，娇媚可爱，而男人则都是愚蠢粗鲁，面目可憎。如若《创世纪》的著作人换了贾宝玉，心地和他那么明白，则《创世纪》必不是这样写法。上帝抓了一把泥土，捏成一个人形，从鼻孔吹一口气进去，亚当就此造成。但是亚当渐渐燥裂，泥土松碎，一片片掉落下来。所以上帝又取了一些水和进去，使泥土凝结。这种掺入亚当生命的水，就是夏娃。亚当的生命中非有这水不能完成。我以为婚姻的特别意义至少是如此。女人是水，男人是泥土。水渗入泥土而使之成形，泥土盛了这水而使之有质。水即流动生活于这当中而有了具体。

元朝名画师赵孟頫，他的太太管夫人也是一位著名画家，早已引用过这个泥土与水的譬喻。当夫妻俩都在中年的时候，孟頫对她的爱情似乎减退，想纳一个妾。管夫人即作了下面这一首小令，使她的丈夫看了非常感动，便取消了纳妾的念头。

你侬我侬，
忒煞情多，
情多处热如火。
把一块泥，
捻一个你，

塑一个我。
将咱两个，
一齐打破，
再捻一个你，
再塑一个我。
我泥中有你，
你泥中有我；
与你生同一个衾，
死同一个椁。

中国的社会和生活都是组织于家庭制度基础上的，乃是人所共知的事。这个制度决定并润色整个中国式生活的模型。但这个对于家庭生活的理想是从何而来的呢？这个问题从来没有人提出过。因为中国人都视为理所当然，而外国则自觉不够资格去问这句话。把家庭制度作为一切社会和政治生活的基础，大家都知道孔夫子曾给予一个哲学的根基。他非常地注重夫妻关系，认为是一切人类关系的根基，也注重孝顺父母，每年祭扫祖墓，崇拜祖先和设立祖先祠。

中国的祖先崇拜，曾被某些著作家称为一种宗教。我相信这句话在某种程度中是很对的。至于它的非宗教方面就在于它的里边很少超自然的成分。它不涉及神怪，所以崇拜祖先不妨和信仰基督仙佛或回教神道同时并行。崇拜祖先所用的礼仪造成一种宗教的形式，非常自然而且合理。因为凡属信念是不能没有表现方式的。照这种情形而论，我以为对着一块长约十五英寸的长方木牌表示尊敬，其尊敬程度和英国把英王肖像印在邮票之上并没有什么高下。第一，中国人对于这种祖先之灵并不十分视同神道，而不过当他如在世的老长辈一般侍奉，他并不向他祈求福佑，也不求他治病，并不像普通的崇拜者和被崇拜者之间的必有一种施必望报的情形；第二，这种崇拜仪式不过是借以对已死的祖先表示敬意的典礼，不过借这一天使全家团聚一次，并纪念祖先对于这家庭所贻的世泽。这种仪式充其量不过如替长辈做一次小规模的生日，和平常替父母做寿，和美国的举行母亲节并没有什么分别。

基督教士不许中国信徒参加崇拜祖先的仪节，其唯一反对理由，是因为祭祖时大家都须跪地磕头，认为这是违反十诫中的第一条。这是基督教士太缺乏谅解的表征之一。中国人的膝盖不若西方人的膝盖那样宝贵，中国人都向他们的皇帝、官府磕头，新年都向在世的父母磕头，被视为常事。所以中国人的膝弯较为易于柔曲，而跪在神主牌之前磕几个头，也不会使他即因而变为一个崇信异端的人。城市村镇中的中国信徒即因此和一般的社团生活相隔绝，不能去参加大众节日的欢聚，也不便捐助这些节日的戏份。所以中国的基督信徒是差不多和本族的人不相往来的。

这种对于一己的家庭的虔敬和神秘性义务的感觉，有时确也能变成一种很深的宗教态度，例如十七世纪的儒者颜元在老年的时候，独自出外，周历天下，找寻他的哥哥。因为自己没有儿子，所以希望寻到他的哥哥和一个侄子，以便传宗接代。他是四川人，笃信儒宗，专事力行。他的哥哥失踪已经多年，他忽然厌弃教读生活，如奉神召一般地决计出外寻兄。他连哥哥的影踪都不知道，盲目找寻，这是何等艰难的事情。况且这个时期正值明朝覆亡，全国混乱的时候，遍地伏莽，旅行极为危险。但他不顾一切，冒险前行，所到之处都贴下招纸，悬赏找寻。他走了一千余里的路程，经过中国北部数省。直到数年之后，他走过某处时，被他的侄子看见了他手中所拿伞柄上刻着的姓名，知道是他的叔父，方将他引导到自己家中。那时他的哥哥已死，但他的目的仍算达到，因为果然有一个侄子可继香烟了。

孔子极为推崇孝道，其理由何在？没有人能够知道。据吴经熊博士在某篇论文所说，是因为孔子乃是一个没有父亲的人，所以他的心理作用无非也和名歌《甜蜜的家庭》的作者其实从来没有享过家庭幸福完全一样。如若孔子幼时他的父亲尚在，则他的父职概念便不至于会这样的深刻远到。再则如若他已成年，而他的父亲尚在世，则结果恐怕更坏于此。因为，如此他即有机会可以看到他那父亲的弱点，而会觉得力行纯孝未必是件容易做到的事情了。总之，他出世的时节，父亲已经故世，并且不知道父亲葬在哪里。他是一个私生子，他的母亲从来没有告诉过他父亲是谁。他的母亲死后，他就将母亲的遗体葬在“五父之衢”，这当中或者含一些故意亦未可知。后来居然有一个年老妇人将他父亲的葬处告诉了他，于是他方将母亲的灵柩迁去合葬。

这一个巧妙的假说有怎样的价值，我们不必苛求。但中国的文学中对于家庭理想的必需，确实举出不少的理由。它是以一个人还不是一个单位，而只是家庭单位中的一分子为出发点。由"生活潮流"假说(这是我所题的名称)所具的生活观念为之支持,而由认力行天性为道德和政治的最后目标的哲理证之为正当。

家庭制度的理想和个人主义的理想显然不能并立。一个人终究不能完全独自一个人过一生。照这样的个人观念,太缺乏实在性。我们对于一个人如若不认他是一个人子,一个兄弟,一个父亲,或一个朋友,则我们当他是个什么东西?如此的个人将成为一个形而上的抽象物。中国人的心理都偏于生物思想,所以他们对于人类自然先想到他在生物上的关系。因此家庭即自然成为人生中的生物性单位,婚姻也成为一件家庭事件,而不单是个人事件。

和这种西方的个人主义和国家主义对照的就是家庭理想。在这种理想中,人并不是个人,而被认是家庭的一分子,是家庭生活巨流中的一个必须分子。这个就是我所谓"生活潮流"假说的意义。人类生活就整个而论,可以为包括多种不同的种族生活潮流。但人们所能直接觉到和看到的只有家庭中的生活潮流。东西两方都有家庭如大树这个譬喻,每个人的生命不过是这大树上的一枝,借着树干而生存,尽他协助树干滋长下去的本分。所以就我们所见,人类生活显然是一种生长或连续作用。在这当中,每个人都在家庭历史上有一番作为,尽他对于整个家庭的义务,不过成绩有优劣,有些替家庭争到光荣,有些使家庭蒙受恶名。

家庭意识和家庭荣誉的感觉,或许就是中国人人生中唯一的团体精神或团体意识。家庭中每个分子因须振其家声,必须好好地做人,而不得遗羞于家族。他应该和一个球员一般将球推向前去。败家子不但是个人之耻,也是全家之羞,正如一个球员失足而被对方将球抢去一般。凡去考试而得题名金榜的好像是一个获得胜利的球员,光荣不但属于他个人,也属于他的一家。考中状元或不过一个三甲进士的人,光被全族,使全族的人甚至连亲戚和同乡都受到精神上的兴奋和实质的权益。即使在一二百年之后,乡人尚会夸说某某年本乡怎样出过状元。从前人中了状元或进士时,全家全乡都举行庆祝,荣归挂匾,大家何等欢欣兴奋,觉得荣耀非凡,人人有份。和这个相较起来,现代的学校毕业接受文凭时是何等的冷静缺乏兴趣啊!

在这一幅家庭生活的景象内,其变化和色彩有很大的伸缩余地。人们须经过童年、成人和老年。这几个时期先由别人养育他,再由他去养育别人,最后于老年时重复由别人侍奉他。起先他尊奉别人，受别人的指挥，等到成人以后，他便渐渐地受人尊奉，指挥别人。更重要的，女人的插身于家庭之中，使这幅景象增加不少色彩。女人在连续不断的家庭生活中不单是个装饰品或玩具，也不单是一个妻，而实是这株家庭大树的一个关系生存和必须的分子。因为使连续成为可能者即是女人，而家庭中各个支派的盛衰也是以所娶来的媳妇的体质心性为依归。一个聪明的家长，于选择媳妇时，必注意她的出身是否清白，正如园丁对于接果树的枝必须加以选择一般。很有些人认为一个人的生活，尤其是家庭生活，或苦或乐，都以他所娶的妻为定，而未来家庭的整个性质也由此而决定。孙子体格的强弱，性情的优劣，完全以媳妇的体格性情为依归。因此就产生一种根据于遗传性的无形的、界限不分明的优生学。注重于门第的高低，实则也无非是家长对于未来媳妇的体格姿色和教育的一种取舍标准。普通的标准大都着重于她的家教。依传统的说法，最好的媳妇应出于勤俭书礼之家。有时候家长发现所娶的媳妇不贤惠时，他便要咒骂亲家的家教不良。所以为父母者又多出了一种教养女儿将来成为好媳妇而不致贻羞家声的责任，例如不会烹饪，不会做年糕之类，都须视为没有家教。

依照这种家族制度里边的“生命潮流”假说，永生几乎是可以看到可以触到的东西了。一个祖父看见孙儿背了书包上学校，便觉得他好似已在这个小孩之中重新生活。他用手去抚摸这个小孩时，他即感到这就是自己的血肉。他的生命不过是家庭大树上的一枝，或永远向前流去的潮流中一部分，所以他虽死也是快乐的。因此中国的家长所关切的事情就是：亲见男婚女嫁，视为比将来自己所葬的坟墓或所睡的棺材更重要。他必须亲眼看见媳妇或女婿是怎样的人，方始放心。如若都是很好并且满意的，他便可以含笑而逝，一无遗恨了。

这种生命概念的结果：使一个人对于任何物事都有一种伸长的见解，而不再认生命为始于个人，止于个人。球队当中虽有一两个守卫中途退出，但他们的位置即刻有人填补，而球赛依旧可以继续下去，成败也因而变换了性质。中国的生活理想是：做人须无愧于祖宗，并且无愧于自己的好儿子。中国官员在辞职时每引用下面这两句老话：

有子万事足，无官一身轻。

一个人最不幸的遭遇或许就是儿子不肖，不能维持家声、保持家产。一个富翁看见他的儿子好赌，就觉得他半生辛劳所积聚的家产不能保持。如果儿子失败，这失败便是绝对的。在另一方面，一个眼光远大的寡妇，她如有一个五岁的好孩子，她就能含辛茹苦历尽艰难去教养他。中国历史中这种守节抚孤的女人很多很多，期望经历多年苦况之后儿子成人，一旦飞黄腾达。蒋介石就是这类事件的一个最近榜样。他幼时和寡母常受邻人的欺侮，但寡母因有这个儿子，终愿奋志抚养。寡居的母亲，由于她们的富有实际见解，常常教养出才德俱优的大人物。这桩情形使我觉得单以抚育儿童而言，父亲竟是不必要的。寡妇的笑声最响，因为她总是末了一个发出笑声的人。

因此，生活在这种家庭方式之中是令人满意的。因为人生的生物性各方面都已顾到。此即孔子所关切的事情。依孔子的见解，政治的最后理想原是异常属于生物性的。他说："老者安之，少者怀之。""内无怨女，外无旷夫。"这话不单是对于枝节问题的一种表白，而实是政治的最后目标，所以尤堪注意。此即人性学者所谓的达情哲理。孔子意欲使一切人类天性都得到满足，以为必须如此方能使人在满意的生活中得到道德的和平，而只有道德的和平方是真正的和平。这是一种政治理想，其目的在于使政治成为不必要。因为这种和平是发于人类本心，极为稳固的和平。

五、乐享余年

据我的见解，中国的家族制度大概是对老者和幼者的一种个别准备的布置。因为童、幼、老三个时期须占到人生岁月之半，所以幼者和老者都应当心使他们过满意的生活。其中幼者虽因不知人事而比较不会自己当心自己，但对于物质的享用，则其需要不如老者那么深切。小孩对于物质供给的缺乏，往往不太有感觉。所以贫苦人家的孩子常和富家的孩子一样的快乐。他因没有鞋穿而赤脚，但在他未始不是一种舒适；而在老者，则赤足便觉得十分难受了。这是因为幼童都较为充满生气。他有时虽也知道忧虑，但一会儿便会忘却。他不像老者那般没有钱财观念，他有时也会收藏几张香烟里边的赠品券，但他的目的不是积财，而是想去调换一支气枪。老年的人便与此不同，而去收藏自由公债了。这两种收藏举动在意趣上是不能做比较的。其理由是：因为幼童不像成人那么受过生活的压迫，他的个人习嗜尚没有形成。他喝咖啡并不一定非某种牌子不可，无非是有什么吃什么。他并没有什么种族偏见，他的思想和概念都尚没有固定的轨道。所以老者比幼童更需要他人的帮助，这事好似很奇怪，但其原因则是因为老者的恐惧心较为明显，欲望较为无限制而已。

中国人在上古时代已有优视老年人的意识。这种意识我以为可以比拟西方的武士精神和优视女人习惯。其实这种举动也可以称为武士精神。孟子所说："颁白者不负载于道路矣。"即表示一种优良政治的最后目标。孟子又列述世上四种最困苦的人为鳏、寡、孤、独。他说，第一第二两种应由一种政治经济的安排方法使他们男婚女嫁，各将其偶。他对于孤儿的处置没有提起，但当时已有养老院的设立，而育婴堂也是各时代都有的。不过人人知道养老院和育婴堂终不足以替代家庭一般的感觉，都以为只有家庭能给老年和幼童以一种相当满意的供给。小孩子自有父母爱护他们，毋庸细说。不过晚辈对于长辈的孝养，则正如中国的俗谚"水往低处流"那句话一般，不像长辈爱小辈那么自然，而必须由文化去培植出来。一个自然人必会爱他的子女，但只有受过文化洗礼的人才会孝养父母，敬爱老年。这个教训到现在已成为大众所公认的原理，并且据有些学者说来，能得孝养父母的机会已成一种权利，而为人所渴望的了。父母病的时候未能亲侍汤药，死的时候未能送终，已被中国人视为终身莫大的遗憾。官员到了五六十岁尚不能迎养父母，于官署中晨昏定省，已被认为犯了一种道德上的罪名，而本人对于亲友和同僚也必要时常设法解释他不能迎养的理由。从前有一个人，因回到家里时父母死了，即不胜悲憾，说了下面这两句话：

树欲静而风不息，子欲养而亲不在。

我们应该可以假定如果人们能过一种诗意的生活，他就会拿晚年当做他一生中最快乐的时代。他非但不会再畏惧老年，而且反将希望这个时期早些来临，当它是一生中一个最美好最快乐的时期，而时常事先预备去享受它。我将东西两方的生活拿来做比较的时候，觉得两者之间虽有许多不同的地方，但绝对不相同的实在只有这个对于老年的态度这一点。这态度在东西两方绝对的不同，而且区别分明，毫无折中调和的余地。两方对于性，对于女人，对于工作娱乐和成就，在态度上虽是不同，但其不同之处都不过是相对的。例如中国的夫妻之间的关系和西方的夫妻关系，根本上没有什么很大之分别。即父母和子女之间的关系也是如此。此外如对于个人的自由、民主制度、人民和统治者之间的关系等等的观念，实在也并没有什么极大的不同之处。但对于老年一事的态度，则两方的态度竟绝对的不同，所持的见地竟绝对的相反。这一点在向人询问年龄和说出自己的年龄时，就可以极明白地看出来。中国的习惯在拜访生人时，问过尊姓大名之后，接下来必问他贵庚。如对方很谦虚地回说只有二十三或二十八岁，则问者必以“前程远大后福无量”一语去安慰他。但那人如回说已经三十五或三十八岁，则问者便会表现尊敬的态度，而赞他好福气。总之所回报的年龄越高，则所受到的尊敬越深。如答话的已经五六十岁，则问者必低声下气地以晚辈自居，表示极端的尊敬。所以凡是年老的人，如可能的话，都应该到中国去居住。因为在那里哪怕是白发龙钟的乞丐，他讨起饭来也比别人容易些。中年的人常希望快些过他的五十岁生日，得意的商人和官员常大做四十岁的生日。但是五十岁生日，即所谓年已半百，更为人所重视。以后每隔十年必做一次寿，六十岁的生日比五十岁更快活。七十岁的生日比六十岁更快活。如能做八十岁的生日时，更将被人视为得天独厚。颔下留起长须来，是祖父一辈人的特权。没有到这资格的人，例如还没有孙子或年龄未过五十者，如若留须，常会被人背后讥笑。因此，年轻的人也都喜学做老成持重，抱着和老年人相同的见解。刚从中学毕业的少年书生，已在那里写“青年应知”和“青年应读”等类的文章，并以为父母者的态度而讨论青年的堕落问题了。

我们如了解中国人之如何珍视老年，便能明了为什么中国人都喜欢倚老卖老，自认为老。第一，照中国的礼貌，只有长者有发言的权利，年轻的人只许静听。所以中国有“少年用耳不用口”那句老话。凡有年龄较高的人在座时，年轻的人只许洗耳恭听。世人大都欢喜发言而受人听，因此，在中国必须到相当的年龄才有发言权利这件事，便使人期望早些达到老年，以便无论到什么地方都可以多说几句话。这种生活程序之中，人人须循序而进，每个人都有同等达到老年的机会，而没有一个人能躐等超前。因此，当一个父亲教训他的儿子时，如若祖母走来插口，那做父亲的便须停口，谨敬恭听。这时他当然很羡慕那祖母的地位。年老的人能说："我所走过的桥比你所走过的街还要多几条。"因此，以经验而言，年轻的人在长者面前，没有发言的权利，自只能洗耳恭听，这是很公允的。

我虽然已很熟悉西方的生活，并很明白西方人对于老年的态度，但有时所听见的话仍使我非常诧异，很出我的意料。这种使我奇异的态度，常有所遇。我曾听见过一位年老的妇人说，她已有几个孙儿女，其中以长孙儿使她受到的感触最大。她的意思是长孙儿已如此长大，将反映她自己的年龄之高。我很明白美国人最恨别人说他已老，但我意料不到他们的畏惧心竟会到这个地步。五十岁以下的人大都希望旁人视他为依然年富力强，这很在意中。但是一个头发已经花白的老妇人，在旁人提到她的年龄时尚要顾左右而言他，实在使我觉得出于意外。当我在让一位老者先走进电梯或公共汽车时，我心中自不免有认为他已老的意思，但我总不敢形之于口。有一天遇到这样一件事时，我无意之间说了出来，不料那位很尊严的老者于坐下去时，竟会向坐在他下手的太太用着讥笑的口气说我："这年轻的人，竟以为他比我年纪轻得多啊！"

这种情形太缺乏意识，使我不解其所以然。我很谅解年轻和中年未嫁的女人因为保爱其青春，所以不愿意将年纪告诉旁人。中国女郎达到二十二岁而尚未出嫁或定亲时，也常要感到一些恐惧。岁月很忍心地按部就班地消逝，一刻也不肯停留。女人常怕被岁月所遗弃，如在公园晚间园门关时不及出去而被关闭在里边一般。因此常有人说，女人一生中最长的一年是二十九岁，直可以延长到三四年之久而依然是二十九岁。但除了这种情形以外，隐瞒年龄便属毫无意思。在旁人的眼光中，人非已老何以能够聪明。年轻的人对于生命婚姻和真有价值的事物能知道些什么？我很谅解。因为西方生活的整个模型都过于重视青春，所以不论男女都不敢将自己的年龄告诉他人。一个年纪四十五岁的女书记，其实很富于精力，办事效能很高，但是假使她将年龄一旦说破，便将为了不可解的理由被人认为毫无用处。无怪她为了要保全饭碗起见，而不能不隐瞒年龄。这种生活的模型和对于青春的过于重视，都太缺乏意识，照我看来，竟毫无意义。这种情形显然是职业生活所造成，因为我深信在敬老上，家庭胜于公事房。除非美国人民渐渐觉得憎嫌工作效能和成就，上述的情形竟是无可避免的。我颇以为等到美国的为父者能视家庭而不是公事房为他生活中的理想处所，能公然如中国父亲一般泰然自若地告诉旁人他已有一个好儿子，可以继续他的事业，并且觉得受其奉养很可夸耀时，他便会期望这种快乐时期的来临。在尚未到五十岁的时候，即要屈指计算，好像等得不耐烦了。

美国身体康健的老年人常对人说他尚年轻，而旁人也说他年轻。但实在的意义则是说他康健，这真是一种语言上的不幸。老年健壮是人生的莫大幸运，但改称之为健壮年轻，便将减削意义，使原来很完美的东西变为不完美了。实在说起来，这世界中再没有比一个健壮而智慧的老者更美丽的，它有着红的面颊，雪白的头发，以通晓世故的态度，用和蔼的口气，谈着做人的道理。中国人很明白这一点，所以画起老翁来总是红面白须，视之为人世终极快乐的象征。中国人所画的寿星，美国人大概也看见过的，他那高高的额角，红红的面孔，雪白的长须，笑容可掬的样子，这画像是何等的生动。他手抚长须，悠然自得，何等的庄严，令人起敬。因为从没有人对他的智慧发生疑问，所以他极端自信。因为他见惯了人世的忧苦，所以极仁慈。我们对于富有生气的老者每说他们是老当益壮，像劳合•乔治这样的人，我们每称他为老姜，意即姜桂之性，越老越辣。

我在美国几乎连白须老者的影子也看不到，他们好似结了伴躲避我。我在美国已那么久了，只有一次在纽裘赛州看见过一个略具白须老者样子的人。这或者是保安剃刀的成绩，其可惜和愚笨正如中国北方的农民将各处山上的树木一起砍伐净尽，弄得美丽的青山都变成秃顶光皮一般不相上下。美国尚有一处宝藏需待他们去发现，这就是美丽和智慧的宝藏，美国人民发现时方能觉得这宝藏是何等的悦目赏心。飘飘长髯的山姆老叔已不复可见，因为他已用保安剃刀将长须剃去，交成一个双颧高耸，双颊凹瘪，戴着一副牛角框眼镜，透出炯炯目光的滑稽样子了。这一变立刻使他失去了旧日的庄严伟大，那是何等的可惜。我对最高法院问题所取的态度(这问题其实和我并不相干)，完全系以爱好却尔斯伊文思许斯的面貌而决定的。他简直已是美洲硕果仅存的伟大老人。试问此外还有别个吗？为了优待起见，自应让他退休，但如果说他已衰老不堪任事，则在我看来竟是绝大的侮辱。他的面貌是雕刻家所认为最合理想的。

美国的老人依旧要如年轻人一般的忙劳，显然是个人主义推行得太过分所致。他以自立为荣，而以依赖晚辈为耻。美国宪法曾替人民规定下许多应享的权利，但不应遗漏了老年人应由其子女赡养这一条。因为这也是由服役而产生的一种权利和义务。为父母者在子女幼小时何等的辛劳，子女小有病痛必整日整夜的服侍，换下来的尿布每天必须洗涤，须费二十余年的工夫方能完成教养，使他们可以出去应世做事。他们即费了这么大的辛苦，则到了老年时，应该由他们的子女赡养并受人尊敬，尚有拒绝不给予他们的道理吗？在普通方式的家庭生活中，凡是人都先受父母的教养，后来则接下去教养自己的子女，最后则受子女的赡养，程序极为自然，其间没有个人自傲的余地。中国人因为他们对生活的概念是完全以家庭中互助为基础，所以并没有个人独立的意识。因此，到了老年受子女们的赡养时，也不觉得有什么可耻的地方，反而将因有子女赡养他们而自己觉得欣幸。中国人的生存目的也仅此而已。

西方人则不然，他宁可去住在附近有烹饪室的旅馆中。出于大公无私的愿望，不愿为子女所累，不愿去干涉他们的家庭生活。但他其实有干涉的权利，这种干涉即使将使子女们不愉快，但确属十分自然。因为一切生活，尤其是家常生活，本是一种节制课程。试想人在幼时，岂不都受父母的干涉吗？操行主义者以为子女须离开父母，在这种思想中，我们看到不干涉的逻辑。父母曾为我们费过一番极大的辛劳，如若我们在他们老而无能时尚不能容忍他们，则我们在家庭中尚能容忍什么人？一个人无论如何须学习自制，否则连婚姻也失去效力。试想骨肉的情爱奉侍，岂是旅馆仆役所能代替的吗？

中国人对于年老父母的躬亲奉侍概念，系完全根据于有恩必报的理由。一个人从朋友方面所受到的恩惠都可以用数字计算，但父母的养育之恩则绝不是数字所能记录。中国的教孝论文中，一再提起洗尿布。这件事使轮到自己做父母时觉得有意义。所以为了报答起见，父母年老时，为子女者岂不应好好地侍奉，视其所好，每天以精美的膳食供养吗？为子女者尽孝道不是一件很容易的事情，不单是像医院看护服侍一个陌生病人一般，但求尽职就能算数的。以下是屠羲时所著《养正遗规》中的一节。这篇文字从前小学生都当做教科书读，中间详述子女应该怎样对父母尽其孝道：

夏月侍父母，常须挥扇于其侧，以清炎暑，及驱逐蚊蝇。冬月则审察衣被之厚薄，炉火之多寡，时为增益；并候视窗户罅隙，使不为风寒所侵，务期父母安乐方已。

十岁以上，侵晨先父母起，梳洗毕，诣父母榻前，问夜来安否？如父母已起，则就房先作揖，后致问，问毕，乃一揖退。昏时，候父母将寝，则拂席整衾以待，已寝，则下帐闭户而后息。

因此在中国，哪个不期望做老人，做父母或祖父母？这类事情常被普罗级著作家所讥笑，视为封建遗毒。但其中实有一种佳趣，因此，中国内地的老年人都还牢守这个思想，而以为新的中国太不像话。最重要的一点是：凡人如有相当的长寿，他不能不老。愚拙的个人主义似乎假定个人可以在抽象的境地中生存，可以实际的独立。我们如若舍弃这个思想，便会承认我们必须如此计划我们的生活方式，以使人生的极乐时期出现在老年之时，而并不在知识未充分的青年时期。因为我们如若取持和此相反的态度，则我们将于不知不觉之间和光阴做必不能获胜的竞赛，对于未来永远怀着一种恐惧，深怕它的莅临。一个人绝不能不老，凡自己以为不老的人，都是在那里自欺。人类不能和大自然相对抗，则何不安于由此而老呢？生命的交响曲，其终点处应是伟大的和平晴朗，物质舒适和精神上的满足，而不是破锣破鼓的刺耳响。

第九章　活的享受

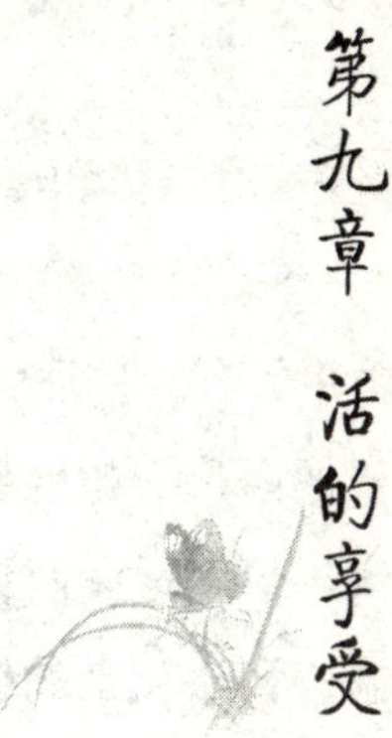

一、安卧眠床

我好像终将成为一个走方式的哲学家，但这也是无法的事，一般的哲学好似都属于一种将简单的事情弄成令人难懂的学科；但我的心目中则能想象到一种相反的哲学，即是将烦难的事情化成简单的科学。一般的哲学中虽用物质主义、人性主义、超凡主义、多元主义、什么主义等类的冗长字眼，但我终以为这类学说未必能比我的哲学更精深。人类的生活终不过包括吃饭、睡觉、朋友间的离合、接风、饯行、哭笑、每隔两星期左右理一次发、植树、浇花、伫望邻人从他的屋顶掉下来等类的平凡事情。大学哲学家用深奥的字句来描写这类简单的生活状态，无非是一种掩概念的极端、缺乏和模糊的技巧而已。所以，哲学实已渐渐趋近于使人类对于自己的事情更加不懂。哲学目前的成就仅是：愈加解说，愈加使人模糊。

安卧眠床艺术的重要性，能感觉的人至今甚少。这是很令人惊异的。我的意见以为：世上所有的重要发明，不论科学的或哲学的，其中十有九桩都是科学家或哲学家，在清晨二点到五点之间，蜷卧于床上时忽然得到的。

有些人在白天睡觉，有些人则在晚间睡觉。这里的所谓“睡觉”同时也做说谎解说（按英文中的 Lying 一字做安睡解，也做说谎解）。我觉得凡是和我同意深信安卧眠床是人生最大乐事之一者都是诚实人，而不信者都是说谎人。他们简直是在白天说谎。提倡道德者，幼稚园教师，读伊索寓言者，即属于这一类的人。至于和我一般肯坦白承认安卧眠床艺术理应有意识地培植者，则尽是诚实的人，都是宁可阅读不含道德教训的故事如《爱丽斯奇遇》之类者。

安眠卧床，对身体和心灵，究竟有什么意义呢？在身体上，这是和外界隔绝而独隐。人在这个时候，是将其身体置放于最宜于休息、和平，以及沉思的姿势。安睡并易有一种适宜和舒服的感觉。生活大艺术家孔子从来是"寝不尸"，即不要像僵尸一般地挺睡，而必须蜷腿侧卧。我也觉得蜷腿睡在床上，是人生最大乐事之一。两臂的安置也极关重要，须十分适宜，方能达到身体上的极度愉快和心灵上的极度活泼。我深信最适宜的姿势不是平卧床上，而是睡在斜度约在三十度的软大枕头上，两臂或一臂搁在头的后面。在这种姿势当中，不论哪一个诗人即能写出不朽的佳作，不论哪一个哲学家即能改革人类思想，不论哪一个科学家即有划时代的新发明。

寂静和沉思的价值，能感觉到的人很少，这是令人惊奇的。安卧眠床艺术，其意义不单是令人在整天的劳苦工作之后，在和人相见谈话，无意义地说了许多废话之后，在哥哥姊姊遇事必要矫正以便保护你升到天堂，致使你的神经极受刺激之后，得到身体上的休息，并且还有更进一层的意义。这艺术如果加以相当培植，可以成为一种心灵上的大扫除。有许多生意人，办公桌上安着三架电话机，片刻不停地一天忙到晚，还自己觉得非此不可，引以为慰；但他实在不知道倘若在半夜后或清晨间安睡在床上做一小时的沉思，反而可以赚进加倍的钱。一个人即使睡到八点钟方起身，那又有什么关系？他如在洗脸刷牙之前，先在床上悠闲地吸几支香烟，将这一天所要做的事情计划一下，而不要匆忙地起身，则对他的益处将不仅以倍数计算。这时候他穿着宽大的睡衣，以最舒服的姿势睡在床上，没有紧狭的内衣，牵扳的背带，窒息的硬领，也没有很重的皮鞋束缚他，使他那白天势必失去自由的足趾也得到了解放舒适，这时，他的生意头脑方能真正运用。因为一个人的头脑，只在他的足趾自由时，方是真正自由的。只在头脑自由时，他方有真正思想的可能。在如此舒适的境地中，他即能思量昨天的成就和失败，并将当日的事情分其轻重，决定进行。一个商人不妨先预备好一切，到十点钟时再走进办公室去。这较胜于在九点钟，或甚至在八点三刻时，即和奴隶头目一般地赶到办公室，就像中国人的所谓无事忙。

但是在思想家、发明家、概念家，在床上一小时的安睡，其所助犹不止此。一个著作家在这种姿势中，能比他整天坐在写字台前得到更多的论文或小说资料。因为这时节，他完全不受电话、来客和日常小节的烦扰。他好似从一片玻璃或一挂珠帘中看到人间的生活，而现实世界的周围即好似悬着一圈云彩使它增添了一种神奇的美丽。这时他所看见的，不是生硬的生活，而已变为一幅比生活更真实的画像，如倪云林或米芾的名画一般。

睡在床上，所以有益于人的，理由大概如下：一个人睡在床上时，他的筋肉静息，血液的流行较为平顺有节，呼吸较为调匀，视觉听觉和脉系神经也大概完全静息，造成一种身体上的静态，所以能使心思集中，不论于概念或于感觉都更为纯粹。就是在感觉方面，例如嗅觉和听觉，也是在这个时候最为锐敏。所以好的音乐须卧而听之。李笠翁于他所著的《杨柳》篇中说：人们须在清晨未起身时，卧听鸟的叫声。我们在清晨苏醒后，睡在床上听百鸟的鸣声，这其实是何等美丽的境界啊！百鸟的鸣声就是在城市中也大多可以听到，不过我敢说，能够感觉到的人很少罢了。以下所述，即某天清晨我在上海寓所听到而记下来的：

这天，我在一宵好梦之后，于五点钟时醒来，即听到一阵极为悦耳的声音。最初所听见的是高低不一的厂家笛声。稍停是一阵远远的马蹄“的的”声，大概是几个骑马的印度巡捕在愚园路上经过。在寂静中，我所享受的美的愉快更胜于勃拉姆斯的交响曲。又过一阵，即来了一阵细碎的鸟鸣声。可惜我对鸟类没有什么研究，所以不知道叫的是什么鸟，但我的享受则相同。

同时，自然还有别的声音。有几个外国青年，大概是在外面狂欢了一宵，这时回家敲后门。一个清道夫在打扫隔壁的弄堂，扫帚的“刷刷”声清晰可闻。忽然之间，大概是一只野鸭在天空一声长唤，悠扬不绝。六点廿五分左右，我听见沪杭甬火车隆隆之声自远而来，到极司非而路车站停止。隔壁房中有一两个小孩的啼叫声。此后各处渐有人声，一刻增多一刻，因而知道各处已在那里渐渐上市了。我自已的屋中，仆人也一一起身，即听见开窗和铁钩插上去的声音、轻轻的咳嗽声、轻轻的足声、杯盘碗盏声。忽然又有一个小孩呼妈妈声。

这些就是那天早晨我在上海寓所听到的音乐会之协奏曲。

那年的春天，我所最爱听的就是鹧鸪的鸣声。它们在互相叫唤之中共有四个音阶（即 do.mi:re-:-ti）。其中 re 的延长约三拍，在第三拍的中间突然中断，接上一个低的 ti 音。这种鸣声，我在南方的山中时常听到。最有趣的是，每天清晨，一只雄鸟必先在我的寓所附近的树上叫起来，随后雌鸟即在离开约百码以外之处以鸣声相答。它们的鸣声的快慢有时也若有参差，似乎是因于心境的变迁。有时则末一短音不叫出来。那地方各种鸟鸣声种类不一，但鹧鸪的鸣声最动人。各种鸟鸣声悦耳异常，除以音乐比拟之外，实在不能用字句形容。据我所能辨别者，其中有百灵鸟、喜鹊、啄木鸟和鸽子。每天早晨，老鸦的叫声最迟，理由大概是如李笠翁所说，因为别种鸟类多畏惧人类的猎枪和儿童的石子，所以它们必在清早人类尚未起身之前，即出来奏它们的音乐，以免被人类所打断，而老鸦则并不畏惧，所以它们起身较迟。

二、坐在椅中

我向来以喜欢躺在椅中出名，所以我将要写一段坐椅法的哲学。朋友之中，喜欢躺在椅中者不止我一个。但不知如何单是我出名，至少在中国文艺界中是如此。我认为在这现代世界中，我并不是唯一的好躺椅中者，而人之说我者，也有些言过其实。这件事的经过是如此的：某年我办了一本《论语》杂志。其中，我颇力辩所谓吸烟之害并无其事。杂志当中虽没有刊载卷烟广告，但文字中很多称赞尼古丁的美德的话，因此便传了开去，说我一天到晚不做事情，只是躺在椅中吸雪茄。我虽屡次否认，并极力声明我实在是中国最勤于做事者之一，但传说之词依然风行一时，甚至竟成为我是被人憎恶的有闲知识阶级之一的证据。两年后，又因我刊行了一种注重通俗文章的杂志，于是更证实我是一个懒鬼。当时我因看不惯流行文章的体裁过于迟钝、不忠实和虚诞，认为还是旧式私塾命十二三岁的孩子做“救国”和“恒心之德”等类题目的文章的遗毒，故而以为必须提倡一种坦白通俗的文体，方能解放中国文章，使之脱去陈腐的桎梏。但我于不经意之间，将通俗文体写成潇洒文体，于是就有人拿这个作为攻击我的目标，因而我便被认为是中国懒惰作家中最懒惰者之一，“在这国难时期中，更为杀不可赦。”

我承认时常躺在朋友家客室里的椅中。但别人何尝不如此。如若沙发椅不是为了躺躺而设，则何必有沙发椅；如若二十世纪的男女都必须正襟危坐，则现代的客室中何必摆着那种沙发椅，而我们极应该坐在挺硬的红木椅子上，身量较矮的妇女，并且须两脚悬空地挂着。

其实躺在椅中这件事也有一种哲学。古人和今人的坐法之不同，其起因即在于对恭敬的注重与否。古人的坐，以态度恭敬为主，今人则以舒服为主。两者之间有一种哲理上的冲突。因为依照古人的见解（五十年前尚是如此），舒服即罪恶，耽于舒服即趋于失敬。这一点赫胥黎在他讨论《舒展》那篇文章里已讲得很明白。赫氏所说西方的封建社会阻止了躺椅的产生，直到近时这句话和中国的情形正完全相同。今日凡自认是在朋友之列的，坐在他的房中时，尽可把两足高高地搁在他的书桌上，而不必有所顾忌。这是熟不拘礼，而并不是失敬。不过这种行为，如在老辈面前，则当然是要被斥为不当的。

道德和建筑与室内陈设之间，有一种我们寻常所意料不到的密切关系。赫胥黎指出西方女人因为怕看见自己的肉体，所以不常洗澡，因而使现代式的白瓷澡盆的发明迟延了数百年之久。当我们认识儒教的公私行为都以恭敬为主时，我们就能了然旧式的中国木器为什么制成那种样子。我们在红木椅子上，只有挺起背脊笔直地坐着，就因为这是社会所公认的唯一合适的坐法。中国皇帝的宝座，坐时并不舒服。如叫我去坐，就是五分钟也是不愿意的。英王的宝座也是如此。克利奥佩得拉出外之时，总是斜躺在睡椅上，令人抬着行走。她敢如此，就因为她没有受过孔子的教训。这种样子如被孔子看见，那当然也要像他对付原壤夷俟一般“以杖叩其胫”了。在儒家的社会中不论男女都应该恭身正容，至少在正式场合中应该如此。在这种时节，如有人将腿脚略为翘起，便立刻会被人视做村野失礼。事实上，最恭敬的姿势例如在谒见长官时，坐的时节应斜欠着身子，将臀部搁在椅子的边沿上，才算恭敬知礼。儒家古训和中国建筑之间也有密切的关系，但这里姑且不讨论下去。

我们应读感谢十八世纪末叶和十九世纪初叶的浪漫派运动，它打破了古礼的传统思想，方使舒服这件事不再被人认为罪恶。另一方面，除了浪漫运动之外，又因对于人类心理有了进一步的认识，于是对于人生也产生了一种较为真切的态度。这种态度的改变，使人们对戏剧不再视为淫猥，对莎士比亚不再视做同化外，也使女人的浴衣、清洁的澡盆、舒服的躺椅和睡椅，得以出现。并也使生活和文章有了一种较为真切、较为亲热的体裁。在这种意义上，我的喜欢躺在椅中的习惯，和我的拟想将一种亲热自由潇洒的文体导入中国杂志界中的企图之间，确有一种联系存在着。

如若我们承认舒服并不是一种罪恶，则我们也须承认我们在朋友家的客室中以越舒服的姿势坐在躺椅上，越是在对于这个朋友表示最大的恭敬。简括地说，客人能自己找寻舒服，实是在招待上协助主人，使他减少烦虑。试看多少做主人者每为能否使客人舒服自在而担忧啊！所以我坐时，每每将一只脚高搁在茶桌或就近的家具上面，以协助做主人者，因而使其余的客人也可以趁此机会抛弃他们假装出来的尊严态度。关于坐卧器具的舒服比较，我已发明了一个公式。这公式可以用简单字句表达如下：椅子越低，坐时越加舒服。有许多人坐在朋友家的某种椅中觉得异常舒适，即因为这个理由。当我尚未发明这个公式前，我每以为室内装潢家对于一张椅子如何可以使坐者得到最高度的舒适，其高度阔度和斜度之间大概必有一种数学的公式。但自从我的公式发明之后，我即知道这事其实比较简单。我们如将中国红木椅子的脚锯去数寸，坐时即立刻可以较为舒服。如再锯去一些，则必更为舒服。这种情形的合理结论当然是：最舒服的姿势就是平躺在床上。这岂不简单吗？

从这个基本原则，我们即能演绎出一个附则，即我们倘若因坐在一把太高而又不便将脚锯去的椅子上而觉得不大舒服时，我们只须在椅子的前面找一个搁脚的地方，以减少我们的腰部平线和着脚处的距离，这也即等于减低椅子的高度。我所最常利用的一个极普通方法就是：将写字台的屉斗拉一只出来搁脚。但这条附则应该怎样聪明地实施，则须视各人的常识了。别人说我一天之中倒有十六个小时醒着的时间是躺在椅中的。为了化解这个误会起见，我当说明我也能在写字台或打字机前很耐心地坐上三个小时。我所要使人明白的是：松弛我们的肌肉，不一定是一件罪恶。但我并没有说我们可以一天到晚松弛我们的肌肉，或如此办法是最合卫生的姿势。我的原意并不如此，人类的生活终须由工作和游憩循环为用，即紧张和松弛相替为用。男人的脑力和工作能力也如女人的身体一般，每月有一种循环式的变迁。威廉·詹姆斯说，脚踏车的链子如若绷得太紧，即有碍于转动的顺利。人类的心力也正相同，无论什么事情终是个习惯问题。人体内具有一种调节的无穷能力，日本人惯于盘腿坐在地上，我颇疑心如叫他们改坐椅上，他们即易于犯腿抽筋的毛病。我们只有借着将工作时间中完全挺直的姿势和工作完毕后躺在睡椅中的舒服姿势循环变换,方能成就生活的最高智慧。

至于妇女方面,你坐着的时候如若眼前没有搁脚的地方,则可把两腿蜷搁在睡椅上。你应知道这是一个最惹人爱的姿势。

三、谈话

"与君一夕话,胜读十年书。"这是一位中国学者和他一个朋友谈了一次话以后的一句赞语。这句话中含有不少真理。"一夕话"现在已成为一种口头语,以代表和朋友所做的一次愉快谈话,不论是已过的或期望的。中国有两三种著作,其书名即《一夕谈》或《山中一夕谈》,书的性质和英文的《周末闲谈》相似。这种和朋友的一夕快谈,是人生难得遇到的。因为正如李笠翁所说,凡是真正的智者都拙于言谈,而善谈者则又罕是智者。所以在高山的寺院中忽然发现了一位深解人生的高士,而同时又是善谈者,则其愉快自不亚于一位天文学家发现一颗新行星,或一位生物学家发现一种新植物了。

现在有许多人都以为围炉聚谈或坐桶聚谈的谈话艺术, 已因今日事业生活的动率而丧失掉。我以为动率对于这事确也有些关系。不过谈话艺术的毁灭,实开端于家庭改为没有火炉的公寓,而由汽车的影响完成这桩毁灭工作。这动率是完全不合的, 因为谈天这桩事只在一群富有闲适精神的人当中,写写意意、心平气和、幽默自然的时候方能办得到。因为"说话"和"谈天"之间显然有个分别,这两个中国名词已表示得很明白。在谈话的时候所说的话,天南地北,较为琐碎,态度较为闲适,而没有办公事时那种煞有介事的情形。公事信和朋友之间通信也有着相类的区别。我们可以和任何人说话或谈公事,但不是和任何人可以做一夕之谈的。所以我们如若得到一个能真正谈天的朋友,则其愉快实不下于读一本名著,再加上亲耳听见他的语音,亲眼看见他的动作的乐趣。这种快乐的谈天,我们有时得之于老友的重逢或回溯当年的谈话中,有时则在夜晚间火车的吸烟室中,或旅行时的旅舍中。所谈的话,狐鬼、神怪、独裁、卖国,无所不及,谈言微中,料及未来,也是常事。这种谈天,过后可以使我们长在心头,一世不忘。

当然夜间是最宜于谈天的时候。因为白天的谈天总好似缺乏夜间那种魔力。至于谈天的地点，我以为毫无关系。在十八世纪式的“沙龙”(即书室)中，可以谈关于文学或哲学的闲天，但在农家木桶的旁边也未尝不可以谈。或在风雨之夕的航船中，对河船上的灯光微映水波，而卧听船夫闲谈当地的一个女子怎样被选去做皇后娘娘的故事。这类谈天之所以悦人者，实在于所得的乐趣因地点时间和谈者而各不相同。我们所以能牢记不忘，有时因为谈天的时候是正在桂子飘香、秋月悬空的佳景下；有时因为是正在风雨之夕，一炉柴火之前；有时因为是正坐在一个高亭之上，远眺河中船只往来，而当中有一只船忽因潮流过激而侧翻的时候；或是在清晨坐在车站候车室中的时候。这种眼前即景常和所谈的天联系一起，因而使我们永不能忘。如若在室内的话，谈者或是两三人或是六七人，老陈微醉，老秦有些伤风鼻塞，都可以使这夕的谈天增添趣味。人生是限制于月不常圆，花不常好，良朋不能常聚之中的，所以我们做这类简单的乐趣，我想不至于为造物所忌吧？

依常例而言，好的谈天等于一篇好的通俗文章。两者之间的体裁和资料都相仿佛。如狐狸精，苍蝇，英国人的古怪脾气，东西方文化的异点，塞纳河旁的书摊，成衣铺中的色迷学徒，各国元首政治家和军人的轶事，储藏佛手的方法等等，都是极好极相宜的谈天资料。它之所以类似文章，即在体裁的通俗。所谈的题目尽可以严肃重大，如社会情形的惨苦混乱，或疯狂的政治概念潮流之下文明的没落，剥夺人民的自由、人类的尊严，甚至剥夺人类快乐的终点，或关涉真理和公平的大问题等等，均无不可。不过意见的发表总是出之以一种偶然的、闲适的和亲切的态度。因为在文明的当中，不论我们对强夺我们的自由怎样地恼恨，我们至多只许用我们的舌头和笔尖，以轻描淡写的字句来表示我们的感想。至于充分发挥真情感的激烈言论，可以在少数几个知己朋友之间，私下发泄一下子。所以要做一次真正的谈天，其必要条件是一间关上门的屋子，几个知己的朋友，旁边没有我们所不愿意看见的人，那时，我们方能悠闲地发表我们的意见。

这种真正的谈天之有异于政治上的交换意见，其对比情形正如一篇优美通俗的文章之有异于政治家的宣言。这类政治家的宣言中虽表现着较为高尚的情感，例如对于民主制度的意见，服务的愿望，穷人的福利问题，精忠报国，崇高的理想主义，酷爱和平，保证维持国交，绝不贪图权位金钱或名誉等等动人听闻的说话，但其中终免不了带着些令人远而避之的气息，正如我们畏避一个打扮过分，胭脂粉搽得太浓的妖娆女人一般。反之，我们在听到一次真正有趣的谈天，或读到一篇优美的通俗文章时，我们便如面对着一个在河边洗涤衣服的姣艳少女，穿着极淡雅的布衣服，头发或者有一绺拖在前面，身上的纽子或者有一粒未曾扣上，其天真烂漫的姿态自然令人见而生爱。这也就是西方女人特意穿着便服所想要模仿的动人姿态。凡属有趣的谈天和优美的文章，都必然具有这种天然的动人之处。

所以谈天的适当方式应是亲密的，毫无顾忌的。在座的人谈到出神时，都已忘却身处何地，也不再想到身上穿的是什么衣服，谈言吐语，一举一动都是任性为主。而所谈的，也是忽而东忽而西，想着便谈，并无一定的题目。我们只有在知己朋友相遇，肯互相倾吐肺腑时，方能真正地谈天。而谈时各人也是任性坐卧，毫无拘束，一个将两脚高高地搁在桌上，一个坐在窗槛上，一个坐在地板上，将睡椅上的垫子搬下来当褥子用。因为我们必须在手足都安放在极舒服的地位，全部身体感受舒适时，我们的心地方能安闲舒适，此即前人所谓：

眼前一笑皆知己，
座上全无碍目人。

这些都是真正谈天的必要条件。我们谈时不择题目，想到便谈，天南地北，愈去愈远，既无秩序，也无定法，随意所之。所以谈到兴尽之时，也就欢然而散。

这就是谈天和空闲的联系关系，也就是谈天和散文之勃兴的联系关系。因为我相信一个国家的真正优美散文是必须在谈天一道已经发展成为一项艺术的地步方能产生，这个情形在中国和希腊散文的发展中最为显明。我以为孔子之后的数百年中，思想的活动，因而产生所谓“九家”的学说，其起源即因于当时有一群学者，平生唯以说话为事，所以即发展成一种文化的背景。这种发展，除此之外，实说不出其他的理由。当时列国有五位豪富的公子，都以慷慨好客著名一时。每人的家中都聚着食客数千人，例如齐国的孟尝君，他家中养着珠履之客三千人。其人数既如此众多，则当时的你谈我说，议论纷纷的情形，也就可想而知。这类人的说话，在传于后世的《列子》、《淮南子》、《战国策》和《吕氏春秋》诸书中，可以得其大概。《吕氏春秋》据说实是他的门下所著，而不过用他的名义（这和英国十六世纪与十七世纪时代的作家著了书用赞助他的人之名义发表的情形相似）。这部书中已经发展了一种善处人生的概念，大意是不善处人生，不如不生活。此外还有一群长于说辞的纵横家，列国君王常利用他们到邻国去下说辞，或去挽回一次危局，或去劝说退兵解围，或去说合联盟。而他们也大都能成功而返。这群纵横家或学者，都是长于口才，善于譬喻。他们的言论很多记载于《战国策》中。从这种自由而智巧的言论中即产生了几位大哲学家，如以“为我主义”著名的杨朱，以“现实主义”著名的韩非子（他和玛基维里相似但较为温和）和以敏捷辩论著名的大外交家晏子。这些都可以证实我的假说。

纪元前第三世纪末叶，楚国李园以他的才貌双全的妹妹献给楚相春申君。这桩事就是当时社会生活很文明的一个榜样。后来春申君又将这女子献与楚王，以致楚国渐渐衰弱，被秦始皇所灭。

昔者，楚考烈王相春申君吏李园。园女弟女环谓园曰：“我闻王老无嗣，可见我于春申君，我欲假于春申君，我得见春申君，径得见王矣！”园曰：“春申君，贵人也。千里之佐，吾何话敢言？”女环曰：“即不见我，汝求谒于春申君：‘才人告，远道客，请归待之。’彼必问汝：‘汝家何等远道客者？’因对曰：‘园有女弟，鲁相闻之，使使者来求之园，才人使告园者。’彼必有问：‘女弟何能？’对曰：‘能鼓琴。读书通一经。’故彼必见我。”园曰：“诺。”明日辞春申君：“才人有远道客，请归待之。”春申君果问：“汝家何等远道客？”对曰：“园有女弟，鲁相闻之，使使求之。”春申君曰：“何能？”对曰：“能鼓琴。读书通一经。”春申君曰：“可得见乎？明日使待于离亭。”园曰：“诺。”既归告女环曰：“吾辞于春申君，许我明日夕待于离亭。”女环曰：“园宜先供待之。”

春申君到，驰人呼女环，女环至，大纵酒。女环鼓琴，曲未终，春申君大悦，留宿……

这就是当时受过教育的女子和闲适的文士的社会背景，因而使中国的散文也有了它第一次的重要发展。当时有善说辞、通文才、娴于音乐的女子，使男女共处的社会中有着社交的、美术的和文学的动机交织之，点缀这社会的性质和气象当然是贵族化的，因为，相国是常人很难于见到的贵官，但他在知道一个女子娴于音乐擅长文才时，他便也渴于一见了。这就是古代中国文人和哲学家所度的闲适生活，而当时的一切著作，也不过是他们彼此之间谈话的产物而已。只有在有闲的社会中，谈话艺术方能产生，这是很显明的。也只有从谈话艺术中，优美通俗的文章方能产生，这是同样显明的。一般说起来，谈话艺术和写优美通俗文章的艺术在人类文明进步史中，产生的时间比较迟。因为人类的心灵必须先经过一种锐敏微妙技巧的发展，方能达此地步。而要发展这些，则又非生活有闲不可。文化本身的进步，实是有赖于空闲的合理利用，而谈话则不过是其中的方式之一罢了。一天忙到晚的生意人，吃了晚饭就睡觉，鼾声如牛者，是绝不能有所助于文化的。

一个人的空闲，有时是环境所迫成，而不是自我的。许多文学杰作都是在环境所迫的空闲中所完成。因此我们如遇到一个极有希望的文学天才，而看见他虚靡时间于社交或写作流行的政治论文时，对待他的最好方法是将他关进监狱去。因为我们须记得《周易》，一部讨论人生变迁的哲学巨著，即是周文王被囚在羑里时所写成。而中国的历史杰作《史记》一书，也是司马迁被囚在狱中所写成的。古代许多著名的作家大都因为宦途不达，屈在下僚，或是伤心国是，于是转变生活而产生了他们的文学或艺术杰作。元朝何以产生这许多名画家和词曲家？清初何以能产生名画家八大山人？即由于这个理由。激于耻为夷狄之民的爱国思想，使他致一生心力于艺术和学问。石涛实是中国最伟大的画家之一，但因清朝皇帝对于这班心不臣服的艺术家有意埋没，所以他的名不甚著，西方人知道的很少。此外还有很多应试不中名落孙山的人，也发愤而致力于创作，例如施耐庵之著《水浒传》和蒲留仙之著《聊斋》。

《水浒传》的序文中，有一段形容朋友谈天之乐的绝妙文字：

吾友毕来，当得十有六人，而毕来之日为少。非甚风雨而尽不来之日亦少。大率日以六七人来为常矣。吾友来，亦不便饮酒，欲饮则饮，欲止则止，各随其心，不以酒为乐，以谈为乐也。吾友不谈及朝庭，非但安分，亦以路遥传闻为多，传闻之言无实，无实即唐丧唾津矣。亦不及人过失者，天下之人本无过失，不应吾诋诬之也。所发之言，不求惊人，人亦不惊。未尝不欲人解，而人卒亦不能解者,事在性情之际,世人多忙,未曾常闻也。

《水浒传》即在如此的环境和情感中产生的,而所以能产生,即因他懂得享受空闲。

希腊的散文早年也是在同样的空闲社会背景中产生的。希腊思想的清明,散文体裁的简洁,显系谈闲天艺术所造成。柏拉图以《会话》为其书名,即能证明此点。在《宴会》一篇中,我们看见一群希腊文士斜躺在地上,在美酒鲜果和美少年的氛围中欢笑谈天。因为这种人已养成了谈天的艺术,所以他们的思想才能如此清朗,文体如此简洁。和现代文学作家的夸大迂腐恰成一种对比。这方面希腊人显然已学会了用轻描淡写的态度,去应付哲学问题。希腊哲学家动人的闲谈气象,好谈天的欲望,对聆听有趣味的谈天的重视和对谈天的适当环境的选择,都在《斐特契罗斯》一篇的序文中,描写得很分明。

柏拉图在他的《共和国》一篇中,他并不像现代作家般用"人类文明从它的发展的各个连续梯阶观察起来,乃是一种从多种生殖变化为纯一生殖之动力的运动",或诸如此类令人难解的话头开场。而只说:"昨天我和亚里士多德的儿子格劳可到比里阿斯去拜女神,同时想去看看他们将怎样庆祝这个节日,因为这尚是第一次举行。"早年中国哲学家的气象,即思想最活泼最有力时代的气象也可以从希腊人的画像中看得到,在这种画像中几个希腊人偶然齐集在一起,如《宴会》一篇中所描写的,讨论一个伟大的悲剧作家是否同时也必是一个伟大的喜剧作家?集会的气氛中,交织着严肃轻快和恶意的敏捷应对。旁人嘲弄苏格拉底的酒量,但他仍是旁若无人地坐在那里,欲饮即斟酒而饮,欲止即止。他口若悬河地谈了一整夜,直谈到除了阿里斯托芬尼和霭迦松之外,其余的听者都已沉沉睡去。后来连那二人也倦极睡去,只剩下他自己一人,他方起身离开筵席,走到教授室去洗了一个澡,于是即又精神焕发了。希腊的哲学即是在这种善意的谈论之气氛中所产生的。

毫无疑义的,我们在高尚的谈天时,须有几个女子夹杂在座中,以使这谈天可以具有必不可少的轻倩性。谈天如缺乏轻倩性和愉快性,即变为沉闷乏味,而哲学本身也就变为缺乏理智,和人生相隔离了。不论在哪一个国家,不论在哪一个时代,凡是具有注意于了解生活艺术的文化者,同时都一致发展欢迎女子加入以为点缀的习尚。雅典在派里克列斯的时代即是如此，十八世纪法国沙龙时代也是如此。就是和中国男女之间虽禁止交际，但是历代文士都渴欲女子加入他们的谈天一样。在晋宋明三朝之中，当清谈艺术最为流行的时候，都有许多才女如谢道蕴、朝云、柳如是等参于中间。因为，中国人虽对于自己的老婆力主贤德，回避男子，但自己则免不了极想和有才的女子为友。因此中国的文学史中，差不多随时能发现才女名妓的踪迹。男子谈天之时，渴望女子加入以调剂精神，乃是一种普遍的愿望。我曾遇到过几位德国女子，她们能从下午五点钟谈到晚间十一点钟。我曾碰到过几位英美女子，她们的熟习经济学使我不胜惊异。因为这种学问是我所不敢研究而自认无望的。无论如何，即使一时没有能和我对于卡尔•马克思和恩格斯学说做辩论的女子，但谈天之时，如若座中杂坐几位善于听人谈论、心地玲珑的女子，实可以使在座者格外精神兴奋。我觉得座中面对玲珑的女子，实胜于和一个满脸笨相的人谈天。

四、茶和交友

我以为从人类文化和快乐的观点论起来，人类历史中的杰出新发明，其能直接有力地有助于我们的享受空闲、友谊、社交和谈天者，莫过于吸烟、饮酒、饮茶的发明。这三件事有几样共同的特质：第一，它们有助于我们的社交；第二，这几件东西不至于一吃就饱，可以在吃饭的中间随时吸饮；第三，都是可以借嗅觉去享受的东西。它们对于文化的影响极大，所以餐车之外另有吸烟车，饭店之外另有酒店和茶馆。至少在中国和英国，饮茶已经成为社交上一种不可少的制度。

烟酒茶的适当享受，只能在空闲、友谊和乐于招待之中发展出来。因为只有富于交友心，择友极慎，天然喜爱闲适生活的人士，方有圆满享受烟酒茶的机会。如将乐于招待心除去，这三种东西便成毫无意义。享受这三件东西，也如享受雪月花草一般，须有适当的同伴。中国的生活艺术家最注意此点，例如看花须和某种人为伴，赏景须有某种女子为伴，听雨最好须在夏日山中寺院内躺在竹榻上。总括起来说，赏玩一样东西时，最紧要的是心境。我们对每一种事物，各有一种不同的心境。不适当的同伴，常会败坏心境。所以生活艺术家的出发点就是:他如更想要享受人生,则第一个必要条件即是和性情相投的人交朋友,须尽力维持这友谊,如妻子要维持其丈夫的爱情一般,或如一个下棋名手宁愿跑一千里的长途去会见一个同志一般。

所以气氛是重要的东西。我们必须先对文士的书室的布置,和它的一般的环境有了相当的认识,方能了解他怎样在享受生活。第一,他们必须有共同享受这种生活的朋友,不同的享受须有不同的朋友。和一个勤学而含愁思的朋友共去骑马,即属引非其类,正如和一个不懂音乐的人去欣赏一次音乐表演一般。因此,某中国作家曾说过:

赏花须结豪友,观枝须结淡友,登山须结逸友,泛舟须结旷友,对月须结冷友,待雪须结艳友,捉酒须结韵友。

他对各种享受已选定了不同的适当游伴之后,还须去找寻适当的环境。所住的房屋,布置不必一定讲究,地点也不限于风景幽美的乡间,不必一定需一片稻田方足供他的散步,也不必一定有曲折的小溪以供他在溪边的树下小憩。他所需的房屋极其简单。只需“有屋数间,有田数亩,用盆为池,以瓮为牖,墙高于肩,室大于斗,布被暖余,藜羹饱后,气吐胸中,充塞宇宙。凡静室,须前栽碧梧,后种翠竹。前檐放步,北用暗窗,春冬闭之,以避风雨,夏秋可开,以通凉爽。然碧梧之趣,春冬落叶,以舒负喧融和之乐,夏秋交荫,以蔽炎烁蒸烈之威”。或如另一位作家所说,一个人可以“筑室数楹,编槿为篱,结茅为亭。以三亩荫竹树栽花果,二亩种蔬菜。四壁清旷,空诸所有。蓄山童灌园薙草,置二三胡床着亭下。挟书剑,伴孤寂,携琴奕,以迟良友”。

到处充满着亲热的空气。

吾斋之中,不尚虚礼。凡入此斋,均为知已。随分款留,忘形笑语。不言是非,不侈荣利。闲谈古今,静玩山水。清茶好酒,以适幽趣。臭味之交,如斯而已。

在这种同类相引的气氛中,我们方能满足色声香的享受,吸烟饮酒也在这个时候最为相宜。我们的全身便于这时变成一种盛受器械,能充分去享受大自然和文化所供给我们的色声香味。我们好像已变为一把优美的小提琴，正待由一位大音乐家来拉奏名曲了。于是我们“月夜焚香，古桐三弄，便觉万虑都忘，妄想尽绝。试看香是何味，烟是何色，穿窗之白是何影，指下之余是何音，恬然乐之，而悠然忘之者，是何趣。不可思量处是何境”？

一个人在这种神清气爽、心气平静、知己满前的境地中，方真能领略到茶的滋味。因为茶须静品，而酒则须热闹。茶之为物，性能引导我们进入一个默想人生的世界。饮茶之时而有儿童在旁哭闹，或粗蠢妇人在旁大声说话，或自命通人者在旁高谈国是，即十分败兴，也正如在雨天或阴天去采茶一般的糟糕。因为采茶必须天气清明的清早，当山上的空气极为清新，露水的芬芳尚留于叶上时，所采的茶叶方称上品。照中国人说起来，露水实在具有芬芳和神秘的功用，和茶的优劣很有关系。照道家的返自然和宇宙之能生存全恃阴阳二气交融的说法，露水实在是天地在夜间和融后的精英。至今尚有人相信露水为清鲜神秘的琼浆，多饮即能致人兽于长生。特昆雪所说的话很对，他说：“茶永远是聪慧的人们的饮料。”但是国人则更进一步，而视它为风雅隐士的珍品。

因此，茶是凡间纯洁的象征，在采制烹煮的手续中，都须十分清洁。采摘烘焙，烹煮取饮之时，手上或杯壶中略有油腻不洁，便会使它丧失美味。所以也只有在眼前和心中毫无富丽繁华的景象和念头时，方能真正地享受它。和妓女作乐时，当然用酒而不用茶。但一个妓女如有了品茶的资格，则她便可以跻于诗人文士所欢迎的妙人儿之列了。苏东坡曾以美女喻茶，但后来，另一个持论家，“煮泉小品”的作者田艺恒即补充说，如果定要以茶去拟女人，则唯有麻姑仙子可做比拟。至于“必若桃脸柳腰，宜亟屏之销金幔中，无俗我泉石”。又说：“啜茶忘喧，谓非膏粱纨绮可语。”

据《茶录》所说：“其旨归于色香味，其道归于精燥洁。”所以如果要体味这些质素，静默是一个必要的条件；也只有“以一个冷静的头脑去看忙乱的世界”的人，才能够体味出这些质素。自从宋代以来，一般喝茶的鉴赏家认为一杯淡茶才是最好的东西，当一个人专心思想的时候，或是在邻居嘈杂、仆人争吵的时候，或是由面貌丑陋的女仆侍候的时候，当会很容易地忽略了淡茶的美妙气味。同时，喝茶的友伴也不可多，“因为饮茶以客少为贵。客众则喧，喧则雅趣乏矣。独啜曰幽，二客曰胜，三四曰趣，五六曰泛，七八曰施”。

《茶蔬》的作者说:“若巨器屡巡,满中泻饮,待停少温,或求浓苦,何异农匠作劳,但需涓滴;何论品赏?何知风味乎?”

因为这个理由,因为要顾到烹时的合度和洁净,有茶癖的中国文士都主张烹茶须自己动手。如嫌不便,可用两个小童为助。烹茶须用小炉,烹煮的地点须远离厨房,而近在饮处。茶童须受过训练,当主人的面前烹煮。一切手续都须十分洁净,茶杯须每晨洗涤,但不可用布揩擦。童儿的两手须常洗,指甲中的污腻须剔干净。“三人以上,止爇一炉,如五六人,便当两鼎,炉用一童,汤方调适,若令兼作,恐有参差。”

真正鉴赏家常以亲自烹茶为一种殊乐。中国的烹茶饮茶方法不像日本那么过分严肃和讲规则,而仍属一种富有乐趣而又高尚重要的事情。实在说起来,烹茶之乐和饮茶之乐各居其半,正如吃西瓜子,用牙齿咬瓜子壳之乐和吃瓜子肉之乐实各居其半。

茶炉大都置在窗前,用硬炭生火。主人很郑重地扇着炉火,注视着水壶中的热气。他用一个茶盘,很整齐地装着一个泥茶壶和四个比咖啡杯小一些的茶杯。再将贮茶叶的锡罐安放在茶盘的旁边,随口和来客谈着天,但并不忘了手中所应做的事。他时时顾看炉火,等到水壶中渐发沸声后,他就立在炉前不再离开,更加用力地扇火,还不时要揭开壶盖望一望。那时壶底已有小泡,名为“鱼眼”或“蟹沫”,这就是“初滚”。他重新盖上壶盖,再煽上几扇,壶中的沸声渐大,水面也渐起泡,这名为“二滚”。这时已有热气从壶口喷出来,主人也就格外注意。到将届“三滚”,壶水已经沸透之时,他就提起水壶,将小泥壶里外一浇,赶紧将茶叶加入泥壶,泡出茶来。这种茶如福建人所饮的“铁观音”,大都泡得很浓。小泥壶中只可容水四小杯,茶叶占去其三分之一的容隙。因为茶叶加得很多,所以一泡之后即可倒出来喝了。这一道茶已将壶水用尽,于是再灌入凉水,放到炉上去煮,以供第二泡之用。严格地说起来,茶在第二泡时为最妙。第一泡譬如一个十二三岁的幼女,第二泡为年龄恰当的十六女郎,而第三泡则已是少妇了。照理论上说起来,鉴赏家认第三泡的茶为不可复饮,但实际上,则享受这个“少妇”的人仍很多。

以上所说是我本乡中一种泡茶方法的实际素描。这个艺术是中国的北方人所不晓的。在中国一般的人家中,所用的茶壶大都较大。至于一杯茶,最好的颜色是清中带微黄,而不是英国茶那样的深红色。

我们所描写的当然是指鉴赏家的饮茶，而不是像店铺中的以茶奉客。这种雅举不是普通人所能办到，也不是人来人往，论碗解渴的地方所能办到。《茶蔬》的作者许次纾说得好："宾朋杂沓，止堪交钟觥筹；乍会泛交，仅须常品酬酢。唯素心同调，彼此畅适，清言雄辩，脱略形骸，始可呼童篝火，吸水点汤，量客多少，为役之烦简。"而《茶解》作者所说的就是此种情景："山堂夜坐，汲泉煮茗。至水火相战，如听松涛。倾泻入杯，云光滟潋。此时幽趣，故难与俗人言矣。"

凡真正爱茶者，单是摇摩茶具，已经自有其乐趣。蔡襄年老时已不能饮茶，但他每天必烹茶以自娱，即其一例。又有一个文士名叫周文甫，他每天自早至晚，必在规定的时刻自烹自饮六次。他极宝爱他的茶壶，死时甚至以壶为殉。

因此，茶的享受技术包括下列各节：第一，茶味娇嫩，茶易败坏，所以整治时，须十分清洁，须远离酒类香类一切有强味的事物和身带这类气息的人；第二，茶叶须贮藏于冷燥之处，在潮湿的季节中，备用的茶叶须贮于小锡罐中，其余则另贮大罐，封固藏好，不取用时不可开启。如若发霉，则须在文火上微烘，一面用扇子轻轻挥扇，以免茶叶变黄或变色；第三，烹茶的艺术一半在于择水，山泉为上，河水次之，井水更次，水槽之水如来自堤堰，因为本属山泉，所以很可用得；第四，客不可多，且须文雅之人，方能鉴赏杯壶之美；第五，茶的正色是清中带微黄，这浓的红茶即不能不另加牛奶、柠檬、薄荷或他物以调和其苦味；第六，好茶必有回味，大概在饮茶半分钟后，当其化学成分和津液发生作用时，即能觉出；第七，茶须现泡现饮，泡在壶中稍稍过候，即会失味；第八，泡茶必须用刚沸之水；第九，一切可以混杂真味的香料，须一概摒除，至多只可略加些桂皮或莯莯花，以合有些爱好者的口味而已；第十，茶味最上者，应如婴孩身上一般的带着"奶花香"。

据《茶疏》之说，最宜于饮茶的时候和环境是这样：

饮时：

心手闲适　披咏疲倦　意绪棼乱　听歌拍曲

歌罢曲终　杜门避事　鼓琴看画　夜深共语

明窗净几　佳客小姬　访友初归　风日晴和

轻阴微雨 小桥画舫 茂林修竹 荷亭避暑

小院焚香 酒阑人散 儿辈斋馆 清幽寺观

名泉怪石

宜辍：

做事 观剧 发书柬 大雨雪 长筵大席

翻阅卷帙 人事忙迫 及与上宜饮时相反事

不宜用：

恶水 敝器 铜匙 铜铫 木桶 柴薪

麸炭 粗童 恶婢 不洁巾帨 各色果实香药

不宜近：

阴屋 厨房 市喧 小儿啼 野性人 童奴相哄

酷热斋舍

五、淡巴菇和香

现在的世人，分为吸烟者和不吸烟者两类。吸烟者确然使不吸烟者略有些讨厌，但这种讨厌不过是属于物质性质，而不吸烟者之讨厌于吸烟者则是精神上的。不吸烟者之中，当然也有对吸烟者采取不干涉态度的人，为妻者之中，当然也有容许其丈夫在床上吸烟的，这种夫妻，显然是在婚姻上获有圆满结果的佳偶。但颇也有人以为不吸烟者在道德上较为高尚，以为他们具有一种可以傲人的美德，而不知他们即已因此丧失了人类的最大乐趣之一。我很愿意承认吸烟是道德上的一个弱点，但在另一方面，一个没有道德弱点的人，也不是可以全然信任的。他惯于持严肃的态度，从不做错误的事情，他的习惯大概是有规则的，举动较为近于机械性，智能时常控制其心情。我很欢喜富于情理的人，也同样憎嫌专讲理智的人。因为这个理由，我踏进人家的屋子，而找不到烟灰缸时，我心中便会惊慌，觉得不自在。这种屋子中，往往过于清洁有秩序，椅垫从不随意乱摆，主人也必是极严肃毫无情感的人。这将使我也不能不正襟危坐，力持礼貌，因而失去了一切的舒适。

这种毫无错误，正直而无感情，毫无诗意的人们，从不会领略吸烟在道德上的和精神上的裨益。但是我们这批吸烟者，每被人从道德而不是艺术方面加以攻击。所以，第一步我也须从道德方面加以辩护，而以为吸烟者的道德在大体上实在是较高于不吸者。口含烟斗者是最合我意的人，这种人都较为和蔼，较为恳切，较为坦白，又大都善于谈天。我总觉得我和这般人必能彼此结交相亲。我对珊克雷所说的话，极表同情。他说，烟斗从哲学家的口中引出智慧，也封闭愚拙者的口，使他缄默；它能产生一种沉思的、富有意思的、仁慈的和无虚饰的谈天风格。

吸烟者的手指当然较为污秽，但只要他心有热情，这又何妨。无论如何，沉思的、富有意思的、仁慈的和无虚饰的谈天风格终究是罕遇之物。所以，需付一笔巨大的代价去享受它，也是值得的。最重要的一点是：口含烟斗的人都是快乐的，而快乐终是一切道德效能中之最大者。梅金（Maggin）说："吸雪茄的人，从没有自杀者。"更确凿有据的事情是：吸管烟的人从不会同自己的太太吵嘴。其理由很显明，因为口含烟斗的人，同时绝不能高声叫骂。我从来没有见过如此的人。当一个人吸着管烟时，语音当然很低，一个吸烟的丈夫遇到发怒时，他的办法就是立刻点一支卷烟或一斗管烟吸起来，显出一些抑郁的神气。但这种神情不久即能消灭，因为他的怒气已有了发泄之处。即使他有意想把怒容维持下去，以表示他发怒的正当，或表示他受了侮辱，但事实上他绝不能持续。因为烟斗中的烟味是如此的和润悦性，以致他所贮着的怒气，早已在无意间，跟着一口一口喷出来的烟消逝了。所以聪明的妻子，当她看见丈夫快要发怒时，她应该赶紧拿烟斗塞在丈夫的口中，并说："得了，不必再提。"这个方法万试万灵。为妻者或许不能平抑丈夫的发怒，但烟斗则是从不失败的。

从一个吸烟者戒烟的短期中所经验的忽忽若有所失的感觉，最足以显出吸烟的艺术和实际的价值。每个吸烟者一生之中，免不了在欠少思量的时候忽有想和尼古丁女士脱离关系的尝试。但经过一番飘渺的良心责备争斗之后，他必又重新恢复他的理智。我有一次，也很欠思量地戒烟三个星期。但后来终究为良心所驱使而重新登上正当的途径。从此我就立誓不再起叛逆之心，立誓在她的神座前做一个终身的敬信崇拜者，直到我年老无能，或许落入一个属于节制会的太太手中，而失去了自主的权力时为止。因为到了这种老年无能时期，一个人对于自己的一切行动当然无需再负责任了。但只要我的自主力和道德观念一日存在，则我必一日不做背叛的尝试。这个有功效的新发明所供给的精神上的动力和道德上的安宁观念是怎样的伟大，我们如若拒绝它，则岂不是不可赦的不道德行为吗？因为按照英国大生物化学家海尔顿(Haldane)的说法，吸烟是人类历史中四大发明之一，曾于人类文化上遗留下一种很深的生物性影响。

在我这次做懦夫的三个星期中，我竟会故意拒绝一件我所明知具有巨大的提升灵魂力量的东西，其经过实在极为可耻。现在我已恢复了理智。在清明中回想这件事时，我正不解当时这种道德的不负责任行为何以竟会维持到这般的久。我在这痛苦的三个星期中，内心日夜地交战着。如要将这段经过描写出来，恐怕用三千句荷马(Homer)体的诗，或一百五十页小字的散文尚且写不尽哩。当时我的动机其实很可笑。我不解以宇宙中的人类而言，为什么不能吸烟？对这句问话，我现在实在找不出答语。我猜想当一个人只为了求一些克服抵抗力的乐趣，借此以消磨他的道德动力的暂时剩余，因而想做一种违反本性的举动时，这种不合情理的意旨或许就会在他的胸中产生。除了这个理由之外，我实在想不出我为什么会突然很愚蠢地决意戒烟。换句话说，当时我实在和许多人们的耽于瑞典式体操一样——为体操而体操，所费的力对于社会一无用处。我当时的举动，其实不过是如此的一种道德上的枉费力量罢了。

在最初的三天中，我当然觉得很无聊不自在。食道的上部尤其难受。为了消除这种不自在起见，我特地吃些重味的薄荷橡皮糖、福建茶和柠檬糖，居然在第三天即消灭了这种不快的感觉。但这不过是属于身体方面的，所以克服极其容易。而且照我事后想起来，实是这次争斗中最卑鄙的部分。倘若有人以为这已经包括这种卑鄙战争的全局，则他简直是在那里胡说八道。他们忘却了吸烟是一种精神上的行为。凡是对于吸烟的精神上的意义毫无了解之人，竟可不必来妄论这件事情。三天之后，我已踏进第二个阶梯。真正的精神上的交战也开始发生。我顿时觉得眼前金星乱碰。由这次的经验，我即发现世上实有两种吸烟人，而其中一种实在不能算为真正吸烟者。在这种人之中并没有这第二个梯阶。我因此方恍然知道为什么有许多人能毫不费力地戒除烟癖。他们之能摒除烟习如丢弃一支用旧的牙刷一般的容易，即表明他们其实尚没有学会吸烟。有许多人还称赞他们的意志力坚强，但实则他们并不是真正的吸烟者，也从没有学会吸烟。在这一种人，吸烟不过是一种身体上的行为，如每天早晨的洗脸刷牙一般——只是一种身体的兽性的习惯，而并不具有灵魂上获得满足的质素。我很疑惑这种迁就事实的人们，是否能有一天调和他们的灵魂，而达到大诗人雪莱或肖邦(Chopin)所描写的境地，这种人于戒烟时并不感觉有什么不自在，他们或许觉得和自己那不进烟酒的太太共读伊索寓言是更为快乐一些的。

但在我们这种真正吸烟者，则另外有一个烟酒不入的太太或爱读伊索寓言的丈夫所不能梦想其万一的问题。在我们，不久就显然知道这个举动不但是委屈自己，而且实在是毫无意义。见识和理智不久便会反抗而诘问："一个人为了那一种社会的、政治的、道德的、生理的或经济的理由，而须有意识地用他自己的意志力去阻抑自己去企求那种完备的精神安乐，那种深切富有幻想的认识和充分反响的创造力的境地？"——这种境地是圆满享受和友人围炉聚谈，或阅读一本古书时使心中发生真正热情，或动笔著作时使文思佳句有节奏地泉涌出来所必须的境地。在这种时节，一个人天然觉得伸手去拿一支烟是道德上最正当的举动，而倘若去拿一块橡皮糖塞在口中以为替代便是一种罪恶。此处我当略举一两个我所经验的实例。

我的朋友某君从北平来探望我。我们阔别已经三十年。当同在北平时，我们时常促膝而坐，抽烟谈天，消磨晚间的时光。所谈者大都是政治、哲学和现代艺术等题目。我们此次久别重逢，自然有不少甜蜜的回忆。于是我们又随便谈天，谈谈以前在北平时所知道的许多教授、诗人和奇人。每谈到有趣味的话时，我心里屡次想到伸手去拿卷烟，但刚站了起来，便又强自抑制地缩回坐下。我的朋友则边吸边谈，十分恬然自得。我就告诉他，我已戒烟了，为了自尊起见，实在不愿当着他的面前破戒。我嘴里虽如此说，但心底里实在觉得很不自在，使我在知己相对应该两情融洽、心意交流时，很不应该地装出冷淡富于理智的样子。所以这次谈天，大部分皆是我的朋友在说话，而我则好似只有半个人在场。后来我的朋友告辞去了。我好似做了一次凶残的争斗；虽借着意志力获得了胜利，但我自己深知实在非常地不快乐。数日之后，这朋友在旅途中写了一封信给我说，我已不是从前那富于热情，狂放不羁的人。并说，或许因上海的环境不良，似致如此。那天晚上，我没有抽烟的过失，直到眼前，我尚不能宽恕自己。

又有一个晚上，某些知识界人士在某俱乐部里边集会。这种集会通常也是狂抽烟卷的时候。晚饭吃毕后，照例由一个到会者读一篇论文。这一晚的演讲者是某君，讲题是《宗教和革命》。议论透彻，妙语环生。当中有一段说，冯玉祥已加入北方监理会，蒋介石决计加入南方监理会，所以有人猜测吴佩孚大概不久便会加入西方监理会云云。各人听到这里时，烟卷抽得更厉害，至于满室烟雾腾腾，好似全部气氛中也充满了尖利狂放的思想。诗人某君正坐在室中央，烟气从他的口里一阵一阵喷出来，化成一个个的圈儿，向上腾去，如同鱼在水里吐气泡一般——显然已经沉于思想，十分快乐。当中只有我不抽烟，自觉好似一个被上帝所弃的罪人。我自己也已经觉得这件事情十分愚蠢，屡次思索我究竟为了什么理由而戒烟？但想来想去，终没有想出所以然来。

自此之后，我的良心渐渐啃蚀我的灵魂。因为我曾自问，没有想象的思想将成为什么东西？想象这东西哪里能够附在不吸烟者的已经修剪的灰色翅膀上飞行。因此，某天的下午，我即去探望一位女友。我已预备在这天回头。当时室中只有我们主客两人，显然可以促膝而谈。女主人手中正拿一支已燃着的烟卷，另一只手则拿着一个卷烟罐，斜着身躯，以极娇媚的态度向着我。我知道时机到了，所以我就伸手缓缓地向罐内取了一支。自己明白这一个举动已使我从一个道德堕落的妄举中脱身出来。

我回家之后，立刻叫小童去买一听绞盘牌卷烟。我的写字台右边有一条焦痕，那是因为我习惯将香烟头放在这个老地方而留下的痕迹。据我的计算，这焦痕大概需七八年的功夫方能烧穿这二寸厚的台面。但为了我这次戒烟的间断，这焦痕竟许久没有加添深度。这是使我看了很负疚的。现在好了，我已照旧很快乐地把烟头放在原处，而烧炙台面的工作也能照常进行了。

中国文学中，提到淡巴菇的好处者很少，不像称赞酒类那么随处可见。因为吸烟的习惯要直到十六世纪方始由葡萄牙水手传到中国的。我曾查遍这个时代以后的中国文学著作，但可称为有价值的赞美言词实在稀若麟毛。称赞淡巴菇的抒情诗显然须如牛津大学般地方的文人方能著得出来。但中国人对于嗅觉也极灵敏。他们的能领略茶酒食物之味即是一个证据。所以他们在淡巴菇未曾传入中国之前，另已发展了一种焚香的艺术。中国文学中提到这件事时，都视之为类于茶酒的雅物。远在中国治权伸张到印度支那的汉朝时代，由南方所进贡的香料，即已为宫中和贵人的家中所焚用。讨论生活起居的书籍，其中必有一部分讲香料种类、质地和焚法。屠隆所著的《考槃余事》一书中，有一段焚香之趣的描写如下：

香之为用，其利最薄。物外高隐，坐语道德，焚之可以清心悦神。四更残月，兴味萧骚，焚之可以畅怀舒啸。晴窗塌帖，挥尘闲吟，温灯夜读，焚以远避睡魔。谓古伴月可也。红袖在侧，秘语谈私，执手拥炉，焚以薰心热意。谓士助情可也。尘雨闭窗，午睡初足，就案学书，啜茗味淡，一炉初热，香蔼馥馥撩人。更宜醉筵醒客，皓月清宵，冰弦曳指，长啸空楼，苍山极目，未残炉热，香雾隐隐绕帘。又可袪邪辟秽，随其所适，无施不可。品其最优者，伽南止矣。第购之甚艰，非山家所能卒办。其次莫若沉香。沉有三等，上者气太厚，而反嫌于辣；下者质太枯，而又涉于烟；唯中者约六七分一两，最滋润而幽甜，可称妙品。煮茗之余，即乘茶炉火便，取入香鼎，徐而爇之。当斯会心景界，俨居太清宫与上真游，不复知有人世矣。噫，快哉近世焚香者，不博真味，徒事好名，兼以诸香合成斗奇争巧，不知沉香出于天然，其幽雅冲澹，自有一种不可形容之妙。

冒辟疆在他所著的《影梅庵忆语》中，描写他和爱姬董小宛的闺房之乐，屡次提到焚香之趣。中间有一节说：

姬每与余静坐香阁，细品茗香。宫香诸品淫，沉水香俗。俗人以沉香著火上，烟扑油腻，顷刻而灭。无论香之性情未出，即著怀袖皆带焦腥。沉香坚致而纹横者，谓之“横隔沉”，即四种沉香内革沉横纹者是也，其香特妙。又有沉水结而未成，如小笠大菌，名“蓬莱香”。余多蓄之，每慢火隔砂，使不见烟，则阁中皆如风过伽楠，露沃蔷薇，热磨琥珀，酒倾犀斝之味，久蒸衾枕间，和以肌香，甜艳非常，梦魂俱适。

六、酒令

我生平不善饮酒，所以实在不配谈酒。我的酒量不过绍兴三杯，有时只喝了一杯啤酒便会觉得头脑昏昏然。这显是限于天赋，无从勉强。所以善于饮茶吸烟者，未必同时也善于饮酒。我有几个朋友酒量极好，但一吸雪茄则不到半支，便会头晕。我则除去睡眠时间之外，几乎没有一个小时不吸烟，而从不觉得有什么不舒服。但酒则不能多饮。李笠翁曾很坚决地记录他的意见说：善饮茶者必不好酒，掉过来也是如此。李笠翁是一个茶鉴赏家，但承认并不善饮酒。所以我最乐于在我所合意的中国著作家中，搜寻口说好饮酒而实在不善于酒的人。从他们的著作中，找寻这类自承的事实，颇费一些时间，但终被我找到好几个，如：李笠翁、袁子才、王渔洋和袁中郎。他们都爱酒，但实不善饮。

我虽然没有饮酒资格，但不能就将这个题目置而不论，因为这样东西，比之别物更有所助于文学，也如吸烟在早已知道吸烟之术的地方一般，能有助于人类的创作力，得到极持久的效果。饮酒之乐，尤其是中国文学中所常提到的所谓"小饮"之乐，起初我总视为神秘，不能了解。直到一位美丽的上海女士在她半醉之时，以灿花妙舌畅论酒的美德后，我方感到所描写的乐境必是真实不虚。"一个人在半醉时，说话含糊，喋喋不休，这是至乐至适之时。"她说，在这时节，一种洋洋得意的感觉，一种排除一切障碍力量的自信心，一种加强的锐感和一种好像介于现实和幻想之间的创作思想力，好似都已被提升到比平时更高的行列。这时好像使人具着一种创作中所必需的自信和解放动力。在下文论及艺术时，我们便能了解，这种自信的感觉和脱离规矩及技巧羁绊的感觉，是怎样地息息攸关。

有人说，现代欧洲独裁者如此危害人情，即因他们都是不饮酒的人。这个想法很聪明。我在阅读过去数年的流行文字中，觉得一九三七年六月份哈尔滨杂志所载却尔斯·福开森所著《独裁者不饮酒》那篇文字，最为切当诙谐，富有见识，其思想很可采取。而且文章流利，我很想完全引用，但因不便，故只得略为引证几句。福开森思想的起点是："斯大林、希特勒、墨索里尼都是严肃有节的模范。这些用现代方式行使暴虐行为的人，这些人民的新式统治者，都是希望出人头地的有志青年所足以奉为圭臬的典型。他们之中，不论哪一个都是良好的女婿和丈夫。他们足以代表福音传教师所认为模范道德的理想人物。……希特勒不食肉，不饮酒，不吸烟。他在这种闷人的美德之外，再加上更进一步，更可著称的克欲德行。墨索里尼在饮食方面较像一匹马。但他用了坚强不屈的勇气摒绝酗酒，而不过偶尔喝一杯淡酒——只要是不足以妨碍他征服一个民族的国家大计的就是了。斯大林很俭朴地住在一所三间房的公寓屋子中，衣着朴素，食品粗粝，吃起白兰地来，只如鉴赏家般沾唇尝尝而已。”但是这种事实使我们从其中能看出些什么呢？“这些事实是否指出人类现在是处于一小群本性整饬的，过分自谓正直的，很倔强地自认为德行完备的人们的掌握中，以致变为十分危险。因此，如能劝诱他来做一次哄然热闹的畅饮，则世界的大部分便会立刻改观而有所进步。……有瑕玷的人绝不会成为一个危险的独裁者，他的无上尊严念头必会立刻破碎。他必以为已在他的子民之前铸了大错，因而受了挫辱。他将降为民众当中之一个——最低微的当中之一个——这种经验可以调和他那种难堪的自大心。”这位作家以为尚能预订一次国际的“三酿酒”(Cocktail)会，专请这班特别领袖来畅饮一回，以平静他们的意气，则第二天的早晨，“他们决然已经不是今日的超人，世上的特种人物，将一变而为寻常人物，能如最低微的人们一般感觉痛苦，将具有如常人一般而不是半神道一般的处事心胸了。”

我所以反对独裁者，就因为他们不近人情。因为不近人情者总是不好的。不近人情的宗教不能算是宗教；不近人情的政治是愚笨的政治；不近人情的艺术是恶劣的艺术；而不近人情的生活也就是畜类式的生活。这种是否近人情的试验，是普遍的可以适用于各界的人类和各种系统的思想。人类所能期望的最高理想，不应是一具德行的陈列箱，而应是只去做一个和蔼可亲近情理的人。

中国人能以饮茶之术教西方人，而西方人则能以饮酒之术教中国人。当一个中国人踏进一家美国酒店，看见贴有五光十色的标签的酒瓶时，必觉得眼花缭乱。因为他在本国中所看见的无非是绍兴酒而已。除了绍兴酒之外，虽尚有其他六七种酒，如药酒和麦米所酿的高粱酒等，但总不过这几种。中国人尚没有发展以不同的酒类配供不同的菜肴的技巧。但绍兴酒则非常普遍，各处都有。绍兴本乡，甚至在一个女孩儿出世时，必特地另酿一坛酒，藏起来，以便她将来出嫁的时候，嫁妆之中可以至少有一坛二十年陈的美酒。“花雕”之名称即由此而得，因为这种坛子的外面，都是画着花的。

中国人极讲究饮酒的时机和环境。这一点即弥补了酒类缺少花色的缺点。饮酒应有饮酒时的心胸，所以有人分别酒茶之不同说：“茶如隐逸，酒如豪士。酒以结友，茶当静品。”又一位中国作家列举饮酒时应具的心胸和最适当的地点说:“法饮宜舒,放饮宜雅,病饮宜小,愁饮宜醉,春饮宜庭,夏饮宜郊,秋饮宜舟,冬饮宜室,夜饮宜月。”

又一位作家说:“凡醉,各有所宜。醉花宜画,袭其光也;醉雪宜夜,清其思也;醉得意宜唱,宣其和也;醉将离宜击钵,壮其神也;醉文人宜谨节奏,畏其侮也;醉俊人宜益觥盂,加旗帜,助其烈也;醉楼宜暑,资其清也;醉水宜秋,泛其爽也。此皆审其宜,考其景;反此,则失饮之人矣。”

中国人对于酒的态度和酒席上的行为,在我的心目中,一部分是难于了解应该斥责的,而一部分则是可加赞美的。应该斥责的部分就是:强行劝酒以取乐。这类事我在西方的社交中似乎没有看见过。在席的人,凡是稍能饮酒者,必以酒量自豪,而总以为别人不如他自己。于是即有强行劝酒,希望灌醉别人的举动。但劝酒时,总是出之以欢乐友谊的精神,其结果即引起许多大笑声和哄闹声。但也使这次欢会增出不少的兴趣。宴席到了这种时候,情形极为有趣。客人好似都已忘形:有的高声唤添酒,有的走来走去和别人调换位,所有的人到了这时都已沉浸于狂欢之中,甚至也无所谓主客之别了。这种宴席到了后来,必以豁拳行酒令斗酒为归宿。各人都必用尽心机以能胜对方为荣;并且还须时时防对方的取巧作弊。其中的快乐,大约即在这种竞争的精神当中。

中国的食酒方式当中,可以赞美的部分就在声音的喧哗。在一家中国菜馆中吃饭,有时使人觉得好像是置身于一次足球比赛中。这些具有美妙韵节如同足球比赛时助威呐喊一般的嘈杂声音,究竟是因何而发的呢?其答语就是豁拳。豁拳的方法是:两人同时伸出几个手指,一面即各由口中高声喊猜两方手指加起来的总数,猜着者为胜。所喊的一二三四等数字,都有极雅致的代表名词:如“七巧”,“八马”或“八仙过海”之类。豁拳伸指时,双方必须在快慢上和谐合拍,因之嘴里的喊声也随之而生出高低快慢、顿挫抑扬的韵调,如音乐中的节拍一般。还有些人并在上下句喊声的中间插入一种如音乐的过门一般的句子。所以这种豁喊声可以连续地有节拍地接下去,直到两人之中有一个胜了,由输者喝完事先所约定的杯酒时,方暂时停顿一下子。这种豁拳并不只是盲目胡猜,须极注意对方伸指数的习惯,而立刻加以极敏的推测。其兴趣完全须看豁拳者是否高兴,豁时音调是否迅速合拍而定。

我们到此,方能算是对中国的酒筵有了真正的认识。因为下述的酒席情形使我们明了何以中国的宴集为时如此之久？菜肴为什么如此之多？上菜为什么如此之慢？一个人坐到酒席上去，并不是专为了吃菜饮酒，而也需作乐。我们须一面做富有兴趣的游戏如：讲故事，说笑话，猜谜，行令等等。这种筵席其实好似一种口令游戏的集会，每隔五六分钟上一道菜，以便客人松脑筋，进一些酒菜。这办法有两种功效：第一，这种用嘴叫喊的游戏，无疑地可以使喝下去的酒易于从身体内发泄出来；第二，这种席面每延长到一小时之久，其时吃下去的东西，一部分已经消化，所以竟会愈吃愈饿。默不作声，实在是吃东西的时一种恶习。这是不道德的，因为它是不合卫生的。有些在中国的西方人，如若他们依旧疑惑中国人是一种略带拉丁色彩的快乐民族，仍认中国人民是静默沉着、缺乏情感的人类，则他只须去看一看中国人请客吃饭时的情形，便会知道自己的认识错误。因为中国人只有在这个时候，方露出他的天生性格和完备的道德。中国人如若不在饮食之时找些乐趣，则其他尚有什么时候可以找寻乐趣呢？

中国文化很著名，不过各种酒令则知者尚少。他们以酒为罚，从中发明了不少种借以劝客饮酒的游戏。大多数的中国小说都忠实地记录每次酒席上所供的菜肴，也同样描写各种联句和诗酒令，每每占去书中许多篇幅。中国女子所欢迎的小说《镜花缘》中，曾描写许多种通文的女子间所行的酒令（内中包括声韵学的酒令），好似这就是故事中的主题。

最简单的酒令是射覆，其方法是选取两个字，截头弃尾，然后将剩余的部分联成一字，请对方去猜截去的部分，例如 Humdrum 和 Drumstick 两字。第一字的尾部和第二字的头部都是 Drum，现把这 Drum 字节截去，而将其余部分联起来，成为 Hum-stick 字，请对方去猜这截去的字节。又如 Acorn 和 Cornstarch 两字，将 Corn 截去，联成 A-starch。请对方去猜这截去的字节。照正式的猜法，猜者不许直接说出所猜的字节，而应另外加上一个头尾，成为两个不同的字，然后说出来。例如射第二个覆时，射者应在 Corn 这字节的前后都加上另外一个字节如 Popcorn 和 Corner，而举出答案为 Pop-er 这样的答案，行此令者固然一听即能了然其是否射着，但边座的人则仍可以茫然不解。有时答案虽不是和出令者心中的字眼相符，但如其确较为切贴，则出令者也须认为射着。行此令时，两方可以同时出令请对方去射。这种射有时极简单，有时极深奥。如 A-ounce 所截去的字节之为 Pron。至于如 Camephant,则一望而知截去的字节是 el。如双方都是通人,即不妨用极深奥的字眼,如历史的名词,或取自莎士比亚的剧本,或培尔才的小说中的人名。

以文字为游戏的酒令,种类多至不能胜计。最流行的一种即联句,由第一个人吟一句诗,即令第二个人联上一句。这种联句极为有趣。联下去时,后来的诗句竟会离题万里,不知所云。联句大都以人物或景色为题,各人挨着次序联一句或两句。要点是前后的诗句必须押韵,如若座中都是熟读四书五经的人,令官往往有用女儿羞、女儿乐、女儿悲等为题,而请众人集句联吟。唐诗和曲牌名是酒令中常用的材料。有时并也限用切于曲牌名的药名和花名。为了使英美国人易于了解起见,这里当举几个英文名字为例,如切于妇女用品的花名有 Queen Anne's lace,fox-glove 等。

这类文字上的假借比拟,是否可能,须视这种文字中所用以形容花树药草的字眼是否也通用于人类美丽的形容而定,例如英国人的姓可假借以隐射歌曲之题名。如 Rockfeller 可指 Sit down,You're rocking the boat 或 Whitehead 可指 Silver threads among the gold,其比拟是否切贴,视人之才智而异。至于这种游戏的乐趣,则是在于其自然和想象丰富中,而且不必一定需饱学之士才会行的。英文名字中如 Tugwell,Sitwell 和 Frankfurter 等,极易于用以隐射滑稽的意义,如 Frankfurter 一字我以为可以隐射 Non-cold Not-pig。学校中的学生可以利用教师的姓名为资料,而行出各种极有趣的酒令。

比较复杂的酒令,行时须用令筹。中国小说《兰花梦》中曾记载着下述这个酒令:其令筹分为三组,以六种人在六种地点做六种事,错综配合为游戏。

> 六种人是:纨绔子 老僧 佳人 屠夫 妓女 叫化子
> 六种地点是:官道 方丈 闺阁 大街 红楼 坟茔
> 六种所做的事是:骑马 念经 刺绣 打架 调情 睡觉

每人随意从这三组中各抽一筹,而将其人地事配合起来,往往成为极滑稽可笑的事情。例如老僧在闺阁中调情,妓女在坟茔中念经,叫化子在红楼中睡觉,屠夫在官道上刺绣,佳人在方丈中打架等等,都是可以拿来当报纸的绝妙标题的。待各人将筹抽定,即以所配合的人事为题,令各人说一句五言诗,一个曲牌名,再加一句诗以咏之,总以意思贴切者为上。

所以一次宴集，时间延长到两小时以上，很不足为奇。宴集的目的，不是专在吃喝，而是在欢笑作乐。因此在席者以半醉为最上，其情趣正如陶渊明之弹无弦的琴。因为好饮之人所重者不过是情趣而已。因此，一个人虽不善饮，也可分享酒之趣。“世有目不识丁之人而知诗趣者，世有不能背诵经文之人而知宗教之趣者，世有滴酒不饮之人而识酒趣者，世有不识石之人而知画趣者。”像这些，都是诗人、圣贤、饮者和画家的知己。

七、食品和药物

我们如把对于食品的观点范围放大些，则食品之为物，应该包括一切可以滋养我们身体的物品，正如对于房屋的观点放大起来，即应包括一切关于居住的事物。因为我们都属于动物类，所以我们不能不吃食以维持生命。我们的生命并不在上帝的掌握中，而是在厨子的掌握中。因此中国绅士都优待他们的厨子，因为厨子实在掌着予夺他们的生活享受之大权。中国之为父母者——我猜想西方人也是如此——大都善视其儿女的奶妈。因为他们知道儿女的健康，完全依赖奶妈的性情、快乐和起居。为了同样的理由，我们自然也应善待司职喂养我们的厨子，如若我们也和留意儿女们一般留意我们的身体健康的话。如若一个人能在清晨未起身时，很清醒地屈指算一算，一生之中究竟有几件东西使他得到真正的享受，则他一定将以食品为第一。所以倘若要试验一个人是否聪明，只要去看他家中的食品是否精美，便能知道了。

现代城市生活之节奏是如此的紧张，致使我们一天更比一天无暇去顾到烹调和滋养方面的事情。一个同时是著名记者的主妇，绝不能埋怨她将罐头汤和罐头豆供给她的丈夫。不过一个人如若只为了工作而进食，而不是为了须进食而工作，实在可说是不合情理的生活。我们须对己身施行仁慈慷慨，方会对别人施行仁慈和慷慨。一个女人即使极致力于市政事业，极致力于改进一般的社会情形，但她自己则只能在一副两眼煤气灶上煮饭烧菜，每顿只有十分钟的吃饭时间，这于她又有什么益处？她如遇到孔子，定被休回娘家，一如孔子因太太失于烹调，而即将她休掉一般。

孔子之妻究竟是被休，还是她因受不了丈夫的种种苛求而自己逃回娘家，其中的事实不很明了。在孔子，“食不厌精，脍不厌细”，他“不得其酱不食，割不正不食；色恶不食，臭恶不食”。我敢断定孔太太对于这些要求总是能忍受，但是有一天她买不到新鲜的食物，不得已命她的儿子鲤到店铺里去买些酒和熟食以供餐，孔子即说：“沽酒市脯不食”。到这时，她除了整一整行李，弃家逃走之外，还有什么办法？这个孔子之妻的心理设想，是我所创造出来的。但孔子对于这位可怜的太太所立下的许多严厉规条，则确是明明白白地列在《论语》中，有籍可稽。

中国人对于食物，向来抱一种较为广泛的见解。所以对于食品和药物并不加以很明显的区别。凡有益于身体者都是药物，也都就是食物。现代科学直到上一世纪，方始知道食事在医疗上的重要。现时的医院中都已聘有经验丰富的食事专家已是一件可喜的事情。但如若各医院的当局肯更进一步，将这班食事专家送到中国去受一下训练，则他们或许就会减少玻璃瓶的使用。古代医学作家孙思邈（第六世纪）说：“谓其医者先晓病源，知其所犯，先以食疗，不瘥，然后用药。”元代太医院某大夫，于一三三〇年著了一本中国的第一部食谱，认食物为基本的养生法。他在序文中说：

善摄生者，薄滋味，省思虑，节嗜欲，戒喜怒，惜元气，简言语，轻得失，破忧沮，除妄想，远好恶，收视听，勤内顾，不劳神，不劳形，神形既安，病患何由而致也？故善养性者，先饥而食，食勿令饱，先渴而饮，饮勿令过，食欲数而少，不欲顿而多。盖饱中饥，饥中饱，饱则伤肺，饥则伤气。

所以这本烹调书，也和其余的中国烹调书一般，实等于一本药方书。

你如向上海河南路走一遭，去那里看看卖中国药物的铺子，你竟难于断言这种铺子里边究竟是药物多于食物，还是食物多于药物？你在那里可以看见桂皮和火腿，虎筋和海狗肾及海参，鹿茸和麻菇及蜜枣，并排地阵列在一处。这许多都是有益于身体的，都是富于滋养料的。此外如虎骨木瓜酒，显然也难于区别其究竟是食物还是药物？中国补药不像西药般用次磷酸盐三公分、砒二喱所合成，是一件可喜的事情。生地炖童鸡即是一碗绝妙的补药。这完全是由于中国药物使用法的关系。因为西药大都以丸或片为式，而中国药物则大都为汤式。而且中国药的配制方法和寻常的汤相同，是用许多味不同的药物合煮而成的。中国的汤药，其中药物往往多至七八十来种，都是君臣相济，以滋补和加强身体的整体为主，而不专在于治疗某一部分的病患。因为中国的医学，在基本上和最新的西方医学见解相合，认为当一个人患肝病时，并不单是肝部而实是全体都有病患。总而言之。药之为物，其效用不过在于以增强生机力为原则，使其对于人身非常复杂的器官、液汁和内分泌物系自然发生作用，而让身体增加抵抗疾病的力量，自己去治疗其患处。

中国医生对于病人并不给予阿司匹林片，而给他喝一大碗药茶以取汗。所以将来的病人，或许不必再吃金鸡纳酸片，而只需喝一碗加些规那皮的冬菇甲鱼汤。现代医院的食事部分势须加以扩充。到了将来，医院本身大概将变成一个类似疗养院式的大菜馆。最后，我们必将达到对于健康和疾病认为二者有交互作用的地步。到那时，人类即会因预防疾病而进食，而不再是为医治疾病而吃药了。这一点目下尚未为西方人所充分注意，因为西方人倘若只知有病时去找医生，而不知道在未病时即去找医生。待达到这个程度时，滋补药物和治病药物之间的区别即将废除。

所以，我们对于中国人的药食不分，应该庆贺。这个观念使他们的药物减少药性，而使食物增加其可食性。饕餮之神在人类刚有历史时代即已出现这件事，似乎有一种象征的意义。我们现在发现这神道，远在古代即已是铸像家和雕刻家所爱塑造的目标。我们身体中都有饕餮的精神，这使我们的药方书类似我们的烹饪书，使我们的烹饪书类似药方书，并使植物学和动物学发展为自然科学的一支成为不可能。因为中国的科学家看见一条蛇，一只猢狲，一条鳄鱼或一个驼峰时，他始终只是想去尝尝它们的滋味。真正的科学好奇心，在中国不过是一种烹饪艺术的好奇心而已。

为了在野蛮部落中药物和法术往往混为一谈，为了道家的专心于养生之道和寻求长生的方法，因此我们的食物便无形中受着他们的支配。在上文已提及的那部元朝太医院大夫所著的食谱中有许多章，即系专讲如何长生，如何免病的。道家最尊信大自然，所以他们偏向于重视蔬类的花果和食物。他们对于含露的鲜莲即视为高人的无上食品。这里边便有些诗意和出世思想的交织。据他们的意见，单吸所含的露更好，如若可能的话。这类食物包括松子、葛粉、藕粉之类，都是道家所认为足以助人致于长生的仙品。因为它们都是性能清心醒脾的东西。一个人在吃莲子时，心中不可怀有俗念如女色等事类。似药物而常为人所吃食，以为足以助人致于长生的食品有：天门冬、生地、枸杞子、白术、黄精，尤其是人参和黄芪等物为贵品。

中国的药方书可供给西方科学研究以广大的研讨场地。西方医学直到上一世纪方始发现肝之为物，具有补血的功用。但在中国则极早就拿这样东西为老年人的补食。我颇疑心当一个西方屠夫宰一口猪时，他大概将腰子肚子大小肠(肠中显然满含着胃汁)猪血骨髓和脑子一并弃去，而不知这些实是含有最丰富的滋养料部分。现在已渐渐有人发现骨是人体内血中的红血球制造处，这不免使我可惜为什么羊骨、猪骨、牛骨都被随手丢弃，而不拿来熬一碗美味的汤。这岂不是虚耗有价值的食物吗？

西方的食物中，有几种是我所爱吃的。第一，我当提到蜜露瓜，因为以蜜露为名是很近于中国式的。在古代如能有人拿一串葡萄送给一个道家，则他大概要以为已经得到了可致长生不老的仙药。因为道家所欲求的，都是奇花异果的特别滋味。以番茄汁为食品，应为二十世纪西方大发明之一。因为中国也像一世纪前的西方人一般，尚认蕃茄是不适于食用的东西。其次是芹菜生吃法，这便好似中国人的爱吃爽脆物品如笋之类。芦笋在未青的时候很好吃，但中国人则尚不知道。最后，我当承认我极爱吃英国式的红烧牛肉和其他红烧物。不论哪一种食品，只要在新鲜之时，在它的本处烹煮出来，总是好吃的。美国家庭中所供的美国式菜肴很合我的胃口。但是在纽约的大旅馆中，即在中国，除非预定或特别烹煮，也是难于得到美味的。

在另一方面，欧美的烹调法中实有极显著的缺点。他们于饼类点心和糖果上，一日进步千里，但在菜肴上则仍是过于单调，不知变化。一个人只要在旅馆公寓或轮船上连吃三个星期的饭食，吃来吃去无非是皇帝鸡、牛排、羊排、腓脷这几样菜，便会使他的胃口完全倒尽。西方的烹调中，对于烧煮蔬菜类更为幼稚：第一，所用的蔬菜类太少；第二，只知放在水中白煮；第三，总是煮得过了度，以致颜色黯淡，成为烂糟糟的。菠菜从不好好地烹煮，以致儿童见了就讨厌。因为他们烧菠菜总是烧成烂糟糟的，而不知用油盐在极热的锅中煎炒，在未烂之前起锅是最可口的吃法。莴苣用同样的烧法也极可口。在烧这类蔬菜时，第一应注意的是煎炒不可过久。鸡肝已被西方人认为美味，铁排羊腰也认做佳肴，但仍有不少种的食物未经他们试吃。这就是西方菜肴缺乏花色的原因。炸鸡肫和鸡肝用椒盐蘸吃，乃是中国人常吃的菜。烧鲤鱼头连着面颊和鄂下的脂肉是佳肴之一。猪肚是我爱吃的。牛肚有一部分也很好吃。如以肚子下面，或将肚子加在别种汤中一滚即离火起锅，其爽脆不下于生的芹菜。田螺（单用其嘴部厚的部分）是法国人很爱吃的美味，中国亦然，在滋味及耐嚼上，和鲍鱼及江瑶柱颇为相似。

西方的汤类，花色稀少是由于两个原因：第一，不懂拿荤素之品混合在一起烹煮，其实只需五六种作料如虾米、冬菇、笋、冬瓜、猪肉等间花配合，便能煮出数十或甚至百种的好汤来。冬瓜汤是西方菜肴中所没有的。其实，这种瓜如用各种方法煮起来，再加入一些虾米屑，乃是夏天里一样最可口的菜。第二，汤的种类缺少是由于不知尽量利用海产。江瑶柱在西方只知炸了吃，而不知干的江瑶柱实是做汤的最佳作料。鲍鱼也是如此。西菜中虽有蛤蜊浓汤这个名目，但我从来没有吃着其中的蛤蜊味道。又如虽有甲鱼汤，但汤中从来看不到甲鱼肉。真正的甲鱼汤应该煮得极浓，乃中国广东菜中的美味。有时则加入鸡鸭掌，和在一起同煮。宁波人有一样佳肴名为“大转弯”，其中的材料即鸡腿翅膀。因为这两件东西都是肌肉中夹着筋和皮，所以十分耐嚼好吃。我所认为最美味可口的汤即蛤蜊鲫鱼汤。凡是用蛤蚧之类所做的汤，其要点是不可过于油腻。

下面我将从李笠翁所著的《闲情偶寄》中引用一段论蟹的文字，以为中国人对于食物的见解的例证：

予于饮食之美，无一物不能言之，且无一物不穷其想象，竭其幽渺而言之。独于蟹螯一物，心能嗜之，口能甘之，无论终身一日，皆不能忘之。至其可嗜可甘与不可忘之故，则绝口不能形容之。此一事一物也者，在我则为饮食中之痴情，在彼则为天地间之怪物矣。予嗜此一生。每岁于蟹之未出时，即储钱以待。因家人笑予以蟹为命，即自呼其钱为“买命钱”。自初出之日始，至告竣之日止，未尝虚负一夕，缺陷一时。同人知予癖蟹，招者饷者，皆于此日，予因呼九月十月为“蟹秋”。……向有一婢，勤于事蟹，即易其名为“蟹奴”，今亡之矣。蟹乎！蟹乎！汝与吾之一生，殆相终始者乎！

李笠翁对于蟹如此称美，其理由即因蟹完全具有食物必备的三种美：色、香、味。李氏的见解也就是现代大多数中国人的见解，不过中国人所称美的蟹，只限于淡水中所产之一种。

在我个人，食物哲学大概可以归纳为三事，即新鲜、可口和火候适宜。高手厨师如若没有新鲜的作料，即做不出好菜。他们大概都能使你知道烹调的良否，一半在于办作料。十七世纪的大诗人和享乐家袁子才在著作中述及他的厨师说：他是一个极高尚自重的人，如若作料不是新鲜，即使强迫他，也不肯动手烹煮的。这厨师的脾气很坏，但他因为主人知味，所以依旧能久于其职。四川现在有一位年纪很大的高手厨师，要请他来做一次菜很费事，须一星期前预约，以便他有充分买办作料的时间。须完全听他自择菜肴，而不许点菜。

普通人都知道凡是新鲜食品都是好吃的。这种知识使力不足以雇高手厨师的人，也有着享用美味的机会。在享受的供给上，依赖大自然实较胜于依赖文化。为了这个理由，凡家里有菜园或居住乡间的人，虽然没有高手厨师，也自必能够享受种种美食。为了同样的理由，食物必须在其产地吃过之后，方能评断其美恶。但对一个不懂买办新鲜食品的主妇，或单是吃吃冷藏食物即觉得满意的人，则对他讲何以享受美味实是徒然的。

食物的口味在酥嫩爽脆上，完全是火候关系。中国的菜馆因为有特备的炉子，所以能做出普通家庭中所不能烹煮的菜肴。至于滋味上，则食物可以分为两类：第一，是专以本味见长的食物，这类菜肴中，除了盐或酱油之外，不可加入别的作料；第二，是必须配以别样作料方有滋味的食物，例如鳜鱼和鲥鱼都宜清炖，方显其本味。较肥的鱼如鲱鱼，则加中国辣酱烹煮更为好吃。美国的豆粟羹是各味调和的一个好例子。世间有许多食品好像都是为调味而出，必须和别种食品合烧，方显其至美之味。笋烧猪肉是一种极可口的配合。肉借笋之鲜，笋则以肉而肥。火腿似乎最宜于甜吃。我住在上海时的厨子有一样拿手好菜，即用火腿和蜜枣为酿的番薯饼。木耳、鸭蛋汤和南乳烧纽约龙虾都属佳肴。专为调味而设的食品甚多。如麻菇、笋、榨菜等等都属于此类。此外则有一种中国所视为珍品而本身没有味道的食物。这类食物都须借别样作料的调和配合，方成好菜。

中国最贵重的食品，本身都同样具有三种特质，即无色、无臭和无味，如鱼翅、燕窝和银耳都属于这一类。这三种食品都是含胶质的东西，都是无色、无臭、无味。其所以成佳肴，全在用好汤去配合。

八、几种奇特的西俗

东方文明和西方文明之间的一个重大不同就是：在行相见礼时，西方人以手互握，而东方人则握自己的手（即拱手）。我以为一切可笑的西俗当中以握手为最。我虽然是一个极前进的人，也能领略西方的艺术文学、美国丝袜、巴黎香水，甚至英国的战舰的好处。但我终不能懂极前进的欧洲人何以竟会听任这个握手的野蛮习俗存留到今日。我相信欧洲人中必有私下很反对这个习俗，如有许多人反对同样可笑的带帽和带硬领习俗一样。但他们并无成就，因为旁人总认他们为小题大做，对这种小节不值费心思。我是一个极注意小节的人。为了我是中国人，所以比欧洲人更憎恶这个西方习俗。我和人相见或辞别时，宁可照中国古礼对人拱手作揖。

我们当然都知道这个习俗也和另一个脱帽习俗一般，还是欧洲野蛮时代的产物。这类习俗都是起于武士道盛行的中古时代。那时的绿林豪客、英雄武士遇到非敌人时都须除去面具或头盔以示他们的友态或善意。现在的人已不带什么面具或头盔，若还沿用这个姿势，岂不可笑。但野蛮时代所遗留的习俗，每每为人所不肯委弃，例如决斗之风，至今犹存。

我为了卫生和许多别的理由，反对这个习俗。握手是人类彼此之间的一个接触方式，握时的姿势和表情各自不同，各类不一。别出心裁的美国大学生当他写毕业论文时，大可以"各种握手式中的时间和动作之研究"为题，以严肃的体裁讨论其握手时的轻重，时间的久暂，是否带着幽默性，对方有无感应等等，再进而研究不同性者握手时的种种变态，身体长度的关系。因为高矮之不同，所以握时的姿势亦就各自不同。因职业和阶级的不同，皮肤的颜色也如何的不同等等。此处并可附上几幅图像和表格。这篇论文如若做得充分深奥冗长，则我敢保他博士头衔唾手可得。

现在可以谈谈卫生上的反对理由。居住上海的西方人说我们的铜元是微生物的寻常集合所，所以碰都不敢碰。但是在街上随便和张三李四握手时，倒并不觉得什么。这实属不合逻辑。因为你怎能知道这张三李四的手没有摸过你所畏如蛇蝎的铜元呢？更坏的是，有时你或许遇到一个咳嗽时常用手帕掩着口部以示卫生，但也露出已患肺病气色的人竟也伸出手来和你相握。在这一点上，中国的习俗实较为科学化，因为中国人不过是握了自己的手拱拱而已。我不知道中国这个习俗从何而起，但从医学卫生的观点说起来，我们不能否认它的长处。

此外对于握手还有感受上和心理上的反对理由。当你将一只手伸出去时，就等于听人宰割。对方可以由着自己的意握得或轻或重，或久或暂，手是人体上感觉最敏锐的器官之一，极易感觉压力，辨其轻重。例如：第一，你所遇到的或许是青年会式的握手。对方一手拍你的肩膀，另一手则握着你的手，重重地抖动一下，直抖得你浑身骨头都几乎脱节。如若这青年会书记同时也是一位棒球名手（往往是如此的），则竟可以使被握者啼笑皆非。这种款式的握手，再加他的坦直好作自我主张态度，简直是等于向你说："听着，你现在已在我的掌握中，你必须买一张下次开会时的入场券，或答应买一份艾迪的小册带回去，我方能放你。"遇到这种情形时，我无非是赶紧掏出皮夹来。

我如挨次列述下去，可以举出许多种轻重不同的握手，从那种漠然无诚意因而毫无意思的握手，到那种伸伸缩缩，微微颤抖，表示畏惧的握手。最后还有那种态度高雅的社会交际花，和人握手时，不过微微伸出指尖，好似不过让你看看她那染色指甲一般的握手。所以从这种人身的接触，很可以看得出双方关系的深浅亲疏。有几位小说家以为从握手的款式，可以看出其人的性格，如独断的、退缩的、不诚实的、懦弱的和令人畏惧的重手，都是能一见而辨的。但我极愿省去这种遇到人时即须分析其个性的麻烦，或从他用力的轻重当中，去揣度对我的感情增减的麻烦。

脱帽的习俗更为没有意思。这里面包括许多种极不通情理的礼节。例如女人在礼拜堂，或下午室内茶会时都须带帽子。这个礼拜堂内须带帽子的习俗是否和第一世纪小亚细亚的习俗有关系？我不知道，但我颇疑心它实是起源于盲从圣保罗在礼拜堂中男子不应带帽而女子则须遮没其头部的教训。倘若是如此的话，则这个习俗简直是基于西方人所弃绝已久的男女不平等的亚洲哲学。这岂不是可笑的矛盾吗？电梯中有女人时，男子须脱去帽子，也是一件可笑的事情，简直没有理由可言。这一点，电梯不过是走廊的延长部分，男子既然无须在走廊中脱帽，则何以须在电梯中脱帽。凡是偶然带着帽子在走廊中行走的人，如若仔细想一想，当即能知道这是极没有意义。第二点，电梯和别种行具如汽车之类实在没有什么合于逻辑的分别。一个有良心感觉的人既无须在和女人同坐一辆汽车之中时脱去帽子，则又何须禁止他于同样情形时在电梯中戴帽子呢？

总而言之，我们的世界尚是一个缺乏理性的世界，没有一处地方不看到人类的愚钝，从现代国际关系的愚钝直到现代教育制度的愚钝。人类的聪明虽足以发明无线电，但不足以制止战争，将来也是如此。所以我对于许多小节的愚钝，宁可听其自然，而不过旁观暗笑罢了。

九、西装的不合人性

虽然西装已经风行于土耳其、埃及、印度、日本和中国，虽然西装已经成为全世界外交界的普遍服装，但我仍依恋着中国衣服。常有许多好友问我为什么不改穿西装。他们问到这句话，尚能算是我的知己吗？这等于问我为什么用两足直立，凑巧这两件事正是有相互关系的。下文可以说明我所穿的是世上最合人性的衣服，更何必举出什么理由来？凡喜欢在家中穿着土著式长袍，或穿着浴衣拖鞋在外面走来走去的人，何需举出为什么不裹扎于令人窒息的硬领、马甲、腰带、臂箍、吊袜带中的理由。西装的尊严，其基础也未必较稳固于大战舰和柴油引擎的尊严，并不能在审美的、道德的、卫生的或经济的立场上给予辩护。它所占的高位，完全不过是出于政治的理由。

我所取的态度是矫情的吗？或这是我中国哲学已有进步的象征吗？我以为都不然。我取这个态度，富于思想的同辈中国人都和我同感。中国的绅士都穿中国衣服。此外如名成利就的中国高士、思想家、银行家，有许多从来没有穿过西装，有许多则于政治、金融或社会上获得成就，立刻改穿中装。他们会立刻回头，因为他们已经知道自己的地位稳固无虑，无需再穿上一身西装，以掩饰他们的浅薄英文知识，或他们的低微本能。上海的绑匪绝不会去绑一个穿西装的人，因为他们明知这种人是不值一绑的。你可知道中国现在穿西装者是怎样一些人吗？大学生、赚百元一月薪俸的小职员、到处去钻头觅缝的政治家、党部青年、暴发户、愚人、智力薄弱的人。最后，当然还有那亨利溥仪，俗极无比的题上一个外国名字，穿上一身西装，还要加上一副黑眼镜。单是这身装束，已足使他丧失一切复登大室的机会。即使日本天皇拿出全部兵力来帮助他，也不会中用。因为你或许可以用种种的谎话去欺骗中国人，但你绝无法使他们相信一个穿西装戴黑镜的家伙是他们的皇帝。溥仪一日穿着西装，一日用亨利为名，则一日不能安坐皇位，而只合优游于利物浦的船坞中罢了。

中装和西装在哲学上不同之点就是，后者意在显出人体的线形，而前者则意在遮隐之。但人体在基本上极像猢狲的身体，所以普通应该是越少显露越好。试想甘地只围着一条腰裙时是个什么样子？西装之为物，只有不识美丑者方会说它好。其实呢，“完美的体形世上很少”这句话，也是迂腐之谈。你只要到纽约游戏场去一趟，便能看到人的体形是如何的美丽。但美点的显露，并不是像穿了西装使人一望而知其腰围是三十二寸或在三十八寸的说法。一个人何必一定要被人一望而知他的腰围是在三十二寸呢？如若是一个颇为肥胖的人，他何必一定须被人知道他腰围的大小，而不能单单自己明白呢？

因此，我也相信年在二十到四十之间，身材苗条的女人和身体线形没有被现代不文明生活所毁损的儿童，确是穿西装较为好看。但是叫所有男女不分美丑，都把身体线形显露于别人的眼前，则又是另一句话了。女人穿了西式晚礼服的优雅好看，实不是东方的成衣匠所能梦想到的。但一个四十多岁的肥胖妇人，穿了露出背脊的礼服，出现于戏院中，则其刺目也是西方所特有的景象。对于这样的妇人，中国衣服实较为优容，也和死亡一般使大小美丑一律归于平等。

所以，中国衣服是更为平等的。以上都是关于审美方面的讨论。以下可以谈谈卫生和常识方面的理由：凡是头脑清楚的人，大概都不会矫说硬领——首相列区流和许尔脱劳莱爵士时代的遗物——是一种助于健康的东西。即在西方，也有许多富于思想的人屡次表示他们的反对。西方女人的衣服已在这一点上得到了许多以前所不许享受的舒适。但是男人的颈项，则依旧被所有受过教育的人们当做丑恶猥亵、不可见人的部分，而认为须遮隐起来，正和腰围大小之应尽量显露成一个反比例。这件可恶的服饰，使人在夏天不能适当地透气，在冬天不能适当地御寒，并一年到头使人不能做适当的思想。

从硬领以下，竟是一大篇连续不断，同样厉害地加害人类常情的记录。能发明霓虹灯和第塞尔柴油引擎的聪明西方人，何以竟会缺乏常识到这个地步，至于桎梏人的全身，而仅仅留出一个头部的自由，实令人不解。其种种服饰的不近人情无庸一一细说——例如紧绷在身上的内衣裤，妨碍了身体的透气自由，马甲使人连背脊都弯转不来，背带或腰带使人在饥饱不同的时候没有宽紧的分别。其中最不合情理的是马甲，凡略略研究过人体线形者都知道人的胸背两部，除了在身体笔挺的时候之外，是绝不能同时平直的。凡穿过硬胸衬衫的人都从经验知道，当身体向前屈时，衬衫必定拱起来。但马甲是假定人的胸背随时都是平直而裁制的，因此令人须将身体时时笔直地挺着。但实际上绝没有人能始终维持这个姿势，于是马甲的边沿尖角都因此起了绉痕，便时时触刺人身。但若是一个肥胖的人，这马甲简直是画了一个突出的弧形线，尽头之处触出空中，再由腰带和裤子接续着向下面渐渐弯去。人类诸发明中，再有比这个更离奇的事物吗？无怪现在已有人在那里发起一种裸体运动，以反抗这束缚人体的离奇东西了。

如若人是四足动物，则腰带还有情理可说。因为还可如马的肚带一般宽紧随心。但人类已经改为直立的地位，然而这腰带则依旧是假定人是四足动物而制的，正如腹膜肌肉一般地根据四足地位完全将它的重量系于背脊骨上。这种不合理的生理配置，使孕妇易于流产——在兽类并无此弊——而男人的腰带也因易于向下脱落，不能不束得极紧。结果是妨碍脏腑的自由活动。

我深信西方人对于身外之物有了更大的进步后，必有一天会对本身所用的物件更费一些心思，而于衣服这件事上变为较近情理。西方人为了对这件事不肯费力革新，已受了长久的重罪。但西方女人则早已于衣服上，达到简单和近于情理的地步了。我深信在远期中——近期中尚办不到——男人必会以直立姿势为根据，而终久发展出一种合于情理的衣服，如女人所已经达到的一般。一切累赘的衣带必会被废弃，而男人的衣服必将改为很自然合适地悬挂于两肩的制法。衣服的肩部必不再塞上许多棉花垫高起来，必将改为比较现式更舒适像便袍一般的样子。据我的眼光，那时男女服色的区别，必只在男人穿裤，而女人穿裙。至于上半身，则将以同样舒适自在为基本原则了。男人的颈项将和女人一般的自由，马甲将被废弃。男人的外褂也将如时下女人的外褂一般的穿法，并且也将像现在的女人一般以不穿外褂的时候为多。

这个改革当然包括更改衬衫的制法，衬衫将不再是单为穿在里面之用。它的颜色必改为较深的，而可以穿在外面。所用的材料将改为从最薄的绸到最厚的呢绒，以合时令。并改良式样，以求更为美观。外褂可穿可不穿，将以天气的寒暖而不以虚文为标准。因为这一种服色将成为不论到哪里都可以穿着的衣服。为了解除令人难受的腰带和背带起见，衬衫和裤子将连在一起，穿时只须像现在的女衣一般地从头上套进去。腰部的宽紧可以看情形做得大些或小些，以适应身体的肥瘦。

就是现在式样的男服，也未始不可以保持原式略加改良，而即能将腰带或背带废除。它的整个原则是全部重量须悬挂到两肩上去，并均匀分配开来，而不应该借着约束之力紧系于肚皮上面。男人的腰部束缚须加解放，人们须在能领略这个原则时，男人的衣服方有渐渐改变为宽松的长袍的可能。我们现在倘若以废除马甲为改革的第一步，我们只须将衬衫如儿童衣服一般用纽扣扣在裤子上。等到衬衫渐渐变成外衣时，我们即可以改用较好的材料做衬衫，做成和裤子同料同色或相配的颜色。又如我们倘若不便把马甲马上废除，则我们可把马甲和裤子连在一起，以保持其形式。马甲的背部应该改为两条阔带子。此外，马甲即使不和裤子连在一起，腰带或背带也有弃置的方法。我们只须在马甲的反面前后钉上六条带子，前四后二，扣在裤子上，则就可以把裤子系住了。因为扣带是在马甲的里面，而马甲是遮在裤子的上面，所以形式上将和现在的束腰带或用背带并无两样。只要改革一旦实行，人们觉得现在的衣服式样实在不合情理时，他们便会逐步改进，废除马甲，将上下衣裤做成仿佛现在的工人裤子，但较为好看的式样。

在适合时令的调节上，中国衣服也是显而易见的最近情理。穿西装不论寒暑表低到零度以下，或高到一百度以上，总是限于一身内衣裤，一件衬衫，一件外衣，连或不连马甲。但中国衣服则可以加减随心。据一个故事说：有一个中国妇人，看见她儿子打一个喷嚏，即替他加上一件袍子；打两个喷嚏，再加一件；打第三个喷嚏，再加一件。这是西方做母亲的人所办不到的。她到儿子打第三个喷嚏时，恐怕就要手足无措，而只有去请教医生之一法了。我不能不信中国民族所以能够不被肺痨和肺炎所灭尽，全靠那一件棉袍的力量。

十、房屋和内部布置

“房屋”这个名词应该包括一切起居设备，或居屋的物质环境。因为人人知道择居之道，要点不在所见的内部什么样子，而在从这所屋子望出去的外景是什么样子。所着眼者实在在屋子的地位和四周的景物。我常看见上海的富翁，占着小小的一方地皮，中间有个一丈见方的小池，旁边有一座蚂蚁费三分钟即能够爬到顶上的假山，便自以为妙不可言，他不知道住在山腰茅屋中的穷人，竟可以拿山边湖上的全部景物作为自己的私产呢。这两者之间的优劣，简直是无从比拟的。山中往往有地位极佳的房子，人在其中能将全部风景收到眼底。不论他望到哪里，如遮着山尖的白云，飞过空中的鸟，山泉的琤琮，鸟喉的清越，种种景色，都等于自己所私有。这就是一个富翁，他的财产之多，远胜于住在城市中的百万万富翁。城市中的人也未始不能看见偶尔在空中行过的云，但他绝不会实地去看看，而且即使看到了，也因这云没有别的景物为衬托，尚有什么好看的呢？这里的背景是完全不适宜的。

所以中国人对于房屋和花园的见解，都以屋子本身不过是整个环境中的一个极小部分为中心观点，如一粒宝石必须用金银镶嵌之后，方能衬出它的灿烂光辉。所以一切人为的痕迹愈少愈妙，笔直的墙垣，应有倒挂的橱藤间接地遮蔽着。一所整方的房屋只合于工厂之用，因为只有工厂才以效用为第一个要件。如若作为住宅，便是大煞风景。依照某作家的简明说法，一所最合于中国理想的屋子应该如下：

门内有径，径欲曲；径转有屏，屏欲小；屏进有阶，阶欲平；阶畔有花，花欲鲜；花外有墙，墙欲低；墙内有松，松欲古；松底有石，石欲怪；石面有亭，亭欲朴；亭后有竹，竹欲疏；竹尽有室，室欲幽；室旁有路，路欲分；路合有桥，桥欲危；桥边有树，树欲高；树荫有草，草欲青；草上有渠，渠欲细；渠引有泉，泉欲瀑；泉去有山，山欲深；山下有屋，屋欲方；屋角有圃，圃欲宽；圃中有鹤，鹤欲舞；鹤报有客，客不俗；客至有酒，酒欲不却；酒行有醉，醉欲不归。

房屋必须有独立性方为住屋。李笠翁在他讨论生活艺术的著作中，有好几处提到居室问题，他在序文内曾畅论“自在”和“独立性”两点。我以为“自在”比“独立性”更重要。因为一个人不论他有怎样宽大华丽的房屋，里边总有一间他所最喜爱，实在常处的房间，而且必是一间小而朴素，不甚整齐，和暖的房间。所以李笠翁说：

人之不能无屋，犹体之不能无衣。衣贵夏凉冬燠，房舍亦然。堂高数仞，榱题数尺，壮则壮矣，然宜于夏而不宜于冬。登贵人之堂，令人不寒而栗：虽势使之然，亦廖廓有以致之，我有重裘而彼难挟纩故也。及肩之墙，容膝之屋，俭则俭矣，然适于主而不适于宾。造寒士之庐。使人无忧而叹：虽气感之乎，亦境地有以迫之，此耐萧疏，而彼憎岑寂故也。吾愿显者之居勿太高广。夫房舍与人，欲其相称。画山水者有诀云：丈山尺树，寸马豆人。使一丈之山，缀以二尺三尺之树，一寸之马，跨以似米似粟之人，称乎不称乎？使显者之躯，能如汤文之九尺十尺，则高数仞为宜；不则堂愈高而人愈觉其矮，地愈宽而体愈形其瘠。如何略小其堂而宽大其身之为得乎？……常见 通侯贵戚，掷盈千累万之资以治园圃，必先谕大匠曰：亭则法某人之制，榭则遵谁氏之规，勿使稍异。而操运斤之权者，至大厦告成，必骄语居功，谓其立户开窗，安廊置阁，事事皆仿名园，纤毫不谬。噫，陋矣！……

土木之事，最忌奢靡。匪特庶民之家当崇俭朴，即王公大人亦当以此为尚。盖居室之制，贵精不贵丽，贵新奇大雅，不贵纤巧烂漫。凡人止好富丽者，非好富丽。因其不能创异标新，舍富丽无所见长，只得以此塞责。譬如人有新衣二件，试令二人服之，一则雅素而新奇，一则辉煌而平易，观者之目注在平易乎，在新奇乎？锦绣绮罗，谁不知贵亦谁不见之；缟衣素裳，其制略新，则为众目所射，以其未尝睹也。

李笠翁在他所著的书中，讨论许多关于结构和布置上的要点。所涉及的物事有房屋、窗户、屏、灯、桌、椅、古玩、橱、床、箱、柜等等。他极富创作思想，对每一件东西都有新颖的议论。他所创作的器具中，有许多种至今为人所乐用。最著名的是他在世时即已有人仿制出售的芥子园信笺和窗户板壁的制法。他那部讨论生活艺术的书虽不很为人所知道，但初学画家所奉为圭臬的《芥子园画谱》，则极为著名。此外则笠翁十种曲也很著名。因为他是一个戏剧作家、音乐家、享乐家、服装设计家、美容专家、兼业余发明家，真所谓多才多艺。

他对于床的式样有极新颖的见解。据他说，每次迁入一所新屋时，所注意的第一件事情就是那只床。中国式的床大概都有高架可以挂帐子，其本身差不多等于一间小室。里面并装置着帐榫床几和屉斗，以便安放书本茶壶鞋袜等零碎物件。李氏以为床上并宜置几盆花草，他的方法是将一只特制的，阔约一尺，高仅二三寸的轻几，从帐顶悬下来。据他的意见，这只花几应该用彩绸包裹，并折成绉纹以像行云。这个几上便可以安放应时的盆花，或焚龙涎香的炉，或佛手木瓜，以取其香。据他的意见：

若是则身非身也，蝶也，飞宿眠食，尽在人间；人非人也，仙也，行起坐卧，无非乐境。予尝于梦酣睡足，将觉未觉之时，忽嗅腊梅之香，咽喉齿类，尽带幽芬。似从脏腑中出，不觉身轻欲举，谓此身必不复在人世间矣。既醒，语妻孥曰："我辈何人遽有此乐，得无折尽平世之福乎？"妻孥曰："久赋常贫，未必不由于此！此实事，非欺人语也。"

李氏的发明中，在我看来，当以窗户的制法为最杰出。他曾发明"扇面窗"(湖上游艇所用)和"梅花窗"。中国人的习俗，扇面上都有书画，并有人癖嗜收集这种旧扇面，订成册页。扇面窗制即系取意于此。所以李氏的见解以为游艇如安上扇面式的窗子，则艇中人从船窗观望两岸的景物，和两岸的路人由船窗窥望艇中人的动作，便都像在观看扇面画了。因为窗子之为物，其要点即在能任人从其中看得见外面的景物，正如我们所谓眼睛乃是灵魂的窗户。所以据李氏说起来，窗子的制法应以能在最有利的地位，望见最优美的景物为主。因而可以假借室外的风景，以补充室内自然成分的缺乏。他说：

坐于船中，两岸之湖光山色，寺观浮屠，云烟竹树，以及往来之樵人牧竖，醉翁游女，连人带马，尽入"便面"之中，作我天然图画。且又时时变幻，不为一定之形，非特舟行之际，摇一橹，变一象，撑一篙，换一景；即系缆时，风摇水动，亦刻刻异形。是一日之内，现出百千万幅佳山佳水。……

予又尝作观山虚牖，名"尺幅窗"，又名"无心画"。姑妄言之：浮白轩中，后有小山一座，高不逾丈，宽止及寻；而其中则有舟崖碧水，茂林修竹，鸣禽响瀑，茅屋板桥，凡山居所有之物，无一不备。盖因善塑者肖予一像，神气宛然，又因予号笠翁，顾名思义，而为把钓之形。予思既执纶竿，必当坐之矶上，有石不可无水，有水不可无山，有山有水，不可无笠翁息钓归休之地，遂形此窟以居之。是此山原为像设，初无意于为窗也，后见其物小而蕴大，有须弥芥子之义，尽日坐观，不忍阖牖。霍然曰：是山也，而可以作画；是画也，而可以为窗；不过损予一日杖头钱，为装潢之具耳。遂命童子裁纸数幅，以为画之头尾及左右镶边。头尾贴于窗之上下，镶边贴于两旁，依然堂画一幅，而但虚其中，非虚其中，欲以屋后之山代之也。坐而观之，则窗非窗也，画也，山非屋后之山，即画上之山也。不觉狂笑失声，妻孥尽至，又复笑予所笑。而"无心画""尺幅窗"之制从此始矣。

李氏对桌椅橱柜，也别有心裁。这里我只能提及一件他所发明冬天所用的暖椅。凡是没有相当取暖设备的室中，这是一件很实用的器具。其制法是一张长椅，下面连着一个火柜。椅子的两旁各有一个高如矮桌的活动木架，可以随意旋转到椅子的正面，搁上一块板，当做桌子。火柜里有屉斗，以便置放炭盆。在这副桌椅上可以读书写字，坐卧随心。据李氏说，这暖椅每天只费炭四块，早晨加两块，下午再加两块，即可使坐者整天暖和舒服。他又说："这椅子只须穿上两根杠，便成一乘轿子，可供出门的代步。冷天坐着时，两足既不致受凉，而且可以随意在轿中吃喝。这椅子到了夏天，也可以改为凉椅。其法是将一支水缸安在椅背后，注满凉水，以取其凉意。"

西方人已发明各种可以旋转的，可以折叠的，高矮大小可以调节的数用的床椅和剃头椅。但是他们从没有想过创作可以拼拆的桌几和古玩架。这件东西在中国早已发明，并且制作极为精致。可以拼拆的桌几名叫"燕几"，其制法的原则类于西方儿童所玩的积木，将一方方木块拼搭成种种的物形。一副六件的"燕几"，可以拼出正方长方或丁字形等等的式样，多至四十余种。

还有一种名为蝶几。其中每一只几的形式不是方的，而是三角形或棱形的。所以拼合起来，又可以拼成另外的许多式样。燕几大都供饮宴或抹牌之用，有时当中并留出一些空闲，以置放烛台。蝶几则既供饮宴抹牌之用，也可当做花盆架子，因为花盆架子本以式样不一为宜。这种蝶几每副共有十三件，可以拼成方形、长方形、棱形等等，中间或留或不留空地。拼搭的方法并不一定，全看主妇的巧思去变化。

东西方主妇对于室内位置，大都欢喜时常变更式样。因此这类可以供她们欲望的需要。这种几桌所拼成的式样都是极为摩登式的，因为摩登器具都注意于轮廓线简单化。而中国器具则本来就是如此的。拼搭的艺术似乎就在轮廓线的简单化中求得各种不同的式样。我曾看见过一只古式的花盆架，它的脚不是笔直而是半当中弯曲的。即以方桌和圆桌而言，做的时候即可分做成半圆形的两只，或分做成三角形的两只。如此拼起来时是一只圆桌或方桌，可供饮宴或抹牌之用。不用时，即可拆开来放在墙边，当做书架或花盆架了。两只三角形的蝶几，倚墙并排摆在一处，看过去便好似从墙中凸出来的两座尖山。抹牌时所用的桌子，其大小都可以随人数的多寡而定。茶点饮宴时所用的桌子，可以随意拼成丁字形、马蹄形，或S形。如在较小的房间中，大家坐在这种式样的桌子上吃饭，岂不更为有趣吗？

中国江苏省常熟地方现在有一种照这种可以拼拆原则而制造的书箱。可以分拆的书架在西方也很普通，但常熟式的特点则在不用时可以依着大小的次序一个一个地套进去，而只成如衣箱大小一般的一个箱子。这书箱叠好时，很像一个极新式的书橱，但分开来时则可以拼成许多个大小不一的书橱，其最小的长只尺余，可以置放在几上或枕边。拼叠的式样因此可以随时变更，以免多看了令人讨厌。

中国人对室内布置好像集中于两个观念：即简单和空阔。凡是布置很讲究的房间，其中家具必不甚多，木料必是柚木，且打磨得必极光亮，轮廓线必极简单，大多必是圆角。柚木器具必须用手工打磨，其精工与否，可判别价值的高下。室中一面靠墙处大概安一张半桌，上面放一只胆瓶。墙角边大概安着几只花盆架或古玩架，高矮不一，或安几只老树根所雕成的小矮凳。另一面墙边大概安一只书橱或古玩橱，式样必极曲折玲珑，极为摩登。墙上大概挂一两幅字画，字必雄劲，画取远淡空灵，而室中也须如这画一般的空灵。中国的房屋中最特殊之点是用石板所铺成的院子，其效用和西班牙式房屋的走廊相同，是和平幽静和安宁的象征。

第十章 享受大自然

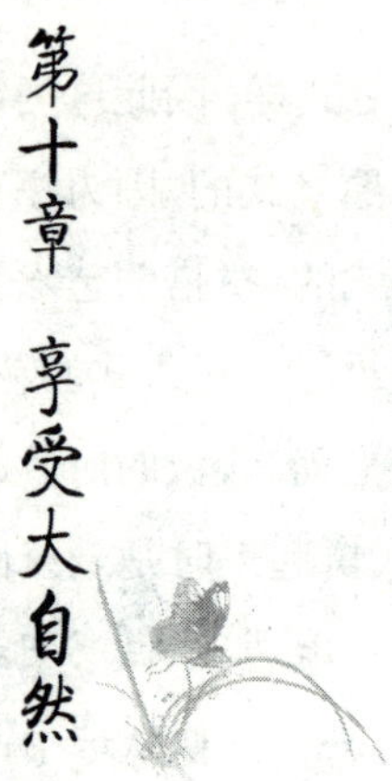

一、乐园已经丧失了吗

在这个行星上的万物之中，植物类根本谈不上对大自然有取什么态度的可能。所有的动物类也差不多全数没有取什么态度的可能。但其中竟有这么一个人类，竟会自有意识，并能意识到四周的环境，因而能够对它取一种态度，实在是一桩极奇怪的事情。人因为有智慧，便开始对宇宙发生疑问，对它的秘密开始探索，对它的意义开始寻求。他们对宇宙，同时有一种科学的和道德的态度。科学界人士注意寻求本人所生活于其上的地球的里外的化学合质，其四周空气的厚薄，辐射于上层空气的宇宙光线的多少和性质，山和石的组成，以及一般的支配，生命的定律。这种科学的兴趣和道德的态度固然也有一种联系，但在它的本身，则不过是单纯的求知欲和探索欲罢了。在另一方面，道德的态度便有许多差异。某些人是想和大自然融协和谐，某些人是想征服或统治和利用大自然，而某些人则是高傲地贱视大自然。这个对自己的星球之高傲的贱视态度，乃是文明的一种奇特产物，尤其是某种宗教的奇特产物。这种态度起源于"已丧失的乐园"那个虚构的故事。所奇者是：这个故事不过是太古时代一种宗教传说的产物，而现在竟会很普遍地被人信以为真。

对于这个"已丧失的乐园"故事是否真实？从来没有人发过疑问。总而言之，这个伊甸园是何等的美丽，而现在这个物质宇宙又是何等的丑恶。其实呢，自从夏娃亚当犯了罪之后，花树难道已不开花了吗？上帝难道因了一人犯罪，已诅咒苹果而禁止了它的结果吗？或他已决定将这花的颜色改为较灰黯而不像以前的鲜艳吗？百灵鸟、夜莺和鹨鸟难道已停止了它们的鸣叫吗？山顶难道已经没有了积雪，湖中已经没有了回映吗？难道今日已经没有了日落时的红霞，没有了虹霓，没有了笼罩乡村的烟雾，没有了瀑布流泉和树荫吗？所以“乐园”已经“丧失”，我们现在是住在一个丑恶的宇宙中的神话，究竟是哪一个捏造的呢？我们真是上帝的忘恩负义的不肖儿女。

关于这个不肖的孩子，我们可以设一个寓言如下：从前有一个人，姓名姑且慢慢发表，他跑到上帝那里诉说，这个星球于他还不够好，要上帝给他一个珠玉为门的天堂。上帝先指着天空中的月亮，问他说，这不是一个很好的玩具吗？他摇摇头说，他连看都不要看。上帝又指着远远的青山，问他说，这不是很美丽的景物吗？他回说，太平淡无奇。上帝又将兰花和三色花指给他看，叫他伸手摸摸花瓣是如何的软骨，并问他说，这颜色的配合岂不悦目吗？他爽直回说，不。上帝是无穷忍耐的，于是就带他到水族动物池里，指着各种各色的热带鱼给他看，问他是不是觉得有趣。上帝又带他到一个树荫之下，用法力吹起一阵微风，问他是否觉得是一种享受？他回说，并不觉得。上帝又带他到一处山边的湖畔，指着水中的微波，松林中的风过声，山石的幽静和湖光的反映给他看，但他依然回说，这些物事并不能提起他的兴致。至此，上帝以为这个他所手创的生物必是一个性情不很和善，而喜看较为刺激性事物的人，所以就带他到洛基山的顶上，到美国西部的大峡谷让他看那些挂满钟乳，生满石笋的山洞，那些喷泉沙冈，那些沙漠中的仙人掌，到喜马拉雅山看雪景，到扬子江看三峡，到黄山看花石冈峰，到尼亚加拉看瀑布，再问他说，我岂不是已尽其可能将这个星球变为可以悦耳目，可以充肚腹的美丽世界吗？但是那个人依然向上帝吵着要一个珠玉为门的天堂，说这个星球在他还觉得是不够好。“你这个不知好歹，忘恩的畜生！”上帝训斥他说，“如此的星球，你还觉得不够好吗？很好，我将要送你到地狱里去，让你看不到行云和花树，听不到流泉，将你幽囚到命终之日。”于是上帝即送他去住在一家城市中的公寓里边。这个人的名字就是基督徒。

这个人的欲望显然很难使他满足。上帝是否能够另造一个使他满足的天堂？实在是一个疑问。但是即使造了出来，然而以他这种大富豪式的心性，恐怕到了这个珠玉为门的天堂之后，不到两个星期，又会感到讨厌，而上帝也将感到束手无策，无法去满足这个不肖的孩子的欲望了。现在我们大概都须承认现代的天文学，由于不断地探索整个可以看得到的宇宙的结果，已使我们不能不承认这地球本身就是一个天堂。如若不然，则我们所梦想的天堂势必须占着空隙；既须占着空隙，则势必在苍穹里的星中，否则必在群星之间的空虚中。这天堂既然是在带着月亮或没有月亮的星球中，则我就想象不出这天堂怎样会比我们的地球更好。这天堂的月亮或许不止一个而有许多个，如粉红色的、紫色的、碧色的、绿色的、橙黄色的、水蓝色的、土耳其玉色的，此外或许还有更多的虹霓，但我颇疑惑看见一个月亮尚会讨厌的人，看见这许多月亮时，将更易于讨厌。难得看见雪景或虹霓尚会讨厌，则常常看见更美丽的虹霓时将更易于讨厌了。这天堂之中，或许将有六个季节而不是四个，将同样有春夏和日夜的交替，但我看不出这里边将有什么分别；如若一个人对地球上的春夏季节不感兴趣，则他怎会对天堂中的春夏季节感到兴趣呢？我说这番话或许是极愚笨的，也许是极聪明的，但我总不能赞同佛教徒和基督徒以出世超凡思想所假设的虚无飘渺完全属于精神的天堂。以我个人而言，我宁愿住在这个地球，而不愿住在别个星球上。绝对没有一个人能说这个地球上的生活是单调乏味的。倘若一个人对于许多的气候和天空颜色的变化，随着月令而循环变换的许多鲜花依然不知满足，则这人还不如赶紧自杀，而不必更徒然地去追寻一个或许只能使上帝满足而不能使人类满足的可能天堂了。

照着眼前可见的事实而言，大自然的景物、声音、气味和滋味，实在是和我们的看听闻吃器官具有一种神秘的和谐。这宇宙的景物声音和气味和我们的感受器官的和谐是如此的完美这件事，使伏尔泰所讥笑的宇宙目的论得到一个绝好的论据。但我们不必一定都做宇宙目的论者。上帝或许会请我们去赴他的筵席，也许不请。中国人的态度是不问我们是被邀请与否，我们总去赴席。菜肴既是这样的丰盛，而我们适又饥饿了，不吃也是呆子。尽管让哲学家去进行他们的形而上的探讨，让他们去研究我们是否在被邀请之列，但聪明的人士必会在菜肴未冷之前，动手去吃。饥饿和好的常识常是并行的。

我们的地球实在是一个绝好的星球。第一，这上面有日夜和早暮的彼此交替，热的白天接上一个风凉的夜里，人事甚忙的上午之前，必先来一个清爽的早晨。还有什么能比这些更好呢？第二，这上面有本身都极完备的夏冬季节的交替，中间并加插温和的春秋两季，以逐渐引进大寒和极热。还有什么能比这些更好呢？第三，上面有静而壮观的树，夏天给我们树荫，而冬天则并不遮蔽掉暖人的太阳。还有什么比这个更好呢？第四，上面有各种不同的花果，按着月令循环交替。还有什么比这个更好呢？第五，上面有清朗的日子和云雾满天的日子彼此交替。还有什么比这个更好呢？第六，上面有春雨、夏雷、秋风、冬雪。还有什么比这些更好呢？第七，上面有孔雀、鹦鹉、鹨鸟、金丝雀等鸟，或有着美丽的颜色，或有着清脆的鸣声。还有什么比这些更好呢？第八，上面有动物园，里边有猢狲、虎、熊、骆驼、象、犀牛、鳄鱼、海狮、牛、马、狗、猫、狐狸、松鼠、土拨鼠，种类之多为人类意想所不能及。还有什么比这些更好呢？第九，上面有虹鱼、剑鱼、电鳝、鲸鱼、柳条鱼、文蛤、鲍鱼、龙虾、淡水虾、甲鱼，种类之多也是人类意想不到的。还有什么比这些更好呢？第十，上面有伟大的红木树、喷火的火山、伟大的山洞、雄奇的山峰、起伏的山丘、幽静的湖沼、曲折的江河，有荫的堤岸。还有什么比这些更好呢？这张菜单，其花色简直是无穷尽的，可以合任何人的胃口。所以最聪明的法子就是：径自去享用这席菜肴，而不必憎嫌生活的单调。

二、论宏大

大自然本身永远是一个疗养院。它即使不能治愈别的病患，但至少能治愈人类的自大狂症。人类应被安置于“适当的尺寸”中，并须永远被安置在用大自然做背景的地位上，这就是中国画家在所画的山水中总将人物画得极渺小的理由。在中国的《雪后观山》画幅中，那个观望山中雪景的人是被画成小到粗看竟寻不到的尺寸，必须要仔细寻找，方能觅到。这个人蹲身在一棵大松树下，而在这十五寸高的画面中，他身体的高度不过一寸而已。而且全身不过聊聊数笔。又有一幅宋画，上边画着四个高人游于山野之间，举头观看头顶上如伞盖般的大树。一个人能偶尔觉得自己是十分渺小时，于他很有益处。有一次我在牯岭避暑，躺在山顶上，远望百里外的南京城中有两个渺小如蚂蚁一般的人，正在那里拼命地争夺一个报效国家的机会。但从远处望过去时，其情状便觉得是很滑稽的。所以许多中国人都以为游山玩水有一种化积效验，能使人清心净虑，扫除不少的妄想。

人类往往易于忘却他实在是何等的渺小无能。一个人看见一座百层大厦时，往往便会自负。治疗这种自负症的对症方法就是：将这所摩天大厦在想象中搬置到一座渺小的土丘上去，而习成一种分辨何者是伟大，何者不是伟大的更真见解。我们所以重海洋，是在它的广浩无边，重山岭是在它的高大绵延。黄山有许多高峰都是成千尺的整块花冈石从地面生成，连绵不绝地长达半里多路，这就是使中国画家的心灵受到感动的地方。它的幽静，它的不平伏的宏大，和它那显然的永在，都可说是使中国人爱好画石的理由。一个人没有到过黄山绝不会相信世上有这么样的大石。十七世纪中有一个黄山画派，即因爱好这种奇石而得名。

在另一方面，常和大自然的伟大为伍，当真可以使人的心境渐渐也成为伟大。我们自有一种把天然景色当做活动影片看的法子，而得到不亚于看活动影片的满足；自有一种把天边的乌云当做剧台后面的布景看，而得到不亚于看布景的满足；自有一种把山野丛林当做私有的花园看，而得到不亚于游私有的花园的满足；自有一种把奔腾澎湃的巨浪声音当做音乐听，而得到不亚于听音乐的满足；自有一种把山风当做冷气设备，而得到不亚于冷气设备的满足。我们随着天地之大而并大，如中国第一个浪漫派才子阮籍所谓"大丈夫"的"以天地为庐"。

我生平所遇到的一幅最好的景物是某晚在印度洋面上所见。这景物的场面长有百里，高有三里。大自然在上面表现了半小时的佳剧。有巨龙、雄狮等接连地在天边行过——狮子昂首而摇，狮毛四面飘拂；巨龙婉转翻身，奋鳞舞爪——有穿着灰白色军服的兵士，带有金色肩章的军官，排着队来往不绝，倏而合队，倏而退出。在这军队彼此追逐争战时，场面上的灯光忽而变换，白衣服的兵士忽而变为黄衣服，灰色衣服忽而变为紫衣服。至于背后的布景，则一忽儿已变为耀眼的金黄色。再过一刻，这大自然舞台的管理技师渐渐将灯光低暗下去，紫衣服的兵士吞没了黄衣服的而渐渐变为深紫和灰色。在灯光完全熄灭之前的五分钟，又显现出一幅令人咋舌的惨怖黑暗景象。我看这出生平所仅见的伟大的戏剧，并没有花费分文。

这星球上面还有幽静的山，都是近乎治疗式的幽静。如幽静的峰、幽静的石、幽静的树，一切都是幽静而伟大的。凡是环抱形的山都是一所疗养院，人居其中即好似依偎在母亲的怀里。我虽不信基督教科学，但我确信伟大年久的树木和山居，实具有精神上的治疗功效。并不是治疗一块断骨或一方受着传染病的皮肤的场所，而是治疗一切俗念和灵魂病患的场所，如：窃盗狂、自负狂、只知有己不知有人狂、奴隶他人狂、讨债狂、统治狂、战争狂、诗狂、恶意仇恨狂、好于人前显耀狂，一般的头脑不清和种种的不道德脾气。

三、两个中国女子

享受大自然，是一种艺术，视人的性情个性而异其趣，并且也如别种艺术一般，极难于描写其中的技巧。其中一切都需出于自动，都需出于艺术天性的自动。所以在某一时候怎样去享受一树一石或一景，并无规则可定。因为没有景致是相同的。凡是懂这个道理的人，不必有人教他，即会知道怎样去享受大自然。海芙洛·爱丽斯（Havelock Ellis）和华德维（Van der Velde）所说，夫妇在闺房静好之中，什么事可做，什么事不可做，什么是有趣的，什么事是没趣的，绝不是可以用章程来规定的事情。这句话，实在是不朽之论。在享受大自然中也同样是如此的。最好的探讨方法大概还是：从具有这种艺术天性的人们的生活中去研究爱好大自然。梦见一年以前所看到的一个景致，忽然想到一个地方去的愿望——这些都是突然而来的事情。凡有艺术天性的人，不论走到哪里，都会显出这个天性。凡真能享受大自然的作家，都会丢开了他已定的纲要，而去自由地描写一个美丽的雪景或一个春天的晚景。新闻家和政治家的自传文中，大都充满着过去经验的回忆。但是文学家的自传文中，则应多谈一个快乐的夜里，或一次和几个朋友到一个山谷里去游玩的回忆。在这一点上，我觉得罗德霞·吉佩林（Rudyard Kipling）和却斯·透顿（G. K. Chesterton）的自传文都是令人失望的。他们何以竟会将一生中的经历轻重倒置，真令人不解。他们所提到的，无非是人，人，人，而丝毫没有提到花鸟山丘和溪流。

中国文人的回忆文字和他们的信札中，在这一点上便不同了。信札中最重要的事情每是告诉他的朋友一个晚上在湖上的经过，或在自传文中记录他生平所认为快乐的一天和这天的经过。中国作家至少有很多个都喜爱记录夫妇闺房中乐趣的回忆。其中冒辟疆所著的《影梅庵忆语》，沈三白的《浮生六记》和蒋坦的《秋灯琐忆》，更是极好的例子。冒沈二书是在夫人去世后所著，蒋书则是在老年夫人尚在的时候所著。我这里当先行引用《秋灯琐忆》中的几句话。书中主人翁是作者的夫人秋芙。然后再引几段《浮生六记》中的话。这书中主人翁是作者的夫人芸。这两个女子虽不是极有学问的人或大诗家，但她们都有适当的性情。这并无关系，我们不必着眼于写出可传诸万世的好诗，而只需学会怎样用诗句去记录一件有意义的事件，一次个人的心境，或用诗句来协助我们享受大自然。

甲 秋芙

秋芙每谓余云："人生百年，梦寐居半，愁病居半，襁褓垂老之日又居半。所仅存者十一二年。况我辈蒲柳之质，犹未必百年者乎。"

秋月正佳，秋芙命雏环负琴，放舟两湖荷芰之间。时余自西溪归，及门，秋芙先出，因买瓜皮迹之。相遇于苏堤第二桥下，秋芙方鼓琴作汉宫秋怨曲，余为披襟而听。斯时四山沉烟，星月在水，琤瑽杂鸣，不知天风声环佩声也。琴声未终，船唇已移近漪园南岸矣。因叩白云庵门，庵尼故相识也。坐次，采池中新莲，制羹以进，色香清冽，足沁肠腑，其视世味腥膻何止薰莸之别。回船至段家桥，登岸，施竹簟于地，坐话良久。闻城中尘嚣声，如蝇营营，殊聒入耳。其时星斗渐稀，湖气横白。听城头更鼓，已沉沉第四通矣，遂携琴刺船而去。

秋芙所种芭蕉，已叶大成荫，荫蔽帘幕；秋来，风雨滴沥，枕上闻之，心与俱碎。一日，余戏题断句叶上云：

是谁多事种芭蕉？
早也潇潇，
晚也潇潇！

明日，见叶上续书数行云：

是君心绪太无聊！
种了芭蕉，
又怨芭蕉！

字面柔媚，此秋芙戏笔也。然余于此，悟入正复不浅。

夜来闻风雨声，枕簟渐有凉意。秋芙方卸晚妆，余坐案旁，制百花图记未半，闻黄叶数声，吹堕窗下，秋芙顾镜吟曰：

昨日胜今日，今年老去年。

余忾然云："生年不满百，安能为他人拭涕?"辄为掷笔。夜深，秋芙思饮，瓦铁温暾，已无余火，欲呼小环，皆蒙头户间，为趾离召去久矣。余分案上灯置茶灶间，温莲子汤一瓯饮之。秋芙病肺十年，深秋咳嗽，必高枕始得熟睡。今年体力较强，拥髻相对，常至夜分，殆眠餐调摄之功欤。余为秋芙制梅花画衣，香雪满身，望之如绿萼仙人，翩然尘世。每当春暮，翠袖凭栏，鬓边蝴蝶，独栩栩然不知东风之既去也。

去年燕来较迟，帘外桃花，已零落殆半，夜深巢泥忽倾，堕雏于地。秋芙惧为猫儿所攫，急收取之，且为钉竹片于梁，以承其巢。今年燕子复来，故巢犹在，绕屋呢喃，殆犹忆去年护雏人耶?

秋芙好棋，而不甚精。每夕必强余手谈，或至达旦。余戏举竹坨词云："簟钱斗草已都输，向持底今宵偿我?"秋芙故饰词云："君以我不能胜耶?请以所佩玉虎为赌。"下数十子，棋局渐输，秋芙纵膝上猫儿，搅乱棋势。余笑云："子以玉奴自况欤?"秋芙嘿然，而银烛荧荧，已照见桃花上颊矣。自此更不复棋。

跑虎泉上有木樨数株，偃伏石上。花时黄雪满阶，如游天香国中，足怡鼻观。余负花癖，与秋芙常煮茗其下。秋芙拗花簪鬓，额上发为树枝梢乱，余为蘸泉水掠之。临去折花数枝，插车背上，携入城罣，欲人知新秋消息也。

乙　芸

在《浮生六记》中，一个不出名的画家描写他们夫妇的闺房中琐事的回忆。他俩都是富于艺术性的人，知道怎样尽量地及时行乐。文字极其自然，毫无虚饰。我颇觉得芸是中国文学中所记的女子中最为可爱的一个。他俩的一生很凄惨，但也很放荡，是心灵中所流露出来的真放荡。他俩以享受大自然为怡情悦性中必不可少的事件。以下三节描写他俩怎样度那快乐的牛郎织女相会节和中元节，以及怎样在苏州过夏。

是年七夕，芸设香烛瓜果，同拜天孙于我取轩中。余镌"愿生生世世为夫妇”图章二方，余执朱文，芸执白文，以为往来书信之用。是夜月色颇佳，俯视河中，波光如练。轻罗小扇，并坐水窗，仰见飞云过天，变态万状。芸曰：“宇宙之大，同此一月。不知今日世间，亦有如我俩人之情兴否？”余曰：“纳凉玩月，到处有之。若品论云霞，或求之幽闺绣闼，慧心默证者固亦不少；若夫妇同观，所品论者恐不在此云霞耳。”未几，烛尽月沉，撤果归卧。

七月望，俗谓之鬼节。芸备小酌，拟邀月畅饮。夜忽阴云如晦，芸愀然曰：“妾能与君白头偕老，月轮当出。”余亦索然。但见隔岸萤光明灭万点，梳织于柳堤蓼渚间。余与芸联句以遣闷怀，而两韵之后，逾联逾纵，想入匪夷，随口乱道。芸已漱涎涕泪，笑倒余怀，不能成声矣。觉其鬓边茉莉，浓香扑鼻，因拍其背，以他词解之曰：“想古人以茉莉形色如珠，故供助妆压鬓，不知此花必沾油头粉面之气，其香更可爱，所供佛手，当退避三舍矣。”芸乃止笑曰：“佛手乃香中君子，只在有意无意间；茉莉乃香中小人，故须借人之势，其香也如胁肩谄笑。”余曰：“卿何远君子而近小人？”芸曰：“我笑君子爱小人耳。”

正话间，漏已三滴，渐见风扫云开，一轮涌出，乃大喜，倚窗对酌。酒未三杯，忽闻桥下哄然一声，如有人堕。就窗细瞩，波明如镜，不见一物，唯闻河滩有只鸭急奔声。余知沧浪亭畔素有溺鬼，恐芸胆怯，未敢即言。芸曰：“噫！此声也，胡为乎来哉？”不禁毛骨皆悚。急闭窗，携酒归房。一灯如豆，罗帐低垂，弓影杯蛇，惊神未定。剔灯入帐，芸已寒热大作，余亦继之，困顿两旬。真所谓乐极灾生，亦是白头不终之兆。

这书中可算是充满着美丽风雅，流露着对大自然的爱好。以下这段在苏州过夏的记录可见一斑：

迁仓米巷，余颜其卧楼曰“宾香阁”，盖以芸名而取如宾意也。院窄墙高，一无可取。后有厢楼通藏书处，开窗对陆氏废园，但有荒凉之象。沧浪风景，时切芸怀。

有老妪居金母桥之东，埂巷之北，绕屋皆菜圃，编篱为门。门外有池约亩许，花光树影，错杂篱边。其地即元末张士诚王府废基也。屋西数武，瓦砾堆成土山。登其巅可远眺，地旷人稀，颇饶野趣。妪偶言及，芸神往不置。

越日至其地，屋仅二间，前后隔而为四，纸窗竹榻，颇有幽趣。老妪知余意，欣然出其卧室为赁，四壁糊以白纸，顿觉改观。邻仅老夫妇二人，灌园为业，知余夫妇避暑于此，先来通殷勤，并钓池鱼，摘园蔬为馈。偿其价不受，芸做鞋报之，始谢而受。时方七月，绿树荫浓，水面风来，蝉鸣聒耳。邻老又为制鱼竿，与芸垂钓于柳荫深处。日落时，登土山观晚霞夕照，随意联吟，有“兽云吞落日，弓月弹流星”之句。少焉，月印池中，虫声四起，设竹榻于篱下。老妪报酒温饭熟，遂就月光对酌，微醺而饭。浴罢，则凉鞋蕉扇，或坐或卧，听邻老谈因果报应事。三鼓归卧，周体清凉，几不知身居城市矣。篱边倩邻老购菊，遍植之。九月花开，又与芸居十日。吾母亦欣然来观，持螯对菊，赏花竟日。芸喜曰：“他年当与君卜筑于此，买绕屋菜园十亩，课仆妪，植瓜蔬，以供薪水。君画我绣，以为诗酒之需。布衣菜饭，可乐终身，不必作远游计也。”余深然之。今即得有境地，而知己沦亡，可胜浩叹！

四、论石与树

现在的事情，真使我莫名其妙。房屋都是造成方形的，整齐成列。道路也是笔直的，并且没树木。我们已不再看见曲径、老屋和花园中的井，城市中即使有两处私人的花园，也不过是具体而微罢了。我们居然已做到将大自然推出我们的生活之外的地步。我们是住在没有屋顶的房子，房屋的尽处即算是屋顶。只要合于实用，便算了事。因此营造匠人也因看得讨厌，而马虎完事。现在的房屋，简直像一个没有耐心的小孩用积木所搭成的房子；在没有加上屋面，尚未完成时，即已觉得讨厌而停工了。大自然的精神已经和现代的文明人脱离。我颇以为人类甚至于已经企图把树木也文明化起来。我们只需看一看大道旁所植的树，株数间隔，何等整齐，还要把它们消一下毒，并且用剪子修整，使它们显出我们人类所认为美丽的形式。

我们现在种花，每每种成圆形，或星形，或字母形。如若当中有一株的枝叶偶尔横叉出齐整线之外，我们便视之如西点（West Point）学兵操练时当中有一个学兵步伐错误一般的可怕，而赶紧要用剪子去剪它下来。凡尔赛所植的树，都是剪成圆锥形，一对一对地极匀称地排列成圆形或长方形，如兵式操中的阵图一般。这就是人类的光荣和权力，如同训练兵丁一般去训练树木的能力。如若一对并植着的树，高矮上略有参差，我们便觉得非剪齐不可，使它不至于扰乱我们的匀称感觉，人类的光荣和权力。

所以当前的大问题就是：怎样去要回大自然和将大自然依旧引进人类的生活里边？这是一个极难于措置的问题。人们都是住在远离泥土的公寓中，即使他有着最好的艺术心性，也将何从去着力呢？即使他有另租一间房屋的经济力，但这里边怎样能够种植出一片草场，或开一口井，或种植一片竹园呢？一切的一切都是极端的错误，都是无从挽回的错误。除了摩天大厦和夜间成排透露灯光的窗户之外，还有什么可以使人欣赏的东西呢？一个人越多看这种摩天大厦以及夜间成排透露灯光的窗户，便会越自负人类文明的能力，而忘却人类本是何等渺小的生物。所以我只能认这个问题为无解决的可能，而搁在一旁。

所以，第一步我们须使每个人有很多的空地。不论什么借口，剥夺人类土地的文明总是不对的。假使将来产生一种文明，能使每个人都有一亩的田地，他才有下手的机会。他就可以有着自己所有的树，自己所有的石。他在选择地段的时节，必去选原有大树的地方。倘若果真没有大树，他必会赶紧去种植一些易于生长的树，如竹树、柳树之类。他不必再将鸟养在笼中，因为百鸟都会自己飞来。他必会听任青蛙留在近处，并且留些蝎子、蜘蛛。那时他的儿童才能在大自然中研究大自然，而不必从玻璃柜中去研究它。儿童至少有机会去观察小鸡怎样从鸡蛋中孵出来，对于两性问题不会再和那波斯顿高等家庭中儿童一般的一窍不通了。他们也有了机会可以看见蝎子和蜘蛛的打架，他们的身上将时常很舒服地污秽了。

中国人的爱石心性，我在上文已经提过，这就可以解释为什么中国人在画中都喜欢山水的理由。但这解释还不过是基本的，尚不足以充分说明一般的爱石心理。基本的观念是石是伟大的、坚固的，暗示一种永久性。它们是幽静的、不能移动的，如大英雄一般的具着不屈不挠的精神。它们也是自立的，如隐士一般地脱离尘世。它们也是长寿的，中国人对于长寿的东西都是喜爱的。最重要的是：从艺术观点看起来，它们就是魁伟雄奇，峥嵘古雅的模范。此外还有所谓“危”的感想，三百尺高的壁立巉岩总是奇景，即因它暗示着一个“危”字。

但应该讨论的地方还不止于此。一个人绝不能天天跑到山里去看石，所以必须把石头搬到家中。凡是花园里边的垒石和假山，布置总以“危”为尚，以期模仿天然山峰的峥嵘。这是西方人到中国游历时所不能领会了解的。但这不能怪西方人，因为大多数的假山都是粗制滥造、俗不可耐，都不能使人从而领略到真正的魁伟雄奇意味。用几块石头所叠成的假山，大都用水泥胶粘，而水泥的痕迹往往显露在外。真正合于艺术的假山，应该是像画中之山石一般。假山和画中山石所留于人心的艺术意味无疑地是相类而联系的，例如，宋朝的名画家米芾曾写了一部关于观石的书。另一宋朝作家曾写了一部石谱，书中详细描写了几百种各处所产适合于筑假山之用的石头。这些都显示假山当宋代名画家时代，已经有了很高度的发展。

和这种山峰巨石的领略平行的，人类又发展了一种对园石的不同的领略，专注意于颜色纹理面皱和结构，有时并注意于击时所发出的声音。石愈小，愈是注意于结构和纹色。有许多人的对于集藏各种石砚和石章的癖好更增长了这一方面的发展。这两种癖好是许多中国文士所当做日常功课的。于是纹理细腻，颜色透明鲜艳，成为最重要之点，再后，又有人癖好玉石所雕的鼻烟壶，情形也是如此。一颗上好的石章，或一个上好的鼻烟壶，往往可以值到六七百块钱。

要充分领略石头在室内和园内的用处，我们须先研究一下中国书法。因中国书法是专在抽象的笔势和结构上用工夫。好的石块，一方面固然应该近乎雄奇不俗，但其结构更为重要。所谓结构并不是要它具有着匀称的直线形、圆形或三角形，而应是天然的拙皱。老子在他所著的《道德经》中常称赞不雕之璞。我们千万不可粉饰天然，因为最好的艺术结晶也和好的诗文一般须像流水行云的自然，如中国评论家所谓不露斧凿之痕。这一点可以适用于艺术的任何一方面。我们所领略的是不规则当中的美丽，结构玲珑活泼当中的美丽。富家书房中常爱设用老树根所雕成的凳子，即是出于这种领略的观念。因此，中国花园中的假山大都是用未经斧凿的石块所叠成，有时是用丈余高的英石峰，有时是用河里或山洞里的石块，都是玲珑剔透，极尽拙皱之态的。有一位作家主张：如若石中的窟窿恰是圆形的，则应另外拿些小石子粘堆上去，以减少其整圆的轮廓。上海和苏州附近花园中的假山大都是用从太湖底里所掘起的石块叠成的，石上都有水波的纹理。有时取到的石块如若还不够嵌空玲珑，则用斧凿修琢之后，依旧沉入水中，待过一两年后，再取出来应用，以便水波将斧凿之痕洗刷净尽。

对于树木的领略是较为易解的，并且当然是很普遍的，房屋的四周如若没有树木，便觉得光秃秃的如男女不穿衣服一般。树木和房屋之间的分别，只在房屋是造成的，而树木则是生长的。凡是天然生长出来的东西总比人工造成的更为好看。为了实用上便利的理由，我们不能不将墙造成直的，将每层房屋造成平的。但在楼板这件事上，一所房屋中同层各房间的地板，其实并没有必须在同一水平线上的理由。不过我们已不可避免地偏向直线和方形，而这种直线和方形非用树木来调剂，便不美观。此外在颜色设计上，我们不敢将房屋漆成绿色，但大自然则敢将树木漆成绿色。

艺术上的智慧在于隐匿艺术。我们都是太好自显本领，在这一点上我不能不佩服清代的阮元。他于巡抚浙江的任上，在杭州西湖中造了一个小屿，即后人所称的阮公屿。这屿上并没有什么建筑，连亭子碑柱等都没有。他在这件创作上，完全抹去了个人。现在这阮公屿依然峙立在西湖的水中，是约有百码方圆的一方平地，高出水面不过尺余，地上所有的不过是青葱飘拂的柳树。你如在一个烟雾弥漫的日子去远望这屿，你便能看到它好似从水中冉冉上升。杨柳的影子映在水中，冲破了湖面的单调，而使它增加了风韵。所以这阮公屿是和大自然完全和谐的。它不像那美国留学生回国后所造的灯塔式的纪念塔般，令人看了触目。这纪念塔是我每看见一次便眼痛一次的。我曾公开地许愿，我如若有一天做了强盗头而占据杭州，我的第一件行动，便是用大炮将这个纪念塔轰去。

在数千百种的树木中，中国名士和诗人觉得当中有几种的结构和轮廓，由于从书法家的观点上具着种种特别的美处，所以尤其是宜于艺术家的欣赏。这就是说，虽然凡是树木都是好看的，但其中某某几种则更是具着特别的姿势或风韵。所以他们特把这几种树木另提出来，而将它们联系于各种的指定感情。例如橄榄树的峥嵘不如松树，杨柳虽柔媚但并不雄奇。有少数几种树木是常见于画幅和诗歌中的，其中最杰出的，如松树的雄伟，梅树的清奇，竹竹节的纤细令人生家屋之感，和杨柳的柔媚令人如对婀娜的美女。

松树的欣赏，或许可算是最惹人注意和最具着诗的意义。它比别的树更能表征行为高尚的概念。因为树木当中也有最高尚和不高尚之别，也有雄奇和平淡之别，所以中国艺术家常称美松树的雄伟，如马太·阿诺德(Matthew Arnold)称美古希腊诗人荷马的伟大一般。在树木之中，想向杨柳去求雄伟，其徒然无效正如在诗人之中想向斯温本(Swinburne)去求雄奇。美丽的种类种种不一:如柔和之美、优雅之美、雄伟之美、壮严之美、古怪之美、粗拙之美、力量之美和古色古香之美。松树就因为具着这种古色古香的性质,所以使它在树木中得到特别的位置。正如隐居的高士,宽袍大袖,扶着竹杖在山径中行走,而被人认为是人类的最高理想一般。李笠翁因此曾说,坐在一个满植杨柳桃花的园中,而近旁没有松树,就等于坐在儿童女子之间,而旁边没有一个可以就教的老者一般。中国人也为了这个理由,于爱松之中,尤爱松之老者,越老越好。因为它们是更其雄伟。和松树并立的是柏树,也是以雄奇见称。它的树枝都是弯曲虬缠而向下的。向上的树枝象征少年的蓬勃朝气,而向下的树枝则象征俯视年轻人的老者的佝偻姿势。

我曾说过,松的可爱处是在艺术上意义更深长,因为它代表幽静雄伟和出世,正和隐士的态度相类。这个可爱处常和玩石与在松下徘徊的老人联系在一起,如在中国画中所见的一般。当一个人立在松树下向上望时,心中会生出它是何等苍老,在宁静的独立中何等快乐的感想。老子说,石块无言,苍老的松树也无言,它只是静静地沉着地立在那里俯视世界,好似觉得已经阅历过多少的人事沧桑,它像智慧的老人一般无所不懂,不过从不说话。这就是它神秘伟大的地方。

梅树的可爱处在于枝干的奇致和花的芬芳。诗人于欣赏树木时,常以松、竹、梅为寒冬三杰,而称之为岁寒三友。因为竹和松是长青树,而梅则在冬末春初时开花,所以梅树特别象征品质的高洁,一种寒冷高爽中的纯洁。它的香味是一种冷香,天气越冷,它越有精神。它也和兰花一般表征幽静中的风韵。宋代的隐居诗人林和靖曾以妻梅子鹤自傲。他的遗迹现在依旧在西湖的孤山,他墓旁还有一座鹤冢,每年诗人和名士去凭吊者很多。梅树的姿态和芬芳的可爱处,中国有一句古诗描写最好。那句诗是:

暗香浮动影横斜。

后来的诗人都认为这七个字已写尽了梅花的美处,更不能有所增减。

人的爱竹,爱的是干叶的纤弱,因此植于家中更多享受。它的美处是一种微笑般的美处,所给我们的乐处是一种温和的乐趣。竹以瘦细稀疏为妙,因此种竹两三株，和一片竹林同样的可爱，不论在园中或画上。因为竹的可爱处在纤瘦，所以画在画上时只须两三枝，即已足够，正如画梅花的只须画一枝。纤瘦的竹枝最宜配以怪石，所以画竹时，旁边总画上几块总是皱瘦玲珑的石头。

杨柳极易于生长，河边岸上也可以种植。这树象征女性的绝色美丽。张潮即因此认杨柳为世上四种最感人的物事之一，而说“柳令人感”。中国美人的细腰，中国的舞女穿着长袖的宽袍，于舞时都模拟着柳枝在风中回旋往复的姿势。因为柳树极易生长，中国有许多地方数里之中遍地是柳，当阵风吹过之时，便能激起所谓“柳浪”。此外黄莺和蝉都最喜欢栖于柳树，图画中画到杨柳时，每每都画上几只黄莺和蝉以为点缀。所以西湖十景中，有一处的名称即是“柳浪斗莺”。

此外当然还有许多种令人可爱的树木，如梧桐树因树皮洁净，可以用小刀刻画诗词，而被人所爱。也有人喜爱盘绕在树根或山石上的巨藤，它们回环盘绕，和大树的直干适成一种对比。有时这种巨藤很像一条龙形，于是即称它为卧龙。横斜弯曲的老树枝干，也因了这个理由为人所爱。苏州太湖边的木渎地方有四棵老柏，其名为“清”、“奇”、“古”、“怪”。“清柏”的干很直，上面的枝叶四面铺张开来如同伞形。“奇柏”横卧地上，树干有三个弯曲如Z形。“古柏”光皮秃顶，伸着半枯的树枝如同人的手指一样。“怪柏”自根而上树干扭绞如同螺旋一般。

最重要的是人人爱树木，不单是爱树木本身，而也连带爱着其他的天然物事如：石、云、鸟、虫，和人。张潮曾说：“艺花可以邀蝶，垒石可以邀云，栽松可以邀风……种蕉可以邀雨，植柳可以邀蝉。”人于爱树木之中连带爱着树上的鸟声；爱石之中连带着石旁的蟋蟀声。因为鸟必在树上，蟋蟀必在石旁方肯鸣叫。中国人喜爱善鸣的蛙、蟋蟀和蝉，更胜于爱猫、狗或别种家畜。动物之中，只有鹤的品格配得上松树和梅花，因为鹤也是隐逸的象征。一个高人看见一只鹤，或甚至一只鹭，白而洁净，傲然独立于池中时，他便会期望自己也化成一只鹤。

郑板桥在写给他弟弟的信中，有一段论到不应该将鸟儿关在笼中一节，最能表现出人类怎样去和大自然融合而得到快乐（因为动物都是快乐的）的思想：

所云不得笼中养鸟，而余又未尝不爱鸟；但养之有道耳。欲养鸟，莫如多种树，使绕屋数百株，扶疏茂密，为鸟国鸟家。将旦时，睡梦初醒，尚辗转在被，听一片啁啾，如云门咸池之奏。及披衣而起，颐面漱口啜茗，见其扬翚振彩，倏往倏来，目不暇接，固非一笼一羽之乐而已。大率平生乐处，欲以天地为囿，江溪为池，各适其天，斯为大快，比之盆鱼笼鸟，其巨细仁忍何如也！

五、论花和折枝花

现在的人对于花和插花的爱好这件事，似乎都出之以不经意。其实呢，要享受花草也和享受树木一般，须先下一番选择功夫，分别品格的高低，而配以天然的季节和景物。就拿香味这一端讲起来，香味很烈的如茉莉，较文静的如紫丁香，最文静细致的如兰花。中国人认为花的香味越文静的，品格越高。再拿颜色来讲，深浅也种种不一。有许多浓艳如少妇，有许多淡雅如闺中的处女，有许多似乎是专供大众欣赏的，而另有些则幽香自怡，不媚凡俗。有许多以鲜艳见长，有许多则以淡雅显高。最重要是：凡是花木都和开花时的季节和景物有连带的特性。例如我们提到玫瑰时，便自然想到风清日和的春天；提到荷花时便想到风凉夏早的池边；提到桂花时，便想到秋高气爽的中秋月圆时节；提到菊花时，便想到深秋对菊持螯吃蟹时的景物；提到梅花时，便想到冬日的瑞雪；又联想到水仙花，便会使我们想到新年的快乐景色。每一种花似乎都和开花时的环境完全融洽和谐，使人极易于记忆什么花代表什么季节的景物，如同冬青树代表圣诞节一般。

兰花、菊花和莲花也如松竹一般，为了它们具着某种特别的品质，而特别为人重视，在中国的文学中视之为高人的象征。其中兰花更因为具着一种特式的美丽，而为人所敬爱。中国诗人于花中最爱梅花，这一点上文中已经有所说明，称之为“花魁”，因为梅花开于新年，正是一年之先，但是各人的意见当然也有不同的，所以有许多人则尊牡丹为“花王”，尤其是在唐代。另一方面说起来，牡丹以浓艳见长，所以象征富贵，而梅花则以清瘦见长，所以象征隐逸清苦。因此，前者是物质的，而后者则是精神的。中国有一位文人极推崇牡丹，原因是当唐朝武则天临朝的时代，她一时忽发狂兴，诏谕苑中百花必须在冬月的某天一齐开放，百花都不敢不按时开放，当中唯有牡丹独违圣旨，比规定的时刻迟了数小时方始开花。因此触了武则天的怒，而下诏将苑中几百盆牡丹一起从京都(西安)贬到洛阳去。从此牡丹便失去了恩宠，但其种未绝，以后盛于洛阳。我以为中国人不很重视玫瑰花的理由，大概是因为玫瑰和牡丹同其浓艳，而不及牡丹的富丽堂皇，所以被抑在下的。据中国旧书的说法，牡丹共有九十种，各有一个诗意的特别名称。

兰花和牡丹的品格截然不同，是幽雅的象征。因为兰花是常生于幽谷的。文人称它具有"孤芳独赏"的美德，它从不取媚于人，也不愿移居城市之中，而即使移植了，灌溉看顾也须特别当心，否则便立刻枯死。所以中国书中常称深闺的美女和隐居山僻不求名利的高人为"空谷幽兰"。兰花的香味是如此的文静，它不求取悦于人，但能领略的人就知道它的香味是何等高洁啊！这使它成为不求斗于世的高人和真正友谊的象征。有一本古书上说："久居芝兰之室，则不闻其香。"就因为这人的鼻已充满了花香了。依李笠翁的说法，兰花不宜于遍置各处，而只宜限于一室，方能于进出之时欣赏其幽香。美国兰花形式较大，颜色较为富丽，但似乎没有这种文静的香味。我的家乡福建是中国有名的"建兰"之产地。建兰的花瓣较小，长只一寸，颜色淡绿，种在紫沙盆中，异常好看。最著名的一种名叫"郑孟良"，颜色和水差不多，浸在水中时，竟可花水不分。牡丹都以产地为名，而兰花则都以从前种它的高人为名，如美国花草之以种者的名字为名一般，例如李司马黄八哥之类。

无疑的，兰花的难于种植，和它的香味的异常文静，使它得到高贵的身价。各种花木中以兰花最为娇嫩，稍不经心，便会枯死。所以爱兰者都是亲手灌溉整理，不肯假手于仆役。我曾看见过爱护兰花者之专心护视不亚于人之爱护其父母。奇异花卉也如稀有的金石古玩一般，在占有上很易引起同好者的妒忌。例如向人索取枝芽而被拒绝者，每会变成极端的仇恨。中国某种笔记中，曾载某人向他的朋友索取一种奇花的枝芽，未能如愿，即下手偷窃，因此被控获罪。对于这种情形，沈复在他所著的《浮生六记》中有一段极好的描写，他说：

花以兰为最，取其幽香韵致也，而瓣品之稍堪入谱者不可多得。兰坡临终时，赠余荷瓣素心春兰一盆，皆肩平心阔，茎细瓣净，可以入谱者。余珍如拱璧。值余游幕于外，芸能亲为灌溉，花叶颇茂。不二年，一日忽萎死。起根视之，皆白如玉，且兰芽勃然。初不可解，以为无福消受，浩叹而已。事后始悉有人欲分不允，故用滚汤灌杀也。从此誓不植兰。

正如梅花是诗人林和靖的爱物，莲花是儒家周莲溪的爱物一般，菊花是诗人陶渊明的爱物。菊花开于深秋，所以也具冷香色之誉。菊花之冷色和牡丹的浓艳，极容易分辨。菊花的种类甚多，据我所知，宋代名士范成大是赐以各种美名的始创者。种类的繁多，似乎是菊的特色。其花形和颜色的种类多到不胜数计。白和黄色的是花的正宗，紫和红色的为花的变体，所以品格即次。白色和黄色的菊花有银盏、银玲、金玲、玉盆、玉玲、玉绣球等等美称。也有用古代美人的名字如杨贵妃和西施之类的。花的形式有时如时髦女人的鬈发，有时如少女头上一绺一绺的长发。花的香味也各有不同，以含有麝香味或龙脑香味者为最上。

湖莲自成一种，且据我看来，是花中之最美者。消夏而没有莲花，实不能称为美满。如若屋旁没有种荷的池子，则可以将它种在大缸中，不过这种方法缺少了一片连绵，花叶交映，露滴花开，芳香裹里的佳景(美国的水莲和中国的荷花不同)。宋代名士周莲溪著文解释他爱莲的理由，并说莲花是出于污泥而不染，所以可比之为贤人，这完全是儒家的口气。再从实用方面讲起来，这花从顶到根，没有一样是废物。莲根即藕，是绝佳的水果；荷叶可用以包扎食物；花可供人赏玩；子即莲子，尤其是食物中的仙品，可以新鲜时生吃，或晒干后煮了吃。

海棠花的式样和苹果花很有些相像，也是诗人所爱的花中之一。这花虽盛产于杜甫的故乡四川，但他的诗中恰一字不曾提过。这件事很奇怪，猜测之说很多，其中以杜甫的母亲名海棠，所以他避讳的一说最为近情。我以为兰花之外，香味最佳者是桂花和水仙花。这水仙盛产于我的故乡漳州，从前曾大批地贩运至美国。但后来因美国国务院说这种过于芬芳的花或有滋生细菌的可能，因而突然禁止进口。水仙的茎和根部都很洁净如翠玉，况且种在盆中只用水和石子而不用泥，极为清洁，在这情形之下，何以能滋生细菌？所以这种禁令，实令人莫测高深。踯躅花虽极美丽，但人都称之为凄凉的花。因为据说从前一个人走遍天下去找寻他那被后母逐出的哥哥，但终久未能寻到,死后化为杜鹃终日泣血,而这踯蠋花则就是从杜鹃的血泪中所生出来的。

折花插瓶一事,其郑重也和品第花的本身差不多。这种艺术远在十一世纪中即已有普遍的发展,十九世纪的《浮生六记》的作者在《闲情记趣》一记中,曾论到插花的艺术说,插花适当,可以使之美如图画。

唯每年篱东菊绽,秋兴成癖,喜摘插瓶,不爱盆玩。非盆玩不足观,以家无园圃,不能自植;货于市者,俱丛杂无致,故不取耳。其插花朵,数宜单,不宜双。每瓶取一种,不取二色。瓶口取阔大,不取窄小,阔大者舒展。不拘自五七花三四十花,必于瓶口中一丛怒起,以不散漫,不挤轧,不靠瓶口为妙;所谓"起把宜紧"也。或亭亭玉立,或飞舞横斜。花取参差,间以花蕊,以免飞钹要盘之病。叶取不乱,梗取不强。用针宜藏,针长宁断之,毋令针针露梗;所谓"瓶口宜清"也。视桌之大小,一桌三瓶至七瓶而止,多则眉目不分,即同市井之菊屏矣。几之高低,自三四寸至二尺五六寸而止,必须参差高下,互相照应,以气势联络为止。若中高两低,后高前低,成排对列,又犯俗所为"锦灰堆"矣。或密或疏,或进或出,全在会心者得画意乃可。若盆碗盘洗,用漂、青松香、榆皮面和油,先熬以稻灰,收成胶,以铜片按钉向上,将膏火化粘铜片和盘盆碗洗中。俟冷,将花用铁丝扎把,插于钉上,宜偏斜取势,不可居中,更宜枝疏叶清,不可拥挤;然后加水,用碗沙小许掩铜片,使观者疑丛花生于碗底方妙。若以木本花果插瓶,剪裁之法(不能色色自觅,倩人举折者每不合意),必先执在手中,横斜以观其势,反侧取其态,相定之后,剪去杂枝,以疏瘦古怪为佳。再思其梗如何入瓶,或折或曲,斜入瓶口,方免背叶侧花之患,若一枝到手,先拘其梗之直者插瓶中,势必枝乱梗强,花侧叶背,既难取态,更无韵致矣。折梗打曲之法,锯其梗之半而嵌以砖石,则直者曲矣。如患梗倒,敲一二钉以莞之。即枫叶竹枝,乱草荆棘,均堪入选,或绿竹一竿,配以枸杞数粒;几茎细草,伴以荆棘两枝;苟位置得宜,另有世外之趣。

六、袁中郎的瓶花

关于折花插瓶一事,十六世纪中的作家袁中郎在他的著作中讨论得最为透彻。他所著的《瓶史》极为日本人所爱好，因此日本有所谓袁派插花家。他在这书的小引中说："夫山水花木者，名之所不在，奔竞之所不至也，天下之人，栖止于嚣崖利薮，目眯尘沙，心疲计算，欲有之而有所不暇，故幽人韵士得以乘间而踞为一日之有。"他又说明瓶花之乐不得"狃以为常"，它不过是居于城市者的"暂时快心事"，而不可"忘山水之大乐"。

他在《瓶史》中提及书房中插花为饰时所应该留意之处，并说，胡乱插供，不如无花。最后则论及各种插花的铜瓶和瓷瓶。他说花瓶可以分两类：凡富贵之家有汉代大铜瓶和大厅堂者，应供高大的花草；寻常的韵士则应用小瓶，供小枝。但在选择上须下功夫。花中惟牡丹和莲花，则必须用大瓶插供。

对于插花一事，他说：

插花不可太繁，亦不可太瘦，多不过二种三种。高低疏密，如画苑布置方妙。置瓶忌两对，忌一律，忌成行列，忌以绳束缚；夫花之所谓整齐者，正以参差不论，意态天然。如子瞻之文，随意断续；青莲之诗不拘对偶，此直整齐也。若夫枝叶相当，红白相配，此省曹墀下树，墓门华表也，恶得为整齐哉？

室中天然几一，藤床一。几宜阔厚，宜细滑，凡本地边栏漆桌描金螺钿床，乃彩花瓶架之类，皆置不用。

又对于浴花和浇花一事，他所说的话极能道出花的性情和精神：

夫花有喜怒寤寐，晓夕浴花者，得其候，乃为膏雨。澹云薄日，夕阳佳月，花之晓也。狂号连雨，烈焰浓寒，花之夕也。辰檀烘目，媚体藏风，花之喜也。晕酣神敛，烟色迷离，花之愁也。攲枝困槛，如不胜风，花之梦也。嫣然流盼，光华溢目，花之醒也。晓则空亭大厦，昏则曲房奥室，愁则屏气危坐，喜则欢呼调笑，梦则垂帘下帷，醒则分膏理泽，所以悦其性情，时其起居也。浴晓者上也，浴寐者次也，浴喜者下也。若夫浴夕浴愁，直花刑耳，又何取焉。

浴之法，用泉甘而清者，细微浇注，如微雨解醒，清露润甲，不可以手触花，及指尖折剔，亦不可付之庸奴猥婢。浴梅宜隐士，浴海棠宜韵客，浴牡丹芍药宜靓妆少女，浴榴宜艳色婢，浴木樨宜清慧儿，浴莲宜娇媚妾，浴菊宜好古而奇者，浴腊梅宜清瘦僧。然寒花性不耐浴，当以轻绡护之。

据袁氏的说法，凡插瓶的花，某种须和着插，如婢之配主。因为中国自古以来，大人家的主妇必有一个终身服侍的侍婢，所以就产生了美丽的主妇如有艳婢在旁为配，便更加出色的观念。主婢都宜娇美，何者是属于主妇式的美，但何者是属于婢侍式的美，则连我自己亦说不出。主婢如若不相称配，其触目难看等于披屋和正屋的不相称。将这个观念引用到花上，袁氏以为在瓶花的配侍上，梅花宜以山茶为婢，海棠宜以苹婆丁香为婢，牡丹宜以玫瑰木香为婢，芍药宜以罂粟蜀葵为婢，石榴宜以紫薇大红千叶木槿为婢，莲花宜以玉簪为婢，木樨宜以芙蓉为婢，菊花宜以秋海棠为婢，腊梅宜以水仙为婢。婢也各自具着她自己的姿态，种类不同，正和她们的主妇一般。她们的名称虽是婢，但当中并没有轻视的意思。她们都被比做历史上有名的侍婢，如：水仙神骨清绝，是织女的梁玉清；山茶玫瑰明艳，是石氏的翔风和羊家的净琬；山矾洁而逸，是鱼玄玑的绿翘；丁香瘦、玉簪寒、秋海棠娇然有酸态，是郑康成（郑氏为汉大儒，曾注经书）的侍儿。

他以为一个人不论对于什么艺术，即小如下棋，也须癖好成痴，方能够有所成就。对于花的爱好也是如此：

余观世上语言无味面目可憎之人，皆无癖之人耳。若真有所癖，将沉湎酣溺，性命死生以之，何暇及钱奴宦贾之事。古之负花癖者，闻人谈一异花，虽深谷峻岭，不惮蹶躄而从之。至于浓寒盛暑，皮肤皴鳞，汗垢为泥，皆所不知。一花将萼，则移枕携襆，睡卧其下，以观花之由微至盛至落至萎地而后去。或千株万本以穷其变，或单枝数房以树其趣，或视叶而知花之大小，或见根而辨色之红白，是之谓真爱花，是之谓真好事也。

又对于赏花一事他说：

茗赏者上也，谈赏者次也，酒赏者下也，若夫超酒越茶及一切庸秽凡俗之语，此花神之深恶痛斥者，宁闭口枯坐，勿遭花恼可也，夫赏花有地有时，不得其时而漫然命客，皆为唐突。寒花宜初雪，宜雪霁，宜新月，宜暖房，宜晴日，宜轻寒，宜华堂暑月，宜雨后，宜快风，宜佳木荫，宜竹下，宜水阁。凉花宜爽月，宜夕阳，宜空阶，宜苔径，宜古藤巉石边。若不论风日，不择佳地，神气散缓，了不相属，此与妓舍酒馆中花何异哉？

最后他列举十四种花快意，和二十三种花折辱如下：

花快意

明窗 净几 古鼎 宋砚 松涛 溪声 主人好事能诗 门僧解烹茶 苏州人送酒 座客工画 花卉盛开 快心友临门 手抄艺花书 夜深炉鸣 妻妾校花故实

花折辱

主人频拜客 俗子阑入 蟠枝 庸僧谈禅 窗下狗斗莲子 胡同歌童 弋阳腔 丑女折戴 论升迁 强作怜爱 应酬诗债未了 盛开家人催算账 检韵府押字 破书狼藉 福建牙人 吴中赝画 鼠矢 蜗涎 童仆偃蹇 令初行酒尽 与酒馆为邻 案上有黄金白雪中原紫气等诗

七、张潮的警句

我们已知道享受大自然不单是限于艺术和图画。显现于我们之前的大自然是整个的，它包括一切声音、颜色、式样、精神和气氛。人则以了解生活的艺术家的资格去选择大自然的精神，而使它和自己精神融合起来。这是一切中国诗文作家所共持的态度。不过其中以十七世纪中叶的诗人张潮在他所著的《幽梦影》一书中说得最透彻。这书是一种文人的格言，中国古代类似的著作很多，但都不如这书而已。这种格言都是取材于旧谚，正如安特森的故事取材于英国古代的童语和休勃的歌曲取材于民间俚曲。这部书极为中国文人所爱读，有许多人曾于读后加上自己的评注，庄谐都有。但我为了篇幅关系，只能译引其中论及享受大自然的一部分。此外，我因他对于人生问题的部分所说的话是如此的澈彻警惕，所以也译引了一些在后面：

论何者为宜

花不可以无蝶，山不可以无泉，石不可以无苔，水不可以无藻，乔木不可以无藤萝，人不可以无癖。

赏花宜对佳人，醉月宜对韵人，映雪宜对高人。

艺花可以邀蝶，累石可以邀云，栽松可以邀风，贮水可以邀萍，筑台可以邀月，种蕉可以邀雨，植柳可以邀蝉。

楼上看山，城头看雪，灯前看月，舟中看霞，月下看美人，另是一番情境。

梅边之石宜古，松下之石宜拙，竹旁之石宜瘦，砚内之石宜巧。

有青山方有绿水，水惟借色于山；有美酒便有佳诗，诗亦乞灵于酒。

镜不幸而遇嫫母，砚不幸而遇俗子，剑不幸而遇庸将，皆无可奈何之事。

论花与美人

花不可见其落，月不可见其沉，美人不可见其夭。

种花须见其开，待月须见其满，著书须见其成，美人须见其畅适，方有实际；否则皆为虚设。

看晓妆宜于扑粉之后。

貌有丑而可观者，有虽不丑而不足观者；文有不通而可爱者，有虽通而极可厌者。此未易与浅人道也。

以爱花之心爱美人，则领略自饶别趣；以爱美人之心爱花，则护惜倍有深情。

美人之胜于花者，解语也；花之胜于美人者，生香也。二者不可得兼，舍生香而解语者也。

养花胆瓶，其式之高低大小须与花相称；而色之浅深浓淡，又须与花相反。

凡花色之娇媚者多不甚香，瓣之千层者多不结实。甚矣全才之难也！兼之者，其唯莲乎。

梅令人高，兰令人幽，菊令人野，莲令人淡，春海棠令人艳，牡丹令人豪，蕉与竹令人韵，秋海棠令人媚，松令人逸，桐令人清，柳令人感。

所谓美人者，以花为貌，以鸟为声，以月为神，以柳为态，以玉为骨，以冰雪为肤，以秋水为姿，以诗词为心，吾无间然矣。

天下无书则已，有则必当读；无酒则已，有则必当饮；无名山则已，有则必当游；无花则已，有则必当赏玩；无才子佳人则已，有则必当爱慕怜惜。

媸颜陋质，不与镜为仇，亦以镜为无知之死物耳；使镜而有知，必遭扑破矣。

买得一株好花，犹且爱护而怜惜之；矧其为“解语花”乎！

若无诗酒，则山水为具文；若无佳丽，则花月皆虚设。才子而美姿容，佳人而工著作，断不能永年者。匪独为造物之所忌，盖此种原不独为一时之宝，乃古今万世之宝，故不欲久留人世以娶亵耳。

论山水

物之能感人者：在天莫如月，在乐莫如琴，在动物莫如鹃，在植物莫如柳。

为月忧云，为书忧蠹，为花忧风雨，为才子佳人忧命薄，真是菩萨心肠。

昔人云：“若无花月美人，不愿生此世界。”予益一语云：“若无翰墨棋酒，不必定作人身。”

山之光，水之声，月之色，花之香，文人之韵致，美人之姿态，皆无可名状，无可执著；真足以摄召魂梦，颠倒情思。

因雪想高士；因花想美人；因酒想侠客；因月想好友；因山水想得意诗文。

有地上之山水，有画上之山水，有梦中之山水，有胸中之山水。地上者妙在丘壑深邃；画上者妙在笔墨淋漓；梦中者妙在景象变幻；胸中者妙在位置自如。

游历之山水，不必过求其妙，若因之卜居，则不可不求其妙。

笋为蔬中尤物；荔枝为果中尤物；蟹为水族中尤物；酒为饮食中尤物；月为天文中尤物；西湖为山水中尤物；词曲为文字中尤物。

游玩山水，亦复有缘；苟机缘未至，则虽近在数十里之内，亦无暇到也。

镜中之影，著色人物也；月下之影，写意人物也；镜中之影，钩边画也；月下之影，没骨画也。月中山河之影，天文中地理也；水中星月之象，地理中天文也。

论春秋

春者，天之本怀；秋者，天之别调。

古人以冬为“三余”，予谓当以夏为“三余”：晨起者夜之余；夜坐者书之余；午睡者应酬人事之余。古人诗曰：“我爱夏日长。”洵不诬也。

律己宜带秋气，处世宜带春气。

诗文之体得秋气为佳，词曲之体得春气为佳。

论声

春听鸟声，夏听蝉声，秋听虫声，冬听雪声；白昼听棋声，月下听箫声，山中听松声，水际听欸乃声，方不虚此生耳。若恶少斥辱，悍妻诟谇，真不若耳聋也。

闻鸭声如在白门；闻橹声如在三吴；闻滩声如在浙江；闻羸马项下铃铎声，如在长安道上。

凡声皆宜远听；惟琴声则远近皆宜。

松下听琴，月下听箫，涧边听瀑布，山中听梵呗，觉耳中别有不同。

水之为声有四：有瀑布声，有流水声，有滩声，有沟浍声。风之为声有三：有松涛声，有秋叶声，有波浪声。雨之为声有二：有梧叶荷叶上声，有承檐溜竹筒中声。

论雨

雨之为物，能令日短，能令夜长。

春雨如恩诏；夏雨如赦书；秋雨如挽歌。

春雨宜读书；夏雨宜弈棋；秋雨宜检藏；冬雨宜饮酒。

吾欲致书雨师：春雨宜始于上元节后，至清明十日前之内，及谷雨节中；夏雨宜于每月上弦之前及下弦之后；秋雨宜于孟秋季秋之上下二旬；至若三冬，正可不必雨也。

论风月

新月恨其易沉，缺月恨其迟上。

月下听禅，旨趣益远；月下说剑，肝胆益真；月下论诗，风致益幽；月下对美人，情意益笃。

玩月之法：皎洁则宜仰观，朦胧则宜俯视。

春风如酒;夏风如茗;秋风如烟;冬风如姜芥。

论闲与友

天下有一人知己,可以不恨。

能闲世人之所忙者,方能忙世人之所闲。

人莫乐于闲,非无所事事之谓也。闲则能读书,闲则能游名胜,闲则能交益友,闲则能饮酒,闲则能著书。天下之乐,孰大于是?

云映日而成霞,泉挂岩而成瀑。所托者异,而名亦因之。此友道之所以可贵也。

上元须酌豪友;端午须酌丽友;七夕须酌韵友;中秋须酌淡友;重九须酌逸友。

对渊博友,如读异书;对风雅友,如读名人诗文;对谨饬友,如读圣贤经传;对滑稽友,如阅传奇小说。

一介之士,必有密友。密友不必定是刎颈之交。大率虽千百里之遥,皆可相信,而不为浮言所动;闻有谤之者,即多方为之辩析而后已;事之宜行宜止者,代为筹划决断;或事当利害关头,有所需而后济者,即不必与闻,亦不虑其负我与否,竟为力承其事,此皆所谓密友也。

求知己于朋友易;求知己于妻妾难;求知己于君臣则尤难之难。

发前人未发之论,方是奇书;言妻子难言之情,乃为密友。

乡居须得良朋始佳。若田夫樵子,仅能辨五谷而测晴雨,久且数未免生厌矣。而友之中又当以能诗为第一,能谈次之,能画次之,能歌又次之,解觞政者又次之。

论书与读书

少年读书,如隙中窥月;中年读书,如庭中望月;老年读书,如台上玩月。皆以阅历之浅深,为所得之浅深耳。

能读无字之书,方可惊人妙句;能会难通之解;方可参最上禅机。

古今至文,皆血泪所成。

《水浒传》是一部怒书,《西厢记》是一部悟书,《金瓶梅》是一部哀书。

文章是案头之山水,山水是地上之文章。

读书最乐，若读史书，则喜少怒多，究之怒处亦乐处也。

读经宜冬，其神专也；读史宜夏，其时久也；读诸子宜秋，其致别也；读诸集宜春，其机畅也。

文人读武事，大都纸上谈兵；武将论文章，半属道听途说。

善读书者，无之而非书：山水亦书也，棋酒亦书也，花月亦书也。善游山水者，无之而非山水：书史亦山水也，诗酒亦山水也，花月亦山水也。

昔人欲以十年读书，十年游山，十年检藏。予谓检藏尽可不必十年，只二三载足矣。若读书与游山，虽或相倍蓰，恐亦不足以偿所愿也。必也如黄九烟前辈之所云"人生必三百岁"而后可乎？

古人云："诗必穷而后工。"盖穷则语多感慨，易于见长耳。若富贵中人，既不可忧贫叹贱，所谈者不过风云月露而已，诗安得佳？苟思所变，计唯有出游一法。即以所见之山川风土，物产人情，或当疮痍兵燹之余，或值旱涝灾侵之后，无一不可寓之诗中，借他人之穷愁，以供我之咏叹，则诗亦不必待穷而后工也。

论一般生活

"情"之一字，所以维持世界；"才"之一字，所以粉饰乾坤。

宁为小人之所骂，毋为君子之所鄙；宁为盲主司之所摈弃，毋为诸名宿之所不知。

人须求可入诗，物须求可入画。

景有言之极幽，而实萧索者，烟雨也；境有言之极雅，而实难堪者，贫病也；声有言之极韵，而实粗鄙者，卖花声也。

躬耕吾所不能，学灌园而已矣；樵薪吾所不能，学薙草而已矣。

一恨书囊易蛀；二恨夏夜有蚊；三限月台易漏；四恨菊叶多焦；五恨松多大蚁；六恨竹多落叶；七恨桂荷易谢；八恨薜萝藏虺；九恨架花生刺；十恨河豚多毒。

窗内人于窗纸上作字，吾于窗外观之，极佳。

当为花中之萱草，毋为鸟中之杜鹃。

值太平世，生湖山郡，官长廉静，农道优裕，娶妇贤淑，生子聪慧，人生如此，可云全福。

胸藏丘壑,城市不异山林;兴寄烟霞,阁浮有如蓬岛。

清宵独坐,邀月言愁;良夜孤眠,呼蛩语恨。

居城市中,当以画幅当山水,以盆景当苑圃,以书籍当朋友。

延名师训子弟,入名山习举业,丐名士代捉刀,三者都无是处。

方外不必戒酒,但须戒俗;红裙不必通文,但须得趣。厌催租之败意,丞宜早完粮;喜老衲之谈禅,难免常常布施。

万事可忘,难忘者名心一段;千般易淡,未淡者美酒三杯。

酒可以当茶;茶不可以当酒;诗可以当文,文不可以当诗;曲可以当词,词不可以当曲;月可以当灯,灯不可以当月;笔可以当口,口不可以当笔;婢可以当奴,奴不可以当婢。

胸中小不平,可以酒消之;世间大不平,非剑不能消也。忙人园亭,宜与住宅相连;闲人园亭,不妨与住宅相远。

有山林隐逸之乐而不知享者:渔樵也,农圃也,缁黄也;有园亭姬妾之乐而不能享不善享者:富商也,大僚也。

痛可忍,而痒不可忍;苦可耐,而酸不可耐。

闲人之砚,固欲其佳;而忙人之砚,尤不可不佳。娱情之妾,固欲其美;而广嗣之妾,亦不可不美。

鹤令人逸;马令人俊;兰令人幽;松令人古。

予尝欲建一无遮大会,一祭历代才子,一祭历代才人。俟遇有真正高僧,即当为之。

美味以大嚼尽之,奇境以粗游了之,深情以浅语传之,良辰以酒食度之,富贵以骄奢处之,俱失造化本怀。

第十一章 旅行的享受

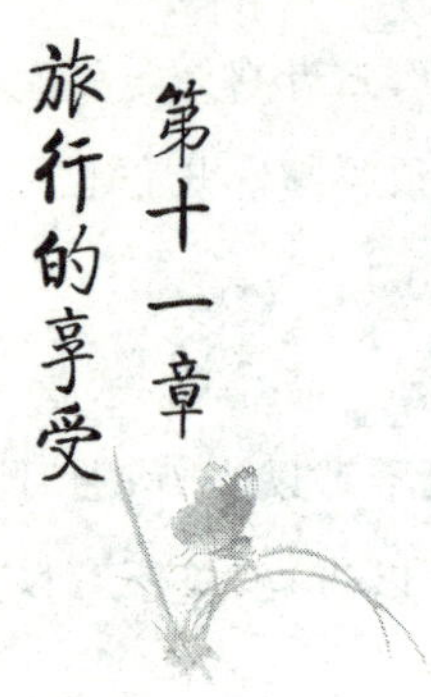

一、论游览

旅行在从前是行乐之一，但现在已变成一种实业。旅行在现代，确已比在一百年前便利了不少。政府和所设的旅行机关，已尽力下了一番工夫以提倡旅行；结果是现代的人大概都比前几代的人多旅行了一些。不过旅行到了现代，似乎已是一种没落的艺术。我们如要了解何以谓之旅行，我们必须先能辨别其实不能算是旅行的各种虚假旅行。

第一种虚假旅行，即旅行以求心胸的改进。这种心胸的改进，现在似乎已行之过度；我很疑惑一个人的心胸，是不是能够这般容易地改进。无论如何，俱乐部和演讲会对此的成绩都未见得良好。但我们既然这样专心于改进我们的心胸，则我们至少须在闲暇的日子，让我们的心胸放一天假，休息一下子。这种对旅行的不正确的概念，产生了现代的导游者的组织。这是我所认为无事忙者令人最难忍受的讨厌东西。当我们走过一个广场或铜像时，他们硬叫我们去听他讲述生于一七七二年四月二十三日，死于一八五二年十二月二日等。我曾看见过女修道士带着一群学校儿童去参观一所公墓，当她们立在一块墓碑前面时，一个女修道士就拿出一本书来，讲给儿童听，死者的生死月日，结婚的年月，他的太太的姓名，和其他许多不知所云的事实。我敢断定这种废话，必已使儿童完全丧失了这次旅行的兴趣。成年人在导游的指引之下，也变成了这样的儿童，而有许多比较好学不倦的人，竟还会拿着铅笔和日记簿速记下来。中国人在有许多名胜地方旅行时，也受到同样的麻烦。不过中国的导游不是职业人员，而只是些水果小贩、驴夫和农家的童子，性情略比职业导游活泼，但所讲的话则不像职业导游那么准确。某一天，我到苏州去浏览虎丘山，回来时，脑筋中竟充满了互相矛盾的史实和年代，因为据引导我的贩橘童子告诉我，高悬在剑池四十尺之上的那座石桥，就是古美人西施的晨妆处(实则西施的梳妆台远在十里之外)。其实这童子只不过想向我兜卖一些橘子，但因此居然使我知道民间传说怎样会渐渐地远离事实，而变为荒诞不经。

第二种虚假的旅行，即为了谈话资料而旅行，以便事后可以夸说。我曾在杭州名泉和名茶的产地虎跑，看见过旅行者将自己持杯饮茶时的姿势摄入照片。拿一张在虎跑品茶的照片给朋友看，当然是一件很风雅的事情，所怕的就是他将重视照片，而忘却了茶味。这种事情很易使人的心胸受到束缚，尤其是自带照相机的人，如我们在巴黎或伦敦的游览事中所见者。他们的时间和注意力已完全消耗于拍摄照片之中，以致反而无暇去细看各种景物了。这种照片固然可供他们在空闲的时候慢慢地阅看，但如此的照片，世界各处哪里买不到，又何必巴巴地费了许多事特地自己跑去拍摄呢？这类历史的名胜，渐渐成为夸说资料，而不是游览资料。一个人所到的地方越多，他所记忆者也越丰富，因而可以夸说的也越多。这种寻求学问的驱策，使人在旅行时不能不于一日中，求能看到最可能的多数的名胜地。他手里拿着一张游览地点程序表，到过一处，即用铅笔划去一个名字。我疑心这类旅行家在假期中，也是讲究效能的。

这种愚拙的旅行，当然产生了第三种的虚伪旅行家：即预定了游览程序的旅行家。他们在事先早已能算定将在奥京或罗京耽搁多少时候。他们都在起程之前，先预定下游览的程序，临时如上课一般的切实遵时而行。他们正好似在家时一般，在旅行时也是受月份牌和时钟的指挥的。

我主张真正的旅行动机，应完全和这些相反。第一，旅行的真正动机应为旅行以求忘其身之所在，或较为诗意的说法，旅行以求忘却一切。凡是一个人，不论阶级比他高者对他的感想怎样，但在自己的家中，总是唯我独尊的。同时他须受种种俗尚、规则、习惯和责任的束缚。一个银行家总不能做到叫别人当他是一个寻常人看待，而忘却自己是一个银行家。因此在我看来，旅行的真正理由实是在于变换所处的社会，使他人拿他当一个寻常人看待。介绍信于一个人做商业旅行时，是一件有用之物，但商业旅行是在本质上不能置于旅行之列的。一个人倘若在旅行时带着介绍信，他便难于期望恢复他的自由人类的本来面目，也难于期望显出他于人造的地位之外的人类天然地位。我们应知道一个人到了一处陌生地方时，除了受朋友的招待，和介绍到同等阶级的社会去周旋的舒适外，还有比这更好的，由一个童子领着到深山丛林里去自由游览的享受。他有机会去享受在餐馆里做手势点一道熏鸡，或向一个东京警察做手势问道的乐趣。得过这种旅行经验的人，至少在回到家里后，可以不必如平时地一味依赖他的车夫和贴身侍者了。

一个真正的旅行家必是一个流浪者，经历着流浪者的快乐、诱惑和探险意念。旅行必须是流浪式的，否则便不成其为旅行。旅行的要点于无责任、无定时、无来往信札、无嚅嚅好问的邻人、无来客和无目的地。一个好的旅行家绝不知道他往哪里去，更好的甚至不知道从何处而来。他甚至忘却了自己的姓名。屠隆曾在他所著的《冥廖子游》中很透彻地阐明这一点——这游记我译引在下文里边。他在某处陌生的地方并无一个朋友，但恰如某女尼所说："无所特善视者，尽善视普世人也。"没有特别的朋友，就是人尽可友，他普爱世人，所以就处身于其中，领略他们的可爱处和他们的习俗。这种好处是坐着游览汽车看古迹的旅行家所无从领略的。因为他们只有在旅馆里边和从本国同来的游伴谈谈天的机会。最可笑的是有许多美国旅行家，他们到巴黎之后，必认定到同游者都去吃的餐馆中去吃饭，好似借此可以一见同船来的人，并可以吃到和在家时所吃一样的烘饼。英国人到了上海之后必住到英国人所开设的旅馆里边去，在早餐时照常吃着火腿煎蛋和涂着橘皮酱的面包，闲时在小饮室里坐坐，遇到有人邀他坐一次人力车时，必很羞涩地拒绝。他们当然是极讲究卫生的，但又何必到上海去呢？如此的旅行家，绝没有和当地的人士在精神上融合的机会。因此也就丧失了一种旅行中最大的益处。

流浪精神使人能在旅行中和大自然更加接近。所以这一类旅行家每喜欢到阒无人迹的山中去，以便可以幽然享受和大自然融合之乐。所以这些旅行家在预备出行时，绝不会到百货公司去费许多时刻选购一套红色或蓝色的游泳衣，买唇膏尚可容许，因为旅行家大概都是崇奉唇骚者，喜欢色色自然，而一个女人如若没有了好唇膏，便会不自然的。但这是终究为了他们乃是到人所共赴的避暑地方或海滨去的缘故，而在这种地方是完全得不到和大自然发生更深的关系的益处的。往往有人到了一处名泉欣然自语说:“这可真是悠然独处了。”但是在旅馆吃过晚饭在起居室内拿起一张报纸随便看看时，即看见上面载着某甲夫人曾在星期一到过这地方。次日早晨他去“独”步时，又遇到隔夜方到的某乙全家。星期四的晚上，他又很快乐地知道某丙夫妇也将要到这幽静的山谷中来度夏。接着就是某甲夫人请某乙全家吃茶点，某乙请某丙夫妇打牌。你并能听见某丙夫人喊着说:“奇啊，这不是好像依旧在纽约吗？”

我以为除此以外，另有一种旅行，不为看什么事物，也不为看什么人的旅行，而所看的不过是松鼠、麝鼠、土拨鼠、云和树。我有一位美国女友曾告诉我，有一次，她怎样被几个中国朋友邀到附近杭州的某山去看“虚无一物”。据说，那一天早晨雾气很浓。当她们上山时，雾气越加浓厚，甚至可以听得见露珠滴在草上的声音。这时除了浓雾之外，不见一物。她很失望。“但你必须上去，因为顶上有奇景可见呢。”她的中国朋友劝她说。于是她再跟着向上走去。不久，只看见远处一块被云所包围的怪石，别人都视作好景。“那里是什么？”她问。“这就是倒植莲花。”她的朋友回答。她很为懊恼，就想回身。“但是顶上还有更奇的景致哩。”她的朋友又劝说。这时她的衣服已半潮，但她已放弃反抗，所以依旧跟着别人上去。最后，她们已达山顶，四围只见一片云雾和天边隐约可见的山峰。“但这里实在没有什么可看啊。”她责问说。“对了，我们特为上来看虚无一物的。”她的中国朋友回答她说。

观看景物和观看虚无，有极大的区别。有许多特去观看景物的，其实并没有看到什么景物，但有许多去观看虚无的倒反而能看到许多事物。我每听到一位作家到外国去“搜集新著作的资料”时，总在暗暗地好笑，难道他的本乡本国中，其人情和风俗上已没有了可供他采集的资料吗？难道他的论文资料竟已穷尽吗？纺织区难道是太缺乏浪漫性吗？格恩赛岛太沉寂，不足以为一部杰出小说的背景吗？所以我们须回到“旅行在于看得见物事的能力之哲学问题”，这就可使到远处去旅行和下午在田间闲步之间，失去它们的区别。

依金圣叹之说，两者是相同的。旅行者所必须的行具就是如他在著名的剧曲《西厢记》的评语中所说:“胸中的一副别才，眉下的一副别眼。”其要点在于此人是否有易觉的心和能见之眼。倘若他没有这两种能力，即使跑到山里去，也是白费时间和金钱。在另一方面，倘若他有这两种能力，则不必到山里去，即坐在家里远望，或步行田间去观察一片行云、一只狗、一道竹篱或一棵树，也能同样享受到旅行的快乐的。我现在译引一段金氏所论真正旅行艺术的说辞如下：

吾读世间游记，而知世真无善游人也。夫善游之人也者，其于天下之一切海山方岳，洞天福地，固不辞千里万里，而必一至以尽探其奇也。然其胸中之一副别才，眉下之一双别眼，则方且不必直至于海山方岳，洞天福地，而后乃今始曰："我且探其奇也。"夫昨之日而至一洞天，凡罄若干日之足力目力心力，而既毕其事矣；明之日，又将至一福地，又将罄若干日之足力目力心力，而于以从事。从旁之人不能心知其故，则不免曰："连日之游快哉！始毕一洞天，乃又造一福地。"殊不知先生且正不然。其离前之洞天，而未到后之福地，中间不多，虽所隔止于三二十里，又少而或止于八、七、六、五、四、三、二里；又少而或止于一里半里，此先生则于一里半里之中间，其胸中之所谓一副别才，眉下之一双别眼，何尝不以待洞天福地之法而待之哉？

今夫以造化之大本领、大聪明、大气力而忽然结撰而成一洞天、一福地，是真骇目惊心之事，不必人道也。然我每每谛视天地之间之随分一鸟、一盆、一花、一草，乃至鸟之一毛、鱼之一鳞、花之一瓣、草之一叶，则初未有不费彼造化者之大本领、大聪明、大气力而后结撰而得成名者也。谚云："狮子搏象用全力，搏兔亦全力。"彼造化者则直然矣。生洞天福地用全力，生随分之一鸟、一鱼、一盆、一花、一草，以至一毛、一鳞、一瓣、一叶，殆无不用尽全力。由是言之，然则世间之所谓骇目惊心之事，固不必定至于洞天福地而后有此，亦为信然也。

抑即所谓洞天福地也者，亦尝计其云：如之何结撰也哉？庄生有言："指马之百体非马，而马系前者，立其百体而谓之马也。"比于大泽，百材皆度；观乎大山，水石同坛。夫人诚知百材万木，杂然同坛之为大泽大山，而其于游也，斯庶几矣。其层峦绝巘，则积石而成，是穹窿也；其飞流悬瀑，则积泉而成，是灌输也。果石石而察之，殆初无异于一拳者也；试泉泉而寻之，殆初无异于细流者也。且不直此也，老氏之言曰："三十辐共一毂，当其无，有车之用；埏直以为器，当其无，有器之用；凿户牖以为室，当其无，有室之用。"然则一一洞天福地中间，所有之迴看为峰，近看为岭，仰看为壁，俯看为溪，以至正者坪，侧者坡，跨者梁，夹者涧，虽其奇奇妙妙，至于不可方物，而吾有以知其奇之所以奇，妙之所以妙，则固必在于所谓当其无之处也矣。盖当其无，则是无峰、无岭、无壁、无溪、无坪坡梁涧之地也。然而当其无斯，则真吾胸中一副别才之所翱翔，眉下一双别眼之所排荡也。

夫吾胸中有其别才，眉下有其别眼，而皆必于当其无处，而后翱翔，而后排荡，然则我真胡为必至于洞天福地？正如顷所云，离于前，未到于后之中间，三十二里，即少止于一里半里，此亦何地不有所谓当其无之处耶？一略约小桥、一槎枒独树、一水、一村、一篱、一犬，吾翱翔焉，吾排荡焉。此其于洞天福地之奇奇妙妙，诚未能知为在彼，而为在此也？

且人亦都不必胸中之真有别才，眉下之真有别眼也。必曰，先有别才而后翱翔，先有别眼而后排荡，则是善游之人，必至旷世而不得一遇也。如圣叹意者，天下亦何别才别眼之与，有但肯翱翔焉，斯即别才矣；果能排荡焉，斯即别眼矣。米老之相石也曰：要秀、要皱、要透、要瘦。今此一里半里之一水、一村、一桥、一树、一篱、一犬则皆极秀、极透、极皱、极瘦者也，我亦定不能如米老之相石故耳。诚亲见其秀处、皱处、透处、瘦处乃在于此，斯虽欲不于是焉翱翔，不于是焉排荡，亦岂可得哉？且彼洞天福地之为峰、为岭、为壁、为溪、为坪坡梁涧，是亦岂能多有其奇奇妙妙者乎？亦都不过能秀、能皱、能透、能瘦焉耳。由斯以言，然则必至于洞天福地而后游，此其不游之处，盖以多多矣。且必至于洞天福地而后游，此其洞天福地，亦终于不游已也。何也？彼不能知一篱、一犬之奇妙者，必彼所见之洞天福也，皆适得其不奇不妙者也。

斲山云："千载以来，独有宣圣是第一善游人。其次则数王羲之。"或有征其说者，斲山云："宣圣吾深感其食不厌精，脍不厌细之二言。王羲之吾见若干帖，所有字画，皆非献所能窥也。"圣叹曰："先生此言，疑杀天下人去也。"又斲山每语圣叹云："王羲之若闲居家中，必就庭花逐枝逐朵，细数其须。门生执巾侍立其侧，常至终日都无一语。"圣叹问此故事出于何书？斲山云："吾知之。"盖斲山奇之特如此，惜乎天下之人，不遇斲山一倾倒其风流也。

二、冥寥子游

甲　出游之由

冥寥子为吏，困世法，与人吐匿情之谈，行不典之礼。何谓“匿情之谈”？主宾长揖，寒暄而外，不敢多设一语。平生无斯须之旧，一见握手，动称肺腑，掉臂去之，转盼胡越。面颂盛德，则夷也；不旋踵而背语，蹠也。燕坐之间，实辨有口，乃托简重；身有秽行，谬为清言。惧衷言漏实，壮语触忌，则一切置之，而别为浮游不根之谈，甚而假优伶之讴歌以乱之，即耳目口鼻，悉非我有，嗔喜笑骂，总属不真。俗已如此，虽欲力矫之不能。何谓“不典之礼”？宾客酬应，无论尊贵，虽其平交，终日磬折俛首：何仇于天，而日与之远，何亲于地，而日与之近。贵人才一启口，诺声如雷，一举手而我头已抢地矣。彼此相诣，绝不欲见，而下马投刺，徒终日仆仆。夫往来通情，非举行故事也。先王制体，固如是乎？褒衣束带，缚如槛猿，虱噆肤，痒甚而不可扪。跬步闲行，辄恐蹿官守，马上以目注鼻，视不越尺寸，视越尺寸，人即从旁侦之。溺下至不可忍，而无故莫敢驻足。其大者“三尺”在其前，清议在其后。寒暑撼其外，得失煎其中，岂唯绳墨之失哉！虽有豪杰快士，通脱自喜，不涉此途则已，一涉此途，不得不俛而就其笼络。冥寥子将纵心广意而游于漭漾之乡矣。

或曰：“吾闻之，道士处静不枯，处动不喧，居尘出尘，无缚无解；俄而柳生其肘，有鸟巢于其顶，此亦冥静沉寥之极也。供爨下之役，拾地上之残，此亦卑琐秽贱之极也，而至人皆冥之。子厌仕路之跼蹐，而乐奇游之清旷，无乃心为境杀乎？”

冥寥子曰：“得道之人，入水不濡，入火不焦，触实若虚，蹈虚若实。靡入不适，靡境不冥，则其固然。余乃好道，非得道者也。得道者，把柄在我，虚空粉碎。投之嚣喧秽贱，若浊水青莲，淤而不染，故可无择乎所之。余则安能？若柳之从风，风宁则宁，风摇则摇；若沙之在水，水清则清，水浊则浊。余尝终日清静，以晷刻失之，终岁清静，以一日失之。欲听其所之，而在境不乱，不可得也。使天子可以修道，则巢许何以箕颍？使国王可以修道，则释迦何以雪山？使列侯可以修道，则子房何以谢病？使庶官可以修道，则通明何以挂冠？余将广心纵意而于漭漾之乡矣。”

或曰："愿闻子游。"

冥寥子曰："夫游者，所以开耳目，舒神气，穷九州，览八荒，采真访道，庶几至人。啖云芝，逢石髓，御风骑气，冷然而飘渺，不知其何之，然后归而掩关面壁，了大事矣。余非得道者，宅神以内，养德以澹，游气以虚，敢不力诸，然而未也。宅神以内，忽而驰于外；养德以澹，忽而移于浓；游气以虚，然而著于意。其中不宁，则稍假外镇之；其心无以自得，则或取境娱之。故余之游迹奇矣。"

乙　旅行之法

"挟一烟霞之友与俱，各一瓢一衲，百钱自随。不取盈，而取令百钱常满，以备非常。两人乞食，无问城郭村落，朱门百屋，仙观僧庐。戒所乞，以食不以酒，以蔬不以肉。其乞辞以孙不以哀。畀则去之，其不畀者亦去之，要以苟免饥而已。有疑物色者，晦而自免去；有见凌者，屈体忍之。有不得已，无所从乞，即以所携百钱用其一二，遇便即补足焉，非甚不得已不用也。

"行不择所之，居不择所止。其行甚缓，日或十里，或二十里，或三十、四十、五十里而止。不取多，多恐其罢也。行或遇山川之间，青泉白石，水禽山鸟，可爱玩，即不及往，选沙汀磐石之上，或坐而眺焉。邂逅樵人渔父，村氓野老，不通姓氏，不作寒暄，而约略谈田野之趣。移晷乃去，别而不关情也。

"大寒大暑，必投栖止焉而不行，惧寒暑之气侵入也。行必让路，津必让渡。江湖风涛，则止不渡，或半渡而风涛作，则凝神定气，委命达生曰：'苟渡而溺，天也，即恐宁免乎？'如其不免，则游止矣；幸而获免，游如初。遭恶少年于道，或误触之，少年行其无礼，则孙辞谢之。谢之而不免，则游止矣；幸而获免，游如初。有疾病，则投所止而调焉，其同行者稍为求药，而己则处之泰如。内视反听，无怖死。如是则重病必轻，轻病立愈。如其大运行尽，则游止矣；幸而获免，游如初。踪迹所至，逻者疑焉，而以细人见禽，或以情脱，或以知免。如其不免，则游止矣；幸而获免，游如初。行而托宿石庵茅舍，无论也，托宿而不及，即寺门岩阿，穷檐之外，大树之下，可以偃息。或山鬼伺之，虎狼窥之，奈何？山鬼无能为苦，虎狼无术以制之，不有命在天乎？以'四大'委之，而神气了不为动。卒填其喙，数也，则游止矣；幸而获免，游如初。"

丙　高山之顶

“其游以五岳四渎，洞天福地为主，而以散在九州之名山大川佐之，亦止及九州所辖，人迹所到而已。其在赤县神州之外，若须弥昆仑，及海上之十州三岛，身无羽翼，恐不能及也。所遇亦止江湖之士，山泽之臞而已。若扶桑青童，旸谷神王，桐柏、小有、王母、云林诸真，身无仙骨，恐不能觏也。

“其登五岳也，竦立罡风之上，游览四海之外，万峰如螺，万水如带，万木如荠。星河摩于巾领，白云出于怀袖，鹳鹞举手可拾，日月掠双鬓而过之。即啸语亦不敢纵，非唯惊山灵，殆恐咫尺通乎帝座矣。上界晴灏，万里无纤翳，下方雷雨晦冥而不知，微闻霹雳声细于儿啼。斯时也，目光眩瞀，魂气跃跃出圹垠，即欲乘长风而去，何之乎？或西日欲匿，东月初吐，烟霞晃射，紫翠倏弈，峰峦远近，乍浓乍淡。又或五夜闻钟声，大殿门不关，虎啸有风飒飒去，披衣起见，则兔魄斜堕，残雪在半岭，烟光溟濛，前山不甚了了。于斯时，清冷逼人，心意欲绝。又或岳帝端居，群灵来朝，幢节参差，铃管萧萧，殿角云气，幕波霞绡，恍惚可睹，似近而遥。快哉灵人之音，何彼冷风之断之也？

“五岳而外，名山复不少矣，若四明、天台、金华、括苍、金庭、天姥、武夷、匡庐、峨嵋、终南、中条、五台、太和、罗浮、会稽、茅山、九华、林屋诸洞天福地，称仙灵之窟宅，神仙之奥区者，莫可殚数。芒屩竹杖，纵不能遍历，随其力之所能到而遨焉。饮神瀵之水，仙鼠之问名，啖胡麻之饭，餐柏上之露。或绝壁危峰，陡插天表，人不能到，则以索自縆而登。或石梁中断，玉扉忽开，奋而阑入，无恐，谽谺穿窱之洞，深黑而不见底，仅通一线，仰逗天光，以火自爇而入焉，无恐，以寻高流羽士，肉芝瑶草，及仙人之遗蜕处。

“游于大川，若洞庭、云梦、瞿塘、巫峡、具区、彭蠡、扬子、钱塘，空阔浩淼，鱼龙神怪之所出没。微风不动，空如镜也；神龙不怒，抱珠卧也。水光接天，明月下照，龙女江妃，试轻绡，蹑文履，张羽盖，吹洞箫而去，凌波径渡，良久而灭，胡其冷爽也。恶风击之，洪涛隐起，鸥夷贾怒，天吴助之。大地若磨焉，寓县若簸焉，恍乎张龙公挟九子，擘青天而飞去，胡其险壮也！又秀媚靓妆，莫如虎林之西湖。杨柳夹岸，桃花临水，则丽华贵宾之开晓镜也。芰叶吐华，芙渠濯濯，朝光澄鲜，芳香袭人，则宜主合德之出浴也。天清日朗，风物明媚，朱阁朝临，兰桡夕泛，则杨家妃子之笑也。烟雨如黛，群山黯淡，奇绝变幻，亦大可喜，则吴王西子之颦也。”

丁　回到尘世

冥寥子散步西泠六桥，已而深入天竺灵鹫，礼古先生罢而出，访丁野鹤于烟霞石屋之间。入潮音落迦，则冥寥子之家山也，观音大士道场在焉。采莲花而观大海，岂不胜哉！

意兴既远，汗漫而行，万里足下，耳目偶惬其性，或旬日居之。

终朝趺坐，以炼三宝。《道德》五千言，其窍与妙乎？玉清金笥，其忘与觅乎？扶桑玉书，其不问邻乎？《阴符》二篇，其机在目乎？太上指其观心，古佛操其定慧。因禅定以求参同，则兀如非枯也。

仙灵之宫，真如之寺，金身妙相，焜耀如日月。烛既明矣，香既清矣，羽人衲子，分蒲团而坐，啜茗进果，翻经阅藏。小倦则相与调息入定，久之而起，则月在藤萝，萧籁阒然，沙弥以头触地，童子据药炉而眠，于斯时，虽有尘心，何由而入也？

若在旷野，矮墙茅屋，酸风吹扉，淡日照林，牛羊归乎长坂，饥鸟噪于平田，老翁敝衣乱发，而曝短桑之下，老妇以瓦盆贮水而进麦饭。当其情境凄绝，亦萧瑟有致哉。若道人之游，以此为厌薄，则不如无游也。

若入通都大邑，人烟辐辏，车马填委，冥寥子行歌而观之：若集百货者，若屠沽者，若倚门而讴者，若列肆而卜者，若聚讼者，若戏鱼龙角牴者，若樗蒲蹴踘者，冥寥子无不寓目焉。兴到，入酒肆，沽浊醪，焚枯鱼生菜，两人对饮；微酲，长吟采芝之曲，徘徊四顾，意豁如也。惊诧市人，何物道者，披蓝缕萧然，而风韵乃尔乎？众共疑之。盖仙人云，须臾径去不见。

高门大第，王公贵人，置酒为高会，金钗盈座，玉盘进醴，堂上乐作，歌声遏云，老隶守门，拄杖在手。道人闯入乞食焉。双眸炯碧，意度轩轩，而高唱曰：“请君且勿喧，听道人歌花上露。”

花上露，
何盈盈，
不畏冷风至，
但畏朝阳生。

江水既东注，
天河复西倾；
铜台化丘陇，
田父纷来耕。
三公不如一日醉，
万金难买千秋名。
请君为欢调凰笙！

花上露，
浓于酒，
清晓光如珠，
如珠惜不久。
高坟郁累累，
白杨起风吼；
狐狸走在前，
猕猴啼其后。
流香渠上红粉残，
祈年宫里苍苔厚。
请君为欢早回首！

歌罢，若有一客怒曰："道者何为？吾辈饮方欢，而渠馨来败人意。亟以胡饼遣之。"道人则受胡饼趋出。一客谓其从者曰："急追还道者。"前一客曰："饮方欢，恨渠来溷人。以胡饼逐之善矣，何故追还？"后一客曰："仆察道者有异，欲令还而熟视之。"前一客曰："乞儿也！何异之？有彼渠意所需，一残羹冷炙而足。"又一客曰："味初歌词，小不类乞者。"

座上若有一红绡歌姬离席曰："以儿所见，此道者，天上谪神仙也。儿察其眉宇清淑，吐音俊亮。谬为乞儿状，而举止实微露其雅。歌辞深秀乃金台宫中语，固非人间下里之音，况吐乞儿口哉！神仙好晦迹而游人间，急追之勿失。"

最后一客曰："何关渠事，亦饮酒耳，试令追还道者，固无奇矣。"

红绡者不服，曰："儿固与诸公无缘。"

又若有一青绡者复离席曰："诸公等以此为赌墅可乎？试令返道者：果有异，则言有异者胜；返之而无奇，则言无奇者胜。"诸公大哄曰："善。"令从者追之，则化为乌有先生矣。从者返命，前一客曰："吾固知其不可测也。"红绡者愀然曰："是甫出门而即乌有耶，惜哉失一异人！"

冥寥子曳杖逍遥而出郭门。连经十数大城，皆不入。至一处，见峰峦背郭，楼阁玲珑，琳宫梵宇，参差掩映，下临清池。时方春日韶秀，鸟鸣嘉树，百卉敷荣，城中仕女，新袨妆服。雕车绣鞍，竞出行春。或荫茂树而飞觥，或就芳草而布席，或登朱楼，或棹青雀，或并辔而寻芳，或连袂而踏歌。冥寥子乐之，为之踟蹰良久。

俄而有一书生，肤清神爽，翩翩而来，长揖冥寥子曰："道者亦出行春乎？仆有少酒在前溪小阁樱桃之下，朋侪不乏，而欲邀道者助少趣，能从行否？"

冥寥子欣然便行，至其处，若见六七书生，皆少年俊雅。先一书生笑谓诸君曰："吾辈在此行春，无杂客，适见此道者差不俗，今日之尊罍，欲与道者共之。诸君以为何如？"咸应曰："善。"

于是以次就坐，道者坐末席。酒酣畅洽，谈议横生，藏否人物，扬扢风雅。有称怀春之诗者，有咏禾黍之篇者，有谈廊庙之筹策者，有及山林之远韵者，辨博纷纶，各极其至，道人在座，饮啖而已。先书生虽在剧谈中，顾独数目道人，曰："道者安得独无言？"道人曰："公等清言妙理，听之欣赏而不能尽解，又何能出一辞？"

少顷，诸君尽起行陌上，折花攀柳。时多妖丽，蘼芜芍药，往往目成。而道人独行入山径，良久而出。诸君曰："道者独行入山何为？"曰："贫道适以双柑斗酒，往听黄鹂声耳。"一书生曰："道者安得作许语，差不俗。庸知非黄冠中之都水、贺监耶？"道人深自谦抑。

诸君复还就坐，一人曰："今日之游，不可无作。"一人应曰："良是。"

有一人则先成一诗曰：

疏烟醉杨柳，
微雨沐桃花；
不畏清尊尽，

前溪是酒家。

另一人成诗曰：

厨冷分山翠，
楼空入水烟；
青阳君不醉，
风雨送残年。

道人曰：“诸公诗各佳甚。”一人曰：“道人能赏吾辈之诗，必善此技，某等愿闻。”道人起立谦让再三，诸君固请不辍，道人不得已，乃吟曰：

沿溪踏沙行，
水绿霞红处；
仙犬忽惊人，
吠入桃花去。

诸君大惊起拜曰：“咄咄道者，作天仙之语，我辈固知非常人也。”于是竞问道人姓名，但笑而不答。问者不已，道人曰：“诸公何用知道人名，云水野人，邂逅一笑，即见呼以‘云水野人’可矣。”诸君既心异道人，于是力欲挽入城郭，道人笑曰：“贫道浪游至此，四海为家，诸公谬爱，即追随入城，无所不可。”

遂相携入城，以次更宿诸君家。自是或登高堂，或入曲房，或文字之饮，或歌舞之场，道人无不往者。城中传闻有一“云水野人”，好事者争相致之，道人悉赴。人与之饮酒，即饮酒；与之谈诗文，即谈诗文；挈之出游，即出游；询以姓名，则笑而不答。其谈诗文，剖析今古，规合体裁，颇核；或称先王，间及世务，兼善诙谐。人愈益喜之。

而尤习于养生家言。偶观歌舞，近靡曼，或调之以察其意，道人欣然，似类有标韵者。至主人灭烛留髡，燕笑媟狎，即正容危坐，人莫能窥。夜尝少卧，借主人一蒲团，结跏趺其上，倦则即其上假寐而已。人以此益异焉。

居月余，一日忽告去。诸君苦留之，不可得。各出金钱布帛诸物相赠，作诗送行。临别，诸公皆来会，惆怅握手，有泣下者。冥寥子至郭门，第仅足百钱，悉出诸公所赠诸物，散给贫者而去。诸公闻之益叹息，莫测所以。

戊　出游的哲学

冥寥子行出一山路，深窅峭隘，乔木千章，藤萝交荫，仰视不见天日。人烟杳然，樵牧尽绝。但闻四旁鸟啼猿啸，阴风肃肃而恐人。冥寥子与其友行许久，忽见一老翁，庞眉秀颊，目有绿筋，发垂两肩，抱膝而坐大石之上，冥寥子前揖之。老翁为起，注目良久，不交一言。冥寥子长跽进曰："此深山无人处，安得有趯然者，翁殆得道异人也。弟子生平好道，中岁无闻，石火膏油，心切悲叹，愿垂慈旨以开迷。"老翁佯为弗闻。固请之，乃稍教以虚静无为之旨。无何别去，目送久之而灭。山深境绝处，安得无若此翁者耶。

又或随其所到，有故人在焉——畴昔以诗文交者，以道德交者，以经济交者，以心相知者，以气相期者，思一见之，则不复匿姓名，径造其家，故人见冥寥子衣冠稍异，怪问之。答曰："余业谢人间事，通明季真吾师也。"曰："婚嫁毕乎？""未也。以俟其毕，如河之清何？子平去则不返，余又将指家山，聊以适我性尔。"于是款之清斋，追往道故，数十年之前，俛仰一笑，俱属梦境。友人乃低回慨叹，且羡冥寥子其无累之人耶。

"夫贵势高张，荣华渗漉，人之所易溺也。白首班行，龙钟盘跚，犹恋此物而不肯舍。一旦去之，攒眉向人。业问车马而迟行，出国门而回首。既返田舍，不屑屑焉艺种稑理麻豆，而日夜问长安之耗，而遗书当路故人焉。胸中数往数来，直至属纩乃已。有大拜命下之日，即其属纩之辰，有目瞑数时，而朝使后至者，大可笑也。子何修而早自脱屣若此？"

冥寥子曰："余闲中观焉，殆有所伤而悟也。余观于天：日月星汉，何冗而早夜西驰？今日之日，一去即失；虽有明日，非今日矣。今年之年，一去即失；虽有明年，非今年矣。天日自长，吾日自短，三万六千朝而外，吾不得而有也；天年自多，吾年自少，百岁而外，吾不得而有也。又况其所谓'百'者，所谓'三万六千'者，人生常不得满。而其间风雨忧愁，尘劳奔走之日常多；良时嘉会，风月美好，胸怀宽闲，精神和畅，琴歌酒德，乐而婆娑者，知能几何？

"日月之行，疾于弹丸。当其轱辘而欲堕西岩，虽有拔山扛鼎之力，不能挽之而东；虽有苏张之口，不能说之而东；虽有樗里晏婴之智，不能转之而东；虽有触虹蹈海之精诚，不能感之而东。古今谈此事以为长恨。

“余观于地：高岸为谷，深谷为陵，江湖汤汤，日夜东下而不止。方平先生曰：‘余自接待以来，已三见沧海为桑田矣。’

“余观于万物：生老病死，为阴阳所摩，如膏之在鼎，火下熬之，不斯须而乾尽；如烛在风中，摇摇然泪枯烬落，顷刻而灭；如断梗之在大海，前浪推之，后浪叠之，泛泛去之而莫知所栖泊。又况七情见戕，声色见伐，忧喜太极，思忧过劳，命无百年之固，而气作千秋之期，身在膏火之中，而心营天地之外，及其血气告衰，神明不守，安得不速坏乎？

“王侯将相，甲第如云，击钟而食，动以千指。平旦开门，宾客拥入；日昃张宴，粉黛成行。道人过之，呵声雷鸣，而不敢窥；后数十年又过之，则蔓草瓦砾，被以霜露，风凄日冷，不见片瓦，儿童放牛牧豕之场，乃畴昔燕乐鼓舞处也。方其鼎盛豪华，谐谑欢笑时，宁知遂有今日。大荣衰歇，何其一瞬也！岂止金谷铜台，披香太液，经百千年而后沦没哉？暇日出郭登丘陇，郁郁累累，燕韩耶？晋魏耶？王侯耶？厮养耶？英雄耶？騃子耶？黄壤茫茫，是乌可知。吾想其生时耽荣好利，竞气争名，规其所难图，而猎其所无益；忧劳经营，畴不其然，一朝长寝，万虑俱毕。

“余尝宿于官舍，送往迎来，不知其更几主宰也。余尝阅乎朝籍，去故登新，不知其更几名也。余尝出关门，临津渡，陟高冈，眺原野，舟车骆驿，山川莽苍，不知其送人几许也。叹息沉吟，或继以涕泗，则吾念灰矣。”

友人曰：“晏子有言：‘古而无死，则爽鸠氏之乐也。’齐景公流涕悲伤，识者讥其不达。今吾子见光景之驶疾，知代谢之无常，而感慨系之，至于沉痛，得毋屈达人之识乎？”

冥寥子曰：“不然。代谢故伤，伤乃悟也。齐景公恨荣华之难久，而欲据而有之，以极生人之乐。我则感富贵之无常，而欲推而远之，以了性命之期，趋不同也。”

曰：“子今者遂已得道乎？”

冥寥子曰：“余好道，非得道者也。”

曰：“子好道，而游者何？”

冥寥子曰：“失游岂道哉！余厌仕路跼蹐，人事烦嚣，而聊以自放者也。欲了大事，须俟闭关。”

曰：“于一瓢一衲，行歌乞食，有以自娱乎？”

冥寥子曰：“余闻之师，盖有少趣在澹。烹羊宰牛，水陆毕陈，其始亦甚甘也。及其厌饱膨脝，滋觉甚若，不如青蔬白饭，气清体平，习而安之，殊有余味。妖姬娈童，尽态极妍，挝鼓吹笙，满堂鼎沸，其始亦甚乐也。及其兴尽意败，转生悲凉，不如焚香摊书，兀兀晏坐，气韵萧疏，久而益远。某虽尝滥进贤冠，家无负郭，橐无阿堵，止有图书数卷，载之以西，波臣惧为某累，举而捐之水滨。此身之外，既无长物，境寂而累遣，体逸而心闲，其趣讵不长哉。一衲一瓢，任其所之，居不择处，与不择物，来不问主，去不留名，在冷不嫌，入嚣不溷。故我之游，亦学道也。”

其人乃欣然而喜曰：“聆子之言，如服清凉散，不自知其烦热之去体也。”

顷之，一少年来，戟手而骂冥寥子曰：“道人乞食，得食即去，饶舌何为？是妖人也。吾且闻之官。”攘臂欲殴冥寥子，冥寥子笑而不答。或劝之，乃解。

于是冥寥子行歌而去，夜宿逆旅，或有妇人，冶容艳态，而窥于门，须臾渐迫，微辞见调。冥寥子私念：此非妖也耶？端坐不应。妇人曰：“吾仙人也，愍子勤心好道，故来度子。且与子宿缘，幸无见疑。吾将与子共游于蓬莱度索之间矣。”冥寥子又念：昔闻成子学道荆山，试而不遇，卒为邪鬼所惑，失其左目，遂不得道而绝。真诰以为犹是成子用志不专，颇有邪心故也。夫鬼狐惑人伤身殒命，固也不可近：即圣贤见试不遇，亦非所以专精而凝神也。端坐如初。妇人瞥然不见。为鬼狐，为仙人，皆不可知矣。

冥寥子游三年，足迹几遍天下。目之所见，耳之所闻，身之所接，物态非常，情境靡一，无非炼心之助。虽浪迹亦不为无补哉。

第十二章 文化的享受

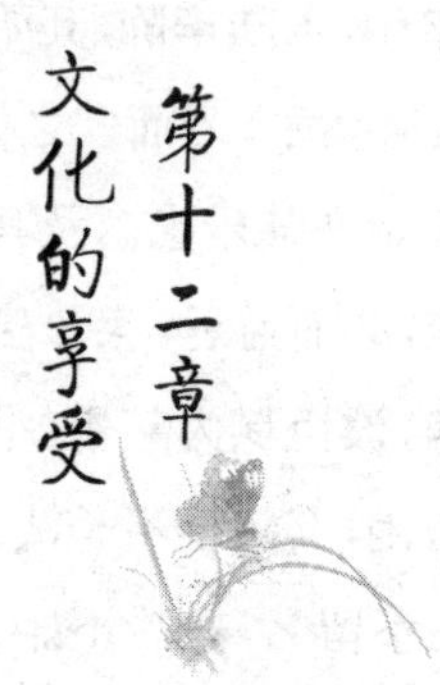

于是归而茸一茆四明山中，终身不出。

一、知识上的鉴别力

教育和文化的目标，只在于发展知识上的鉴别力和良好的行为。一个理想的受过教育者，不一定要学富五车，而只须明于鉴别善恶，能够辨别何者是可爱，何者是可憎的，即是在知识上能鉴别。最令人难受的，莫过于遇着一个胸中满装着历史上的事实人物，并且对苏俄或捷克的时事极为熟悉，但见解和态度则是完全错误的人。我曾遇见过这一类的人，他们在谈话时，无论什么题目，总有一些材料要发表出来，但是他们的见地，则完全是可笑可怜的。他们的学问是广博的，但毫无鉴别能力。博学不过是将许多学问或事实填塞进去，而鉴别力则是美术的判别问题，中国人于评论一个文人时，必拿他的学行和识见分开来讲。对于历史家尤其应该如此区别。一个满腹学问的人，或许很易于写成一部历史，但所说的话或竟是毫无主见与识别的。而在论人和论事时，或竟是只知依人门户，并无卓识的。这种人就属于我们所谓缺乏知识上的鉴别力。强记事实是一件极容易的事情。历史上一个指定时代中的事实，我们极易强记，但分别轻重和是非，则是一件极难的事情，而有恃于一个人的见解力了。

所以一个真有学问的人，其实就是一个善于辨别是非者。这就是我们所谓的鉴别力，而有了鉴别力，则雅韵即会随之而生。但一个人如若想有鉴别力，他必须先有见事明敏的能力，独立的判断力，和不为一切社会的、政治的、文学的、艺术的或学院式的诱惑所威胁或眩惑。一个人在成人时代中，他的四周当然必有无数各种各式的诱惑，如：名利诱惑、爱国诱惑、政治诱惑、宗教诱惑和惑人的诗人、惑人的艺术家、惑人的独裁者与惑人的心理学家。当一个心理分析家告诉我们，幼年时代的脏腑效能的种种不同的运用，切实有关一个人日后生活中的志向、挑衅心和责任心，或便秘症引起暴躁的性情时，凡有识力者对之，只可付诸一笑。当一个人错误时，他简直就是错误的，不必因震于他的大名，或震于他的高深学问，而对他有所畏惧。

因此识和胆是相关联的，中国人每以胆识并列。而据我们所知，胆力或独立的判别力，实在是人类中一种稀有的美德。凡是后来有所成就的思想家和作家，他们大多在青年时即显露出智力上的胆力。这种人绝不肯盲捧一个名震一时的诗人。他如真心钦佩一个诗人时，他必会说出他钦佩的理由。这就是依赖着他的内心判别而来的；这就是我们所谓文学上的鉴别力。他也绝不肯盲捧一个风行一时的画派，这就是艺术上的鉴别力。他也绝不肯盲从一个流行的哲理，或一个时髦的学说，不论他们有着何等样的大名做后盾。他除了内心信服之外，绝不肯昧昧然信服一个作家；如若那个作家能使他信服，那个作家就是不错的；但如若那作家不能使他信服，则那个作家是错误的，而他自已是对的；这就是知识上的鉴别力。这种智力上的胆力和独立的判断力，无疑地必须一己的内心中先具着一种稚气的、天真的自信心。但一己的内心所能依赖的，也只有这一点，所以当一个学生一旦放弃他个人判断的权利时，他便顿然易于被一切人生的诱惑所动摇了。

孔子好像已经觉得学而不思比思而不学更不好，所以他说："学而不思则罔，思而不学则殆。"他必因看见弟子之中这种学而不思的人太多了，所以他要提出这种警告。这个警告其实也是现代的学校所极为需要的。我们都知道现在一般的教育和一般的学校制度，都偏于割舍了鉴别力以求学问。视强记事实即为教育的本身目标，好像富于学问即会使人成为一个高士。但是学校中为什么要贬视思想？为什么要歪曲学制，而将愉快的求学企图变成了机械式的、严定尺寸的、划一的和被动的强记事实？我们为什么要把知识置于思想之前？我们为什么愿意称呼一个仅是读足了心理学、中古历史、伦理学和宗教学学分的大学毕业生为学成之士？这种学分和文凭何以会取代了教育的真正目标的地位？何以会使学生们的心目中也认为是如此的？

理由很简单：我们所以用这个制度，因为我们是在将民众整批地教育，如在工厂里边一般。而一涉工厂的范围，则一切都须依着呆板的机械式的制度去行事了。为了保护学校的名誉和将产物标准化起见，所以学校要发给文凭，以为证明。为了须发文凭，便不能没有次第；为了须分次第，便不能没有记分；为了须记分，便不能没有大小考试了。这全部的程序，成为一个整个的合于逻辑的必然事件，而使人无从避免。但机械式的大小考试，为害之大，远过于我们所能想见。因为它立刻使人注重强记事实，而忽略了鉴别力的发展。我本人曾当过教师，很知道出历史题目确比一般的泛常普通知识题目较为容易，印批分数时，也较为省力。

而危险在于这种制度一经订立之后，我们即易于忘却我们已渐渐或将要脱离教育的真正理想目标，即我所说的知识上鉴别力的发展。所以孔子所说："多见而识之，知之次也。"这句话，仍有牢记的价值。世上实在无所谓必修科目，无必读之书，甚至莎士比亚剧本也是如此。学校好似已采用一种愚笨的概念，以为只须从历史或地理中采集若干有限的资料，便足以供一个学者所必须。我曾受过相当的教育，但我至今弄不清楚西班牙京城叫什么名字，并且有一个时期还以为哈瓦那是一个邻近古巴的海岛呢。必修课程的规定，其危险在于它义涵一个人只要读完这个课程，便已在事实上知晓了一个学者所应知晓的事情。所以一个毕业生离校之后，即不再企图更事学问，或再读一些书，因为他是已经学完了一切应该知道的学问了。这也无怪其然，因为这是一个合于逻辑的结果。

我们须放弃一个人的知识有法子可以考验或测量的概念。庄子说得好："我生也有涯，而知也无涯。"寻求学识，终不过是像去发现一个新大陆，或如爱奈托尔·佛郎士(Anatole France)所说："一个心灵的探险行为。"我们如用一种坦白的、好奇的、富于冒险性的心胸去维持这个探索精神，则这种寻求行为便永远是一种快乐，而不是痛苦了，我们应该舍弃那种规定的、划一的、被动的强记事实方法，而将这种积极的、滋长的、个人快乐定为理想目标。文凭和学分如一旦废除，或仅仅值其所实值，学问的寻求即能趋于积极。因为那时做学生的至少要自问为什么而读书了。这句问话，在目下是无需他来答复的，因为现在每个学生都知道他为了要升入二年级，所以在一年级读书；

为了要升入三年级，所以在二年级读书。这种外加的意念，其实都应该丢弃，因为寻求知识，完全是自己的事情，而和旁人是不相干的。现在的学生，有许多是为了注册员的关系而读书，有许多是为了他们的父母或教师或未来的太太的关系而读书，以便取悦于耗费了许多金钱培植他们的父母，或以便取悦于看待他们很好很热心的教师，或以便将来可以多赚些钱去养他们的家口。我以为这类思想都是属于不道德的。寻求知识完全是自己的事情，而和旁人无干。只有如此，教育方能成为一种快乐，并趋于积极。

二、以艺术为游戏和个性

艺术是创造，也是消遣。这两个概念中，我以为以艺术为消遣，或以艺术为人类精神的一种游戏，是更为重要的。我虽然最喜欢各式不朽的创作，不论它是图书、建筑或文学，但我相信只有在许多一般的人民都喜欢以艺术为消遣，而不一定希望有不朽的成就时，真正的艺术精神方能成为普遍而弥漫于社会之中。这正如学校中的学生，重在要他们多数能随便玩玩网球或足球，而不必定求他们能产生少数几个能加入全国竞赛的锦标运动员或球员。儿童或成人，也重在能创作一些物事以为消遣，而不必定求其能产生一个罗丹（Rodin，十九世纪之法国大雕刻家）。我宁愿学校中教授儿童做些塑泥手工，宁愿一切银行总经理和经济专家能自制圣诞贺卡，无论这个思想是如何的可笑，而以为这样实在较胜于少数几个艺术家为了职业关系而从事这些工作。换句话说：我赞成一切的业余主义。我喜欢业余哲学家、业余诗人、业余摄影家、业余魔术家、自造住屋的业余建筑家、业余音乐家、业余植物学家和业余航空家。我觉得在晚间听听一个朋友随便弹奏一两种乐器，乐趣不亚于去听一次第一流的职业音乐会。一个人在自己的房里看一个朋友随便试演几套魔术，乐趣更胜于到剧院去看一次台上所表演的职业魔术。父母看自己的子女表演业余式的戏剧，所得的乐趣，更胜于到剧场去看一次莎士比亚戏剧。我们知道这些都是出于自动的，而真正的艺术精神只有在自动中才会有。这也就是我重视中国画为高士的一种消遣，而不限是一个职业艺术家的作品的理由。只有在游戏精神能够维持时，艺术方不至于成为商业化。

游戏的特性，在于游戏都是出于无理由的，而且也绝不能有理由。游戏本身就是理由。这个见地，有天演历史为证明。美丽是一种生存竞争说所无从解释的东西。世界上甚至有对生物具着毁灭性的美丽方式：例如鹿的过于发育的美角。达尔文发觉他的自然选择说实在无从解释植物和动物中的美丽分子，所以他不能不另定一个性的选择为附加原则。我们如若不能承认艺术实只是一种体力和心力的泛滥，自由而不受羁绊，只为自己而存在，则我们即无从了解艺术和它的要素。"为艺术而从事艺术"的口号，常受旁人的贬责，但我以为这不是一个可容政治家参加议论的问题，而不过是一个关于一切艺术创作的心理起源的无可争论的事实。希特勒贬斥许多种现代艺术为不道德，但我认为那种替希特勒作画真像，放到新艺术博物院去取媚这个炙手可热的统治者的画家，乃正是不道德之中最不道德的人。这不是艺术，而简直是卖淫。商业式的艺术不过是妨碍艺术创作的精神，而政治式的艺术则竟毁灭了它。因为艺术的灵魂是自由。现代独裁者拟想产生一种政治式的艺术，实在是做一件绝不可能的企图。他们似乎还没有觉得艺术不能借刺刀强迫而产生，正如我们不能用金钱向妓女买到真正的爱情。

我们如要了解艺术的要素，我们必须从艺术是力的泛滥的物体基础去研究。这就是所谓艺术的或创作的冲动。艺术家每喜欢用"烟士比里纯"这个名词，即表示艺术家本人也不知道这行动是从哪里来的。这其实不过是一种内心鼓动关系，如科学家去做一种发现真理时的行动，或探险家去做一次发现一个新海岛时的冲动；这里边并无理由可说。我们在今日有了生物学知识的协助，渐能知道我们的思想生活的整个组织，是受着血液中"荷尔蒙"(Hormones)增减的支配，对各项器官和控制这种器官的神经系所起的作用的调节。动怒和惧怕，也不过是某种液汁分泌的关系。天才本身，在我看来，也不过是腺分泌过量供给的结果。中国某无名小说作家虽然并没有"荷尔蒙"的知识，居然能臆测到一切活动的起源，以为是由于我们体内的虫的缘故。通奸是由于虫在那里咬大肠，因而鼓动一个人泄欲。志愿、挑衅心和爱名位，也是由于某一种虫在那里作怪，使一个人片刻不得安逸，直到他的志愿达到了目的才罢休。著作一本书，例如一本小说，也是由于某一种虫在那里鼓动和迫促那作者无理由地去创作。"荷尔蒙"和虫这两个名词中，我宁取虫，因为它好像更为生动。

虫的供给过量，或只是常量，一个人便将被迫去做一些创作。因为这时他是自己也做不了主的。当一个小孩的体力供给过量时，他便会将寻常的跨步改做跳跃。当一个人的体力供给过量时，他即将跨步改为跳舞，不过是一种低效能的跨步。所谓低效能者，是从实用主义者耗费力量的见解而言，而并不从美术的见地而言。跳舞者并不取径直接走向目的地，而迂回地兜着大圈子走过去。一个人在跳舞时绝不会顾到爱国的，所以命令一个人遵照着资本家或法西斯主义或普罗主义的预定方式跳舞，简直就是毁灭游戏的精神，以及使跳舞的神圣效能减低。如若某些人企图去达到一种政治目的，或企图去做一个忠实的同志，则他只可跨步而不当跳舞。他们似乎已明了劳工的神圣，但没有明了游戏的神圣。难道人类在和一切别种动物比较之下，还嫌他们的工作不够量，所以连这些去从事游戏和艺术的空闲，也须受那个怪物(即国家的权力)的干涉吗？

这种对于艺术只为游戏的真性质的了解，或许可以有助于澄清艺术和道德的关系。所谓美者不过是合式而已。世上有合式的行为，如同有合式的画或桥一般。艺术的范围并不仅限于图画、音乐和跳舞，因为无论什么东西，都有合式的。赛跑中有运动员的合式；一个自幼至长，更自长至老的人，在每个时代中都有相配的行为而具着行为上的合式；一次布置周密，指导有方，因而获得最后胜利的总统竞选活动，也自具着其进行上的合式；即小如一个人的笑和咳嗽，也有合式和不合式之别。如中国旧官僚习气即属于合式。凡属人类的活动，都各有它的表显方式，所以要想将艺术的表显限制于音乐跳舞和图画这几个小范围内，是不可能的。

所以艺术有了这样较广泛的解释之后，行为上的合式和艺术上的优美个性便有了密切的关系，并成为同样的重要。我们的身体动作可以具有一种逾常的美点，如一首音韵和谐的诗的节调上逾常的美点一般。一个人一有那种过量的力量供给，他便会在一切行动中显出飘逸和潇洒，并顾到合式。飘逸和潇洒是从体力充足的感觉而产生，他感觉到能把一个行动做到超过仅仅看得过的地位而做得非常的合式。在较为抽象的范围中，我们能在一切做得好的动作中看到这种美点。做一次优美动作或简洁动作的冲动，本来就是一个美术的冲动；甚至如一件谋杀行为，或一件阴谋行为，只要在动作上做得简洁，则看去也是美的。就是在人生的一切小节上，也有可能有飘逸潇洒和胜任的姿势。凡是我们所谓的礼貌，都属于这一类。一次行得适宜恰当的问候，我们称之为优美惬人意的问候；反过来说，一次行得不好的问候，便谓之拙劣讨人嫌的问候了。

中国人说话和一切人生动作上的礼貌的发展，在晋代的末叶（第三、第四世纪）达到最高点。这就是“清谈”最流行的时代。这时女子的服装尤其讲究，男子中则有许多个人以美貌出名。这时并盛行留“美髯”和穿着宽大的长袍。这种长袍的裁制很特别，能使一个人缩手到衣里去搔身体上任何部分的痒处。当时一切举动都是出之以潇洒的。拂帚，即拿几绺马鬃扎在一根柄上以供驱除蝇蚋之用的，成为谈天时一种重要的道具。这种闲谈在文学中至今尚称之为“帚谈”。这帚的用处，是在随谈随拂，以助谈思。扇子也是谈天时一种优美的道具，可以在谈时忽开忽摺，或微微地摇动着，正如一个美国老妇在谈天时，将她的眼镜忽而除下忽而又戴上的神情一般，都是悦目的。在实用上讲起来，拂帚和扇子与英国人的单面眼镜差不多，但它们都是谈天时的道具，如手杖之为闲步时的道具。我所亲见的各种西方礼貌中，最悦目的，当为普鲁士绅士在室内向女客并足行鞠躬礼时和德国少女叉腿向人行礼时的姿势。我觉得这两种姿势都美丽无比，可惜现在都已经被淘汰了。

中国人所行的礼貌，种类很多，一举手一投足中的姿势，都经过研究教导。从前满洲人的“打千”，姿势是极为悦目的：她走进房中时，把一只手垂直在身体的前面，然后用优美的姿势，把一只膝屈一下子，如若房中的人不止一个，她可以在屈膝的当儿，将身体向四周旋转一下，对在座的众人，打一个总千。下棋的高手在落子时，姿势也极好看：他用两指拈起一粒棋子，用很优美的姿势，轻轻地推上棋盘。富于礼貌的满洲人，他们发怒时的姿势，也极美丽：他穿着装有“马蹄袖”的袍子，这马蹄袖平时都是翻转着里子向外的，他在表示极不高兴时，就将两手一垂，将翻起的袖子往下一甩，走出房去，这就是所谓的“拂袖而去”。

文雅的满洲官员，说话时的音调极为悦耳。有着美妙的节奏，和有高有低的音韵。他说话时很慢，一个字一个字地吐出来。说话中，并夹着许多诗文中的成语，以表示学问的渊博。做官人的笑和痰嗽，姿势确实是悦人耳目的：他们在痰嗽时，大都出之以三个音节；第一第二是往里一吸，打扫喉咙，到第三节，方把痰从一声咳嗽之中吐将出来。只要他的姿势做得极美化，我倒并不以他把痰吐在地上为嫌，因为我从小即生长于这种微菌之中，而并没有觉得受到什么影响。他的笑，也是极富有音韵而美化的；起首时略带一些矜持，轻笑两声，然后纵声一笑。他如已有白须的话，那就更为好看。

笑术更是中国优伶所必须苦练，为演剧中重要动作之一。观众看见剧中人笑得美妙时，大都报以彩声。笑术不是一件容易的事情，因为笑的种类甚多：如快乐时的笑，看见别人中圈套时的笑，蔑视的笑。其中最难于模拟的，则是一个人受到挫败时的苦笑。中国的剧场观众，最注意伶人的各种小动作，称之为"台步"或"做工"。伶人的举手、投足、扭颈、转身、拂抽、掀髯，都有一定的尺寸，须经过严格的训练。所以中国人将各种戏文分为两类：一类是唱工戏，另一类就是做工戏。所谓做工者，即指一切手足的动作和表情。中国伶人在表示不赞同的摇头，表示疑忌的掀眉和表示满意的掀髯中，都有一定的姿势。

现在我们可以讨论德性和艺术的关系这个问题了。法西斯主义和共产主义国家将艺术和宣传混为一谈，而民主国家中的知识分子又竟毫不研究地默认它是固然的，因此每个明理的人，都实在有对这个问题明白了解的必要。法西斯派和共产主义派抹掉了个人，而改以国家或社会阶级中较有势力的主张为创作的主动力和创作的目标，这个出发点就是错误的。文学和艺术都是以个人情绪为基础的，但法西斯派和共产主义派则只晓得注重团体或阶级情绪，而不晓得个人情绪实在是必要的。个性一旦被逐于本境之外，我们便无从去合乎情理地讨论艺术和德性的关系的问题。

艺术和德性，只是一件艺术作品的一个特有之点，乃在那个艺术家的个性表现时方发生关系。一个具有伟大的个性的艺术家产生伟大的艺术；一个具有卑琐个性的艺术家产生卑琐的艺术；一个多情的艺术家产生多情的艺术；一个逸乐的艺术家产生逸乐的艺术；一个温柔的艺术家产生温柔的艺术；一个细巧的艺术家产生细巧的艺术。这就是艺术和德性的关系的总括。所以德性并不是一件可以照着一个独裁者的爱憎，或依照宣传主任所定常加修改的道德条例而从外面灌输进去的东西。它只是艺术家的灵魂的自然表现，而必须发于内心。它不是属于一个选择问题，而是一件不可逃避的事实。心肠卑鄙的画家，绝不能产生伟大的画作，而心胸伟大的画家，也绝不会产生卑鄙的画作，就是有性命的出入时，他也是不屈和不肯苟从的。

中国人对于艺术的品，或称人品、品格的见解是极有兴趣的。其中也包涵品第高下的意义，如我们次第画家或诗人为第一品或第二品。又我们尝试茶的滋味，每称之为品茶。各种人在他们的各种动作中都表现了所谓的品，例如一个赌徒，如他在赌时的脾气很坏，即谓之赌品不好；一个酒徒如在醉后的行为很坏，即谓之酒品不好。棋手也有棋品高下之别。中国一部最早的评诗著作，书名即为《诗品》。该书的内容即是品第诗人的高下。此外还有评画的著作，书名即是《画品》。

所以，因了这个品的思想，一般人都深信一个艺术家的优劣，完全系于其人格的高低。这人格是属于德性的，也是属于艺术的。它意在注重人类了解心、高尚心、出世、不俗、不卑鄙、不琐屑的观念。在这种意义上，它是类似英文中所谓Manner（风格）或Style（派头）。一个任性的或不肯墨守成规的艺术家必显出他的任性或不肯墨守成规的风格。一个风雅的人必自然显出他的风雅风格。一个伟大的艺术家绝不肯俯就成规。在这个意义上，个性或风格实即是艺术的灵魂。中国人都默信一个画家除非他本身的道德和美术的个性是伟大的，他绝不能成为伟大的画家。中国于评骘书画时，最高的标准不在于作者的技巧是否纯熟，而只在于作者是否有高尚的性格。技巧纯熟的作品往往会是风格很低的。在英文中我们即谓之缺乏"特性"。

因此，这一来我们便达到了一切艺术的中心问题。中国大军事家兼政治家曾国藩在他的家书中曾说过，书法的两种重要原则为：形和神。并说当时的名书家何绍基很赞同他的说法和钦佩他的卓见。一切艺术既然都属于有形之物，其中当然有一个机械的问题，即技巧问题，凡是艺术家都应精通的。不过因为艺术也是属于精神的，所以在一切形式的创作中，最重要的因素即是个人的表现。在艺术作品中，最富有意义的部分即是技巧以外的个性。在文字著作中的，唯一最重要的东西即是作者所特有的笔法和感情，如他所表现于爱憎之中。这种个性或个人的表现常有被技巧所掩没的危险，而一切初学者不论是书画或演剧，最大的难关即在难于任着己意做去。其中的理由当然是因为初学者每每被范型或技巧所束缚，而不敢逾越。但不论哪一种形式，如缺乏这种个人的因素，便不能合式。凡是合式的物事或动作，必有一种飘逸的神态，所以悦目的就在于这个神态。不论它是一个锦标高尔夫球员甩动球棍的神态，或是一个人一帆风顺功成名就时的神态，或是一个美式足球员抱着足球在场中飞奔的神态。这里边必须有一种真性的流露，这个真性必不可被技巧所毁损，而必须在技巧之中自由而愉快地充沛着。一列火车循着弧线转弯时，一只快艇乘着满帆饱风向前飞驶时，都有一种极悦目的神态。一只燕子飞翔时，一只鹰攫身扑取别的动物时，一匹赛场中的马"很合式"地冲进底线时，也都有着这种悦目的神态。

我们所定的资格是：一切艺术必须有它的个性，而所谓的个性，无非就是作品中所显露的作者的性灵，中国人称之为心胸。一件作品如若缺少这个个性，便成了死的东西。这个缺点是不论怎样高明的技巧都不能弥补的。如若缺乏个性，美丽的本身也将成为平凡无奇了。有许多希望成为好莱坞电影明星的女子都没有能够了解这一点，而只知拼命地模仿玛莲德丽区或琴哈罗，因此使物色人才的导演觉得非常失望。平庸的美貌女子很多很多，但鲜艳活泼的则千中难得其一。她们为什么不去模仿玛丽特莱塞的身段和神情？一切的艺术都是相同的，以性灵的流露这一原则为根据，不论是在电影的表现中，或是在书画中，或是在文学著作中。其实从玛丽特莱塞和李翁纳巴里摩的表演中，即能意会出写作中的秘诀。养成这个个性的可爱乃是一切艺术的重要基础，因为不论一位艺术家做一些什么东西，他的性灵总是能在他的作品中显露出来。

个性的培植是道德的，也是美术的，当中需要学问和雅韵。雅韵近乎风味，或许是一个艺术家生而已有的，但要能欣赏一件作品，则非有学问不可。这个情形在书画之中极为显明。我们从一幅字中，即能看出作者是否曾见过魏拓。倘若他真的见过，这学问就使他的作品具着一种古气。但除此之外，他也须将自己的个性加进去。至于个性的强弱则当然是高低不一的。如他是属于一种细致富于情感的心胸，他于作品的风格上必现出细致和富于情感；如他是喜爱雄豪的，则他的风格也必是趋于雄豪的。因此，在书画中，尤其是在书中，我们可以从而看到各式各样种类不同的美点。在这种完美的作品中，个性已和技巧融合于一起，不能再加以分析。这美点可以是属于古怪或任性之类，可以是属于粗豪之类，可以是属于雄壮之类，可以是属于自由的性灵之类，可以是属于大胆不循俗例之类，可以是属于浪漫的风韵之类，可以是属于拘泥之类，可以是属于柔媚之类，可以是属于庄严之类，可以是属于简单和笨拙之类，可以是属于齐整之类，可以是属于敏捷之类，有时甚至可以是属于故意的鬼怪之类。世上只有一种美点是不可能的，因为它根本不存在，这就是忙劳生活的美点。

三、读书的艺术

读书是文明生活中人所共认的一种乐趣，极为无福享受此种乐趣的人所羡慕。我们如把一生爱读书的人和一生不知读书的人比较一下，便能了解这一点。凡是没有读书癖好的人，就时间而言，和空间简直是等于幽囚在周遭的环境里边。他的一生完全落于日常例行公事的圈禁中。他只有和少数几个朋友或熟人接触谈天的机会，他只能看见眼前的景物，他没有逃出这所牢狱的法子。但在他拿起一本书时，他已立刻走进了另一个世界。如若所拿的又是一部好书，则他便已得到了一个和一位最善谈者接触的机会。这位善谈者引领他走进另外一个国界，或另外一个时代，或向他倾吐自己胸中的不平，或和他讨论一个他从来不知道的生活问题。一本古书使读者在心灵上和长眠已久的古人如相面对，当他读下去时，他便会想象到这位古作家是怎样的形态和怎样的一种人，孟子和大史家司马迁都表示这个意见。一个人在每天二十四小时中，能有两小时的工夫撇开一切俗世烦扰，而走到另一个世界去游览一番，这种幸福自然是被无形牢狱所拘囚的人们所极羡慕的。这种环境的变更，在心理的效果上，其实等于出门旅行。

但读书的益处还不只这些。读者常会被携带到一个思考和熟虑的世界里边去。即使是一篇描写事实的文章，但躬亲其事和从书中读到事情的经过，其间也有很大的不同点。因为这种事实一经描写到书中之后便成为一幅景物，而读者便成为一个脱身是非，真正的旁观者了。所以真正有益的读书，便是能引领我们进到这个沉思境界的读书，而不是单单去知道一些事实经过的读书。人们往往耗费许多时间去读新闻纸，我以为这不能算是读书。因为一般的新闻纸读者，他们的目的不过是要从而得知一些毫无回味价值的事实经过罢了。

据我的意见，宋朝苏东坡的好友诗人黄山谷所说的话实在是一个读书目标的最佳公式。他说："三日不读书，便觉语言无味，面目可憎。"他的意思当然是人如读书即会有风韵，富风味。这就是读书的唯一目标。唯有抱着这个目标去读书，方可称为知道读书之术。一个人并不是为了要使心智进步而读书，因为读书之时如怀着这个念头，则读书的一切乐趣便完全丧失了。犯这一类毛病的人必在自己的心中说，我必须读莎士比亚，我必须读索福克里斯(Sophocles)，我必须读伊里沃博士(Dr.Eliot)的全部著作，以便我可以成为一个有学问的人。我以为这个人永远不会成为有学问者。他必在某天的晚上出于勉强地去读莎士比亚的《哈姆莱特》(*Hamlet*)，放下书时，好像是从一个噩梦中苏醒的一般。其实呢，他除了可说一声已经读过这本书之外，并未得到什么益处。凡是以出于勉强的态度去读书的人，都是些不懂读书艺术的人。这类抱着求知目标而读书，其实等于一个参议员在发表意见之前的阅读旧案和报告书。这是在搜寻公事上的资料，而不得谓之读书。

因此，必须是意在为培植面目的可爱和语言的有味而读书，照着黄山谷的说法，方可算作真正的读书。这个所谓"面目可爱"，显然须做异于体美的解释。黄山谷所谓"面目可憎"者，并不是相貌的丑恶。所以世有可憎的美面，也有可爱的丑面。我的本国朋友中，有一位头尖如炸弹形一般，但这个人终是悦目的。西方的作家中，我从肖像中看来，相貌最可爱者当属却斯德顿(G. K.Chesterton)，他的胡须、眼镜、丛眉、眉间的皱纹，团聚在一起是多么的怪异可爱啊！这个形容使人觉得他的前脑中充满着何等丰富的活泼思想，好像随时从他的异常尖锐的双目中爆发出来。这就是黄山谷所谓可爱的面目，不是由花粉胭脂所装成的面目，而是由思想力所华饰的面目。至于怎样可以"语言有味"，这全在他的书是怎样的读法。一个读者如能从书中得到它的味道，他便会在谈吐中显露出来。他的谈吐如有味，则他的著作中便也自然会富有滋味。

因此，我以为味道乃是读书的关键，而这个味道因此也必然是各有所嗜的，如人对于食物一般。最合卫生的吃食方法终是择其所嗜而吃，方能保证其必然消化。读书也和吃食相同。在我是美味的，也许在别人是毒药。一个教师绝不能强迫他的学生去读他们所不爱好的读物；而做父母的，也不能强迫子女吃他们不喜欢吃的东西。一个读者如对于一种读物并无胃口，则他所浪费在读的时间完全是虚耗的，正如袁中郎所说："若不惬意，就置之俟他人。"

所以世上并无一个人所必须读的书，因为我们的智力兴趣是如同树木一般地生长，如同河水一般地流向前去的，只要有汁液，树木必会生长；只要泉源不涸，河水必会长流；当流水碰到石壁时，它自会转弯；当它流到一片可爱的低谷时，它必会暂时停留一下子；当它流到一个深的山池时，它必会觉得满足，而就停在那里；当它流过急湍时，它必会迅速前行。如此，它无需用力，也无需预定目标，自能必然有一天流到海中。世上并没有人人必读的书，但有必须在某一时间，必须在某一地点，必须在某种环境之中，必须在某一时代方可以读的书。我颇以为读书也和婚姻相同，是由姻缘或命运所决定。世上即使有人人必读的书如《圣经》，但读它必应有一定的时期。当一个人的思想和经验尚没有达到可读一本名著的相当时期时，他即使勉强去读，也必觉得其味甚劣。孔子说，五十读《易》。他的意思就是说，四十五岁时还不能读。一个人没有到识力成熟的时候，绝不能领略《论语》中孔子话语中淡淡的滋味，和他的已成熟的智慧。

再者，一个人在不同的时候读同一部书，可以得到不同的滋味。例如我们在和一位作家谈过一次后或看见过他的面目后，再去读他的著作，必会觉到更多的领略。又如在和一位作家反目之后，再去读他的著作，也会得到另一种的滋味。一个人在四十岁时读《易经》所得的滋味，必和在五十岁人生阅历更丰富时读它所得的滋味不同。所以将一本书重读一遍，也是有益的，并也可以从而得到新的乐趣。我在学校时教师命读 *Westward Ho!* 和 *Henry Esmond* 两书，那时我已能领略 *Westward Ho!* 的滋味，但对于 Henry Esmond 则觉得很是乏味，直到后来回想到的时候，方觉得它也是很有滋味的，不过当时未能为我领略罢了。

所以读书是一件涉及两方面的事情：一在作者，一在读者。作者固然对读者做了不少的贡献，但读者也能借着他自己的悟性和经验，从书中悟会出同量的收获。宋代某大儒在提到《论语》时说，读《论语》的人很多很多。有些人读了之后，一无所得。有些人对其中某一两句略感兴趣，但有些人则会在读了之后，手舞足蹈起来。

我以为一个人能发现他所爱好的作家，实在是他的智力进展里边一件最重要的事情。世上原有所谓性情相近这件事，所以一个人必须从古今中外的作家去找寻和自己的性情相近的人。一个人唯有借着这个方法，才能从读书中获得益处。他必须不受拘束地去找寻自己的先生。一个人所最喜爱的作家是谁？这句问话，没有人能回答，即在本人也未必能答出来。这好似一见钟情，一个读者不能由旁人指点着去爱好这个或那个作家，但他一旦遇到他所爱好的作家时，他的天性必会立刻使他知道的。这类忽然寻到所爱好的作家的例子甚多。世上常有古今异代相距千百年的学者，因思想和感觉的相同，竟会在书页上会面时完全融洽和谐，如面对着自己的肖像一般。在中国语文中，我们称这种精神的融洽为“灵魂的转世”。例如苏东坡乃是庄周或陶渊明转世，袁中郎乃是苏东坡转世之类。苏东坡曾说，当他初次读庄子时，他觉得他幼时的思想和见地正和这书中所论者完全相同。当袁中郎于某夜偶然抽到一本诗集而发现一位同时代的不出名作家徐文长时，他会不知不觉地从床上跳起来，叫起他的朋友，两人共读共叫，甚至童仆都被惊醒。乔治•伊里沃(George Eliot)描摹他的第一次读卢梭，称之为一次触电。尼采(Nietzsche)于初读叔本华(*Schopenhauer*)时也有同样的感觉。但叔本华是一位乖戾的先生，而尼采则是一个暴躁的学生，无怪后来这学生就背叛他的先生了。

只有这种读书法，这种自己去找寻所喜爱的作家，方是对读者有益的。这犹如一个人和一个女子一见生情，一切必都美满。他会觉得她的身材高矮正合度，相貌恰到好处，头发的颜色正深浅合度，说话的声音恰高低合度，谈吐和思想也都一切合度。这青年不必经教师的教导，而自会去爱她。读书也是如此，他自会觉得某一个作家恰称自己的爱好。他会觉得这作家的笔法、心胸、见地、思态都是合式的。于是他对这作家的著作即能字字领略，句句理会。并因为两人之间有一种精神上的融洽，所以一切都能融会贯通。他已中了那作家的魔术，他也愿意中这魔术。不久之后，他的音容笑貌也会变得和那作家的音容笑貌一模一样了。如此，他实已沉浸在深切爱好那作家之中，而能从这类书籍里边得到滋养他的灵魂的资料。不过数年之后，这魔法会渐渐退去，他对这个爱人会渐渐觉得有些厌倦。于是他便会去找寻新的文字爱人，等到他有过三四个这类爱人，把他们的作品完全吞吸之后，他自己便也成为一位作家了。世上有许多读者从来不会和作家相爱，这正如世上有许多男女虽到处调情，但始终不会和某一个人发生切近的关系，他们能读一切的作品，但结果终是毫无所得。

如此的读书艺术的概念，显然把以读书为一种责任或义务的概念压了下去。在中国，我们常听到勉人“苦读”的话头。从前有一个勤苦的读书人在夜里读书时，每以锥刺股，使他不致睡去。还有一个读书人在夜里读书时，命一个女婢在旁边以便在他睡去时惊醒他，这种读法太没意思了。一个人在读书的时候，正当那古代的聪明作家对他说话时而忽然睡去，他应当立刻上床去安睡。用锥刺股或用婢叫醒，无论做到什么程度，绝不能使他得到什么益处。这种人已完全丧失了读书快乐的感觉。凡是有所成就的读书人绝不懂什么叫做"勤研"或"苦读"，他们只知道爱好一本书，而不知其然地读下去。

这个问题解决之后，读书的时间和地点问题也同时得到了答案，即读书用不着相当的地点和时间。一个人觉得想读书时，随时随地可读。一个人倘若懂得读书的事受，即不论在学校里边或学校外边都可以读，即在学校里边也不致妨碍他的兴趣。曾国藩在家书中答复他的弟弟想到京师读书以求深造时说：

苟能发奋自立，则家塾可读书；即旷野之地，热闹之场，亦可读书；负薪牧承皆可读书。苟不能发奋自立，则家塾不宜读书；即清净之乡，神仙之境皆不能读书。

有些人在将要读书时常想起许多的借口。刚要开始读时，他会憎厌房里太冷，或椅子太硬，或亮光太烈，而说不能读，还有些作家每每憎厌蚊子太多或纸张太劣，或街上太闹，而说无从写作。宋代大儒欧阳修自承最佳的写作时候乃是"三上"：即枕上、马上和厕上。清代学者顾千里当夏天时，常"裸而读经"，即以此得名。反之，一个人如若不愿意读书，则一年四季之中也自有不能读书的理由：

"春天不是读书天，夏日炎炎正好眠，秋去冬来真迅速，收拾书包过新年。"

那么究竟怎样才算是真正的读书艺术呢？简单的答语就是：随手拿过一本书，想读时，便读一下子。如想真正得到享受，读书必须出于完全自动。一个人尽可以拿一本《离骚》或一本《奥玛·迦崖》(*Omar Khayyam*)，一手挽着爱人，同到河边去读。如若那时天空中有美丽的云霞，他尽可以放下手中的书，抬头赏玩。也可以一面看，一面读，中间吸一斗烟，或喝一杯茶，更可以增添他的乐趣。或如在冬天的雪夜，一个人坐在火炉的旁边，炉上壶水轻沸，手边放着烟袋烟斗，他尽可以搬过十余本关于哲学、经济、诗文、传记的书籍堆在身边的椅子上，以闲适的态度，随手拿过一本来翻阅。如觉得合意时，便可读下去，否则便可换一本。金圣叹以为在雪夜里关紧了门读一本禁书乃是人生至乐之一。陈眉公描写读书之时说，古人都称书籍画幅为“柔篇”，所以最适宜的阅读方式就是须出于写意。这种心境使人养成随事忍耐的性情。所以他又说，真正善于读书的人，对于书中的错字绝不计较，正如善于旅行的人对于上山时一段崎岖不平的路径，或如出门观看雪景的人对于一座破桥，或如隐居乡间的人对于乡下的粗人，或如一心赏花的人对于味道不好的酒一般，都是不加计较的。

中国最伟大的女诗人李清照的自传中，有一段极尽描写读书之乐之能事。她和她的丈夫在领到国子监的膏火银时，常跑到庙集去，在旧书和古玩摊上翻阅残书简篇和金石铭文。遇到爱好的，即买下来。归途之中，必再买些水果，回到家后一面切果，一面赏玩新买来的碑拓。或一面品茶，一面校对各版的异同。她在所著《金石录》后跋中，有一段自述说：

> 余性偶强记，每饭罢，坐归来堂，烹一茶指堆积书史言：某事在某书某卷，第几页，第几行，以中否角胜负，为饮茶先后。中即举杯大笑，至茶倾覆怀中，反不得饮而起，甘心老是乡矣。故虽处忧患困穷，而志不屈——收书既成，于是几案罗列，枕籍会意，心谋目往神授，其乐在声色犬马之上。

这一段自述文，是她老年时丈夫已经故世后所写的。这时正当金人进扰中原，华北遍地烽烟，她也无日不在流离逃难之中。

四、写作的艺术

写作的艺术，其范围的广泛，远过于写作的技巧。实在说起来，凡是期望成为作家的初学者，都应该叫他们先把写作的技巧完全撇开，暂时不必顾及这些小节，专在心灵上用功夫，发展出一种真实的文学个性，去做他的写作基础。这个方法应该对他很有益处。基础已经打好，真实的文学个性已经培养成功时，笔法自然而然会产生，一切技巧也自然而然地跟着纯熟。只要他的立意精辟，文法上略有不妥之处也是不妨的。这种小小的错误，自有那出版者的编校员会替他改正的。反之，一个初学者如若忽略了文学个性的培植，则无论他怎样去研究文法和文章，也是不能使他成为作家的。勃丰(Buffon)说得好："笔法即作者。"笔法并不是一个方式，也不是一个写作方法中的制度或饰件，它其实不过是读者对于作者的心胸特性，深刻的或浅泛的，有见识或无见识的各种特质，如机智、幽默、讥嘲、体会、柔婉、敏锐、了解力、仁慈的乖戾、或乖戾的、仁慈冷酷、实际的常识和对于一切物事的一般态度所得的一种印象罢了。可知世上绝不能有教人学会"幽默技巧"的袖珍指南，或"乖戾的仁慈三小时速通法"，或"常识速成十五法"，或"感觉敏锐速成十一法"。

我们须越过写作艺术的表面而更进一步。我们在做到这一步时，便会觉得写作艺术这个问题其实包括整个文学思想、见地、情感和读写的问题。当我在中国做恢复性灵和提倡更活泼简易的散文体的文学运动时，我不得不写下许多篇文章，发展我对一般的文学的见地，尤其是对于写作的见地。我可以试写出一组关于文学的警语，而以"雪茄烟灰"为题。

甲　技巧和个性

作文法教师的论文学，实等于木匠谈论美术。评论家专从写作技巧上分析文章，这其实等于一个工程师用测量仪丈量泰山的高度和结构。

世上无所谓写作的技巧。我心目中所认为有价值的中国作家，也都是这般说法。

写作技巧之于文学，正如教条之于教派——都是属于性情琐屑者的顾及小节。

初学者往往被技巧之论所炫惑。——小说的技巧、剧本的技巧、音乐的技巧、演剧的技巧。他不知道写作的技巧和作家的家世并没有关系；演剧的技巧和名艺人的家世并没有关系。他简直不知道世上有所谓个性，这个性其实就是一切艺术上和文学上的成就的基础。

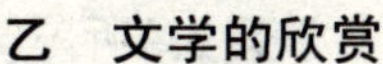

乙　文学的欣赏

当一个人读了许多本名著，而觉得其中某作家叙事灵活生动，某作家细腻有致，某作家文意畅达，某作家笔致楚楚动人，某作家味如醇酒佳酿时，他应坦白地承认爱好他们，欣赏他们，只要他的欣赏是出乎本心的。他于读过这许多的作品后，便有了一个相当的经验基础，即能辨识何者是温文者，何者是醇熟，何者是力量，何者是雄壮，何者是光彩，何者是辛辣，何者是细腻，何者是风韵。在他尝过这许多种滋味之后，他不必借指南的帮助，也能知道何者是优美的文学了。

一个念文学的学生第一件事情就是：先应学习怎样辨别各种不同的滋味。其中最优美的是温文和醇熟。但也是最难于学到的。温文和平淡，其间相差极微。

一个写作者，如若他的思想浅薄，缺乏创造性，则他大概将从简单的文体入手，终至于奄无生气。只有新鲜的鱼可以清炖，如若已宿，便须加酱油、胡椒和芥末——越多越好。

优美的作家正如杨贵妃的妹妹一般，可以不假脂粉，素面朝天。宫中其余的美人便少不了这两件东西。这就是英文作家中极少敢于用简单文体的理由。

丙　文体和思想

作品的优劣，全看它的风韵和滋味如何，是否有风韵和滋味？所谓风韵并无规则可言。他的发自一篇作品，正如烟气的发自烟斗，云气的发自山头，并不自知它的去向。最优美的文体就是如苏东坡的文体一般地近于“行云流水”。

文体是文字、思想和个性的混合物。有许多文体则是完全单靠着文字而成的。

清澈的思想用不明朗的文字表现者，事实上很少。不清澈的思想而表现极明白者倒很多。如此的文体，实可称为明白的不明朗。

用不明朗的文字表现清澈的思想，乃是终身不娶者的文体。因为他永远无须向他的妻子做任何的解释，如伊曼纽·康德（Immanuel Kant）之类。萨缪尔·勃脱勒（Samuel Butler）有时也是这样的古怪。

一个人的文体常被他的"文学爱人"所藻饰。他在思想上和表现方式上，每会渐渐地近似这位爱人。初学者只有借这个方法，才能培植出他的文体。等到阅世较深之后，他自会从中发现自己，而创成他自己的文体。

一个人如若对某作家向来是憎恶的，则阅读这作家的作品必不能得到丝毫的助益。我颇希望学校中的教师能记住这句话。

一个人的品性，一部分是天生的。他的文体也是如此的。还有一部分则完全是由于感染而来的。

一个人如没有自己所喜爱的作家，即等于一个飘荡的灵魂。他始终是一个不成胎的卵子，不结子的雄蕊。所喜爱的作家或文学爱人，就是他的灵魂的花粉。

世上有合于各色各种脾胃的作家，但一个人必须花些工夫，方能寻到他。

一本书犹如一个生活，或一个城市的画像。有许多读者只看到纽约或巴黎的画像，而并没有看见纽约或巴黎的本身。聪明的读者则既读书，也亲阅生活的本身。宇宙即是一本大书，生活即是一所大的学校。一个善读者必拿那作家从里面翻到外面，如叫化子将他的衣服翻转面来捉虱子一般。

有些作家能如叫化子的积满了虱子的衣服一般，不断地和很有趣地挑拨他们的读者。痒也是世间一件趣事。

初学者最好应从读表示反对意见的作品入手。如此，则他绝不致误为骗子所欺蒙。他于读过表示反对意见的作品后，他即已有了准备，而可以去读表示正面意见的作品。富于评断力的心胸即是如此发展出来的。

作家每都有他所爱用的字眼，每一个字都有它的生命史和个性。这生命史和个性是普通的字典所不载的，除非是一本如袖珍牛津字典一类的字典。

好的字典和袖珍牛津字典，都是颇堪一读的。

世上有两个文字矿：一是老矿，一是新矿。老矿在书中，新矿在普通人的语言中。次等的艺术家都从老矿去掘取材料，唯有高等的艺术家则会从新矿中去掘取材料。老矿的产物都已经过溶解，但新矿的产物则不然。

王中（纪元二十七年至一百年）将"专家"和"学者"加以区别，也将"著作家"和"思想家"加以区别。我以为当一个专家的学识宽博后，他即成为学者。一个著作家的智慧深切后，他即成为思想家。

学者在写作中，大都借材于别的学者。他所引用的旧典成语越多，他越像一位学者。一个思想家于写作时，则都借材于自己肚中的概念，越是一个伟大的思想家，越会依赖他自己的肚腹。

一个学者是像一只吐出所吃的食物以饲小鸟的老鹰；一个思想家则像一条蚕，他所吐的不是桑叶而是丝。

一个人的观念在写作之前，都有一个怀孕时期，也像胚胎在母腹中必有一个怀孕时期一般。当一个人所喜爱的作家已在他的心灵中将火星燃着，开始发动了一个活的观念流泉时，这就是所谓“怀孕”。当一个人在他的观念还没有经过怀孕的时期，即急于将它写出付印时，这就是错认腹泻时的疼痛为怀孕足月时的阵痛。当一个人出卖他的良心，而做违心之论时，这就是堕胎，那胚胎落地即死。当一个作者觉得他的头脑中有如电阵一般地搅扰，觉得非将他的观念发泄出来不能安逸，乃将它们写在纸上而觉如释重负时，这就是文学的产生。因此，一个作家对于他的文学作品，自会有一种如母亲对于子女一般的慈爱感情，因此，自己的作品必是较好的，犹如一个女子在为人之妻后，必是更可爱的。

作家的笑正好如鞋匠的锥，越用越锐利，到后来竟可以尖如缝衣之针。但他的观念的范围则必日渐广博，犹如一个人的登山观景，爬得越高，所望见者越远。

当一个作家因为憎恶一个人，而拟握笔写一篇极力攻击他的文章，但一方面并没有看到那个人的好处时，这个作家便是没有写作这篇攻击文章的资格。

丁　自我发挥派

十六世纪末叶，袁氏三弟兄所创的“性灵学派”或称“公安学派”（袁氏三弟兄为公安县人），即是自我发挥的学派。“性”即个人的“性情”，“灵”即个人的“心灵”。

写作不过是发挥一己的性情，或表演一己的心灵。所谓“神通”，就是这心灵的流动，实际上确是由于血液内“荷尔蒙”的泛滥所致。

我们在读一本古书，或阅一幅古画时，我们其实不过是在观看那作家的心灵的流动。有时这心力之流如若干涸，或精神如若颓唐时，即是最高手的书画家也会缺乏精神和活泼的。

这“神通”是在早晨，当一个人于好梦沉酣中自然醒觉时来到。此后，他喝过一杯早茶，阅读一张新闻纸，而没有看到什么烦心的消息，慢慢走到书室里边，坐在一张明窗前的写字台边，窗外风日晴和，在这种时候，他必能写出优美的文章、优美的诗、优美的书札，必能作出优美的画，并题优美的款字在它的上面。

这所谓“自我”或“个性”，乃是一束肢体肌肉、神经、理智、情感、学养、悟力、经验偏见所组成。它一部分是天成的，而一部分是养成的；一部分是生而就有的，而一部分是培植出来的。一个人的性情是在出世之时，或甚至在出世之前即已成为固定的。有些是天生硬心肠和卑鄙的；有些是天生坦白磊落，尚侠慷慨的；也有些是天生柔弱胆怯多愁多虑的。这些都是深隐于骨髓之中，因此，即使是最良好的教师和最聪明的父母，也没有法子可以变更一个人的个性。另有许多品质，则是出世之后，由教育和经验而得到的。但因为一个人的思想观念和印象乃是在不同的生活时代，从种种不一的源泉和各种不同的影响潮流中所得到的，因此他的观念、偏见和见地有时会极端自相矛盾。一个人爱狗而恶猫，但也有人爱猫而恶狗。所以人类个性形式的研究，乃是一切科学中最为复杂的科学。

自我发挥学派叫我们在写作中只可表达我们自己的思想和感觉，出乎本意的爱好，出乎本意的憎恶，出乎本意的恐惧和出乎本意的癖嗜。我便在表现这些时，不可隐恶而扬善，不可畏惧外界的嘲笑，也不可畏惧有背于古圣或时贤。

自我发挥派的作家对一篇文章专喜爱其中个性最流露的一节，专喜爱一节中个性最流露的一句，专喜爱一句中个性最流露的一个表现语词。他在描写或叙述一幅景物、一个情感或一件事实时，他只就自己所目击的景物，自己所感觉的情感，自己所了解的事实，而加以描写或叙述。凡符合这条定例者，都是真文学；不符合者，即不是真文学。

《红楼梦》中的女子林黛玉，即是一个自我发挥派。她曾说：“若是果有了奇句，连平仄虚实不对，却使得的。”

自我发挥派因为专喜爱发乎本心的感觉，所以自然蔑视文体上的藻饰，因此这派人士在写作中专重天真和温文。他们尊奉孟子“言以达志”的说法。

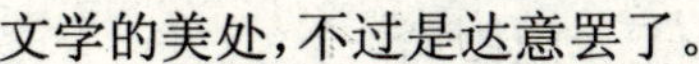

文学的美处，不过是达意罢了。

这一派的弊病，在于学者不慎即会流于平淡（袁中郎），或流于怪僻（金圣叹），或过于离经（李卓吾）。因此后来的儒家都非常憎恶这个学派。但以事实而论，中国的思想和文学实全靠他们这班自出心裁的作家出力，方不至于完全灭绝。在以后的数十年中，他们必会得到其应有的地位的。

中国正统派文学的目标：明明是在于表现古圣的心胸，而不是表现作者自己的心胸，所以完全是死的。性灵派文学的目标：是在于表现作者自己的心胸，而不是古圣的心胸，所以是活的。

这派学者都有一种自尊心和独立心，这使他们不至于逾越本分，而以危言耸人的听闻，如若孔孟的说话偶然和他们的见地相合，良心上可以赞同，他们不会矫情而持异说。但是，如若他们以良心上不能赞同时，他们便不肯将孔孟随便放过去。他们是不为金钱所动，不为威武所屈的。

发乎本心的文学，不过是对于宇宙和人生的一种好奇心。

凡是目力明确，不为外物所惑的人，都能时常保持这个好奇心。所以他不必歪曲事实以求景物能视若新奇。别人所以觉得这派学者的观念和见地十分新奇，即因他们都是看惯了矫揉造作的景物的缘故。

凡是有弱点的作家，必会亲近性灵派。这派中的作家都反对模仿古人或今人的，并反对一切文学技巧的定例，袁氏弟兄相信让手和口自然做去，自能得合式的结果。李笠翁相信文章之要在于韵趣。袁子才相信做文章无所谓技巧。北宋作家黄山谷相信文章的章句都是偶然而得的，正如木中被虫所蚀的洞一般。

戊　家常的文体

用家常文体的作家是以真诚的态度说话。他把他的弱点完全显露出来，所以他是从无防人之心的。

作家和读者之间的关系，不应像师生的关系，而应像厮熟朋友的关系。只有如此，方能渐渐生出热情。

凡在写作中不敢用“我”字的人绝不能成为一个好作家。

我喜爱说谎者更胜于喜爱说实话者。我喜爱不谨慎的说谎者更胜于喜爱谨慎的说谎者。他的不谨慎，表示他的深爱读者。

我深信一个不谨慎的蠢人，而不敢相信一个律师。

这不谨慎的蠢人是一个国家中最好的外交家，他能得到人民的信仰。

我心目中所认为最好的杂志是一个半月刊，但不必真正出书，只需每两星期一次，召集许多人，群聚在一间小室之中，让他们去随意谈天，每次以两小时为度，读者即是旁听的人。这就等于一次绝好的夜谈。完毕之后，读者即可去睡觉，则他在明天早晨起身去办公时，不论他是一个银行职员，或一个会计，或一个学校教师到校去张贴布告，他必会觉得隔夜的滋味还留在齿颊之间。

各地方的菜馆大小不一，有些是高厅大厦，金碧辉煌，可设盛宴；有些是专供小饮。我所最喜欢的是同着两三个知己朋友到这种小馆子里去小饮，而极不愿意赴要人或富翁的盛宴。我们在这小馆子里边又吃又喝，随便谈天，互相嘲谑，甚至杯翻酒泼，这种快乐是盛席上的座客所享不到的，也是梦想不到的。

世界上有富翁的花园和大厦，但山中也有不少的小筑。这种小筑中有些虽也布置得很精雅，但它的氛围终和红色大门，绿色窗户，仆婢排立的富家大厦截然不同。当一个人走进这种小筑时，他没听见忠狗的吠声，他没看见足恭谄笑的侍者和阍人的讨厌的面孔。在离开那里，走出大门的时候，他没看见门外矗立两旁的一对“不洁的石狮子”。十七世纪某中国作家有一段绝好的描写这种境地说，这好似周、程、张、朱正在伏羲殿内互相揖让。就座之时，苏东坡和东方朔赤足半裸地忽然也走了进来，拍着手互相嘲笑作乐。旁观的人或许要愕然惊怪，但他们则不过互相目视，做会心的微笑罢了。

己　什么是美

所谓文学的美和一切物事的美，大都有赖于变换和动作，并且以生活为基础。凡是活的东西都有变换和活动，而凡是有变换和活动的东西自然也有美。当我们看到山岩深谷和溪流具着远胜于运河的奇峭之美，而它们并不是经由建筑家用计算方法所造成时，试问我们对于文学和写作怎样可以定出规例来？星辰是天之文，名山大川是地之文；风吹云变，我们就从而得到一个锦缎的花纹图案；霜降叶落，我们就得到了秋天之色；那些星辰在穹苍中循着它们的轨道而运行时，何曾想到地球上会有人在那里欣赏它们。然而我们终在无意之间发现了天狗星和牛郎。地球的外壳在收缩伸张之际推起了高高的山，陷下了深深的海，其实地球又何曾出于有意地创造出那五座名岳，为我们崇拜的目的？然而太华和昆仑终已矗立于地面，高下起伏，绵延千里，玉女和仙童立在危岩之上，显然是供我们欣赏的。这些就是大艺术造化家自由随意的挥洒。当天上的云行过山头，而遇到强劲的山风时，它何曾想到有意露出裙边巾角以供我们赏玩？然而它们自然会整理，有时如鱼鳞，有时如锦缎，有时如赛跑的狗，如怒吼的狮子，如纵跳的凤凰，如踞跃的麒麟，都像是文学的杰作。当秋天的树木受到风霜雨露的摧残，正致力于减低它们的呼吸，以保全它们的本力时，它们还会有这空闲去拍粉涂脂，以供古道行人的欣赏吗？然而他们终是那么的冷洁幽寂，远胜于王维、米芾的书画。

所以凡是宇宙中活的东西都有着文学的美。枯藤的美胜于王羲之的字，悬崖的壮严胜于张猛龙的碑铭。所以我们知道"文"或文学的美是天成的。凡是尽其天性的，都有"文"或美的轮廓为其外饰，所以"文"或轮廓形式的美是内生的，而不是外来的。马的蹄是为适于奔跑而造，老虎的瓜是为适于扑攫而造，鹤的腿是为适于涉水塘而造，熊的掌则是为适于在冰上爬行而造，这马、虎、鹤、熊，自己又何曾想到它们的形式的美呢？它们所做的事情无非是为生活而运用其效能，并取着最宜于他行动的姿势。但是从我们的观点说起来，则我们看到马蹄、虎爪、鹤腿、熊掌，都有一种惊人的美，或是雄壮有力的美，或是细巧有劲的美，或是骨骼清奇的美，或是关节粗拙的美。此外则象爪如"隶书"，狮鬃如"飞白"，争斗时的蛇屈曲扭绕如"草书"，飞龙如"篆书"，牛腿如"八分"，鹿如小楷。它们的美都生自姿势和运动，它们的体形都是它们的身体效能的结果。这也就是写作之美的秘诀。"式"之所需，不能强加阻抑；"式"所不需，便当立刻停止。因此，一篇文学名作正如大自然本身的一个伸展，在无式之中成就佳式。美格和美点能自然而生，因为所谓的"式"，乃是动作的美，而不是定形的美。凡是活动的东西都有一个"式"，所以也就有美、力和文，或形式和轮廓的美。

第十三章 与上帝的关系

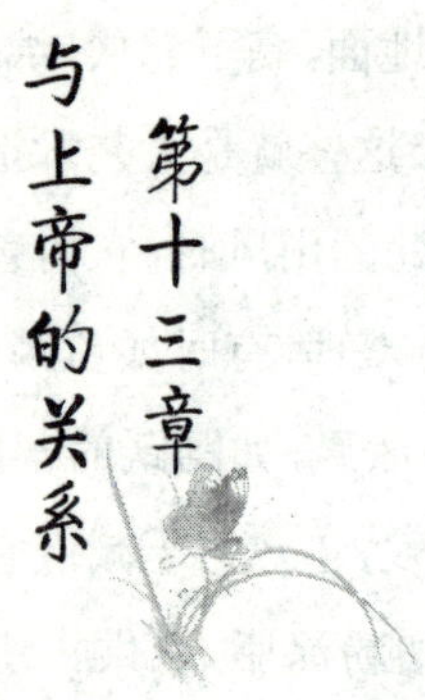

一、宗教的恢复

世上有许多人自以为认识上帝，知道上帝的爱憎。因此一个人在讨论这个题目时，不免被有些人认做亵渎，也被另一些人认做先知。人类以各个分别地说起来，不过是地壳的千百万万分之一，而地壳又不过是宇宙的千百万万分之一，真是极其渺小的物事，竟敢说认识上帝。

然而没有生活的哲学是完备的，没有人类的精神生活的概念是充分的，除非我们把自己引进到和周遭世界的生活有满意而融洽的关系里边去。人类已很够重要，他是我们的研究中最重要的题旨。这就是人性主义的要素。然而人类是生活于一个宏大的宇宙中的，这宇宙也和人类一般的奇特。所以凡是忽视了周遭的大世界，忽视了它的起由和结果的人，都不能算作有着一个满意的生命。

正统派宗教的缺点，在于在历史的进展中它和一些完全不涉宗教范围的物事发生了不可分析的关系——物理学、地质学、天文学、犯罪学、性的概念和妇女观念。它如若专自限于良心的范围，则重新定向的工作便不必像目下这般的困难了。要毁灭“天堂”和“地狱”的观念，较易于毁灭上帝的观念。

反之，科学把宇宙的神秘的一种更新更深的意义，和物质之为动力的一种别称的新概念，展开于现代基督徒的眼前。对于上帝本身，詹姆斯·杰恩斯(James Jeans)曾说，宇宙实好似一个伟大的思想，而不似一具伟大的机器。

数学计算的本身,证明宇宙中实在有所谓算术上不能加以计算的东西。宗教须往后退,它不应该像以前的涉及自然科学范围中的许多物事,而应承认它们乃是不属于宗教的物事。宗教也不应该让神灵的阅历去依赖着完全不相干的说法,如人类的历史已有四千余年,或一百万年,或地球的形状是扁的、圆的,或是像折叠桌子一般的,或是由印度的象或中国的鼋所擎着的。宗教应该限于道德的范围,限于良心的范围,它自有如花木鱼星的研究一般的尊严。圣保罗是首先动手术割治犹太教的人。他把饮食(吃有蹄的动物)和宗教分析开来,使宗教得益不浅。宗教不但从分析饮食之中可以得到益处,并且也可从分析地质学和解剖学之中得到益处。宗教不必再去做一个天文学和地质学的涉猎者和一个古代传说的保存者。宗教尽可在生物教师讲课时闭口不言,则宗教就可以不像向来那么的愚蠢,而易于得到人类的崇敬了。

照现代所有的宗教而论，每个人将不得不把自己从所信仰的宗教中拯救出来,不论我们对于神学信条的意见如何。我们未尝不能于跪在地上默默作礼,眼望着彩色玻璃的教礼和崇拜的氛围下投身于上帝的门下。在这种意义上,崇拜成为真正的美术经验,真是出于本心的美术经验,犹如我们看着太阳向山林的背后落下去一般。在这个人的心目中，宗教是良心的最后事实,因为这个美术经验是非常近于诗意的。

但他对于现代的教会必然蔑视,因为他崇拜的上帝,并不是一个花些小钱即能买得动的上帝。他不能在乘船向北行驶时,叫风向北吹;不能在向南行驶时,叫风向南吹。因为顺风而感谢上帝,乃是绝对的无礼,也是自私。因为这包含着上帝这个特别人向北行驶时，便不顾及另有许多向南行驶的人了。宗教应该是一种灵的交流。当中不能含有此造对彼造有所求的交换情事。他必不能够了解教会的真义,他对于宗教所经过的转变必觉得奇怪。他如将宗教照目前的形式下定义必会愕然无措。宗教是它的现状加了神秘的情感的加荣吗？抑是某种已经成为非常神秘,已经雕饰,已经遮掩的道德真理,庶使教士之流可以从而得到生活吗?启示对宗教的关系,是否也是如“秘方”对用广告宣传的“秘制药品”之关系一般的吗?它抑或是一种利用不能见的、不可思议的事物在那里变戏法,因为不能见的不可思议的事物乃是最便于变戏法的事物吗?信仰是否应该以知识为基础,还是信仰乃是开始的知识的终点吗？它抑是像一个棒球，可以由爱梅·麦克弗逊（Sister Aimée

McPherson)向观众打去——是一种乔(Joe)可以用接棒球的法子去接过来的事物吗?它抑或是阿里安种或挪特种血统的一种保持法,或不过是离婚和生育节度的一种反对法,并对任何社会改良者都称之为“红党”和“共产党”吗?基督是否必须在托尔斯泰被希腊的正统教会除名之后,于大风雪中将他抱在怀中吗?或是基督将要立在曼宁主教(Bishop Manning)的窗外,招呼那些坐在长椅中的富家孩子,一再做他的请求说:“让这些孩子到我这里”呢?

所以宗教在我们的心中所留下的是:一种令人不舒服的——然而在我却是异常满意的——感觉,觉得宗教所在于我们的生命中的,将是一种对生活的美,生活的伟大和生活的神秘的更简单化的感觉。当中虽也有一种责任,但已撇去了神学所堆积于表面的自以为准确的东西。在这个形式中的宗教是简单的,它于现代的人类已是够好。中古时代的神灵神权统治思想已渐渐退化。至于个人的永生问题——即宗教用以打动人心的第二个大理由——现在有许多人都已是抱着要死便死,而并无不满意处的态度了。

我们对永生的成见,当中略带一些病理性质。人类期望长生是可以谅解的,但如若没有基督徒从中推波助澜,则它必不至于被人类重视到这般畸形的地步。它已不是一种微妙的回想,一种崇高的幻想,位于虚无和事实中间的诗意境界中,而已成为一种十分一本正经的事实。尤其是在修道士的心目中,死亡的意识或死后的生活,已成为生活中主要的关怀事件了。在事实上,五十岁以上的人们,不论他是异教徒或基督徒,大多并不怕死。这就是他们为什么不为死亡所威吓和并不把天堂和地狱十分放在心上的理由。我们常听见他们很高兴地讨论自己身后的碑铭和坟墓的式样,以及火葬的好处等等。我这话并不单说凡是自知必升天堂者是如此的,而且也是指着对死亡抱一种现实见解以为人死不过似灯烛的火焰熄灭一般者而说的。目下识见高超的名人当中,有许多个都表示不相信有所谓个人的长生,而并不在意——如韦尔士(H.G.Wells)、爱尔勃特·爱因斯坦(Albert Einstein)、亚德·基士爵士(Arthur Keith)等人——但我以为并不一定需识见十分高超的人们方能克服死亡的恐怖。

有许多人已将别种更有意义的永生代替了这种个人的永生——如种族的永生、功绩和影响的永生。当我们去世之后,倘若我们所遗留的功绩依旧继续地有影响于我们自己的社会中的人生——不论这影响是怎样的微小——而在其中活动，则便已够了。我们可以将花朵摘下来，将花瓣丢在地上的，然而它的香味是依旧存留于空气中。这是一种更好的、更合理的、更为公的永生。在这种真实的意义上，我们可以说路易·巴斯德（Louis Pasteur）、路德·勃尔班克（Luther Burbank）和汤姆斯·爱迪生（Thomas Edison）至今还在我们之中活着。他们的身体虽然已死，但这又有什么关系？因为所谓“身体”者，无非是许多化学的组成分子不断有变化的组合状态的一个抽象的综合罢了。人们开始了悟自己的生命不过是像永流的大河中的一滴水，因此他对于这生命之流乐于做一些贡献。倘若他能少怀一些自私心则他自会觉得满足了。

二、我为什么是一个异教徒

宗教终是一桩属于个人的事件，每个人都必须由他自己去探讨出自己的宗教见解。只要他是出于诚意的，则不论他所探讨得到的是什么东西，上帝绝不会见怪他。每个人的宗教经验都是对他本人有效的，因为我已说过它是一种不容争论的东西。但是，如若一个诚实的人将他对于宗教问题的心用诚恳的态度讲出来，则也必是有益于他人的。我在提到宗教时，每每避开它的普泛性，而专讲个人的经验，就是为了这个缘故。

我是一个异教徒。这句话或许可以作为是一种对基督教的叛逆，但叛逆这个名词似乎略嫌过火，而还不能准确地描写出一个人怎样在他的心理的演变中，逐渐地背离基督教。他怎样地很热忱地极力想紧抱住基督教的许多信条，而这些信条仍会渐渐地溜了开去。因为其中从来没有什么仇恨，所以也谈不到什么叛逆。

因为我生长在一个牧师的家庭中，并且有一个时期也预备去做传道工作，所以在意旨的交战之中，我的天然感情实在是向着基督教方面，而并不是反对它。在这个情感和意识交战的当中，我渐渐地达到了一个肯定的、否认赎罪说的地位。这个地位照简单的说法，实在不能不称之为一个异教徒的地位。我始终觉得只有处在有关生命和宇宙的状态的信仰时，我方是自然自在，而无所交战于心。这个程度的演变极其自然，正如儿童的奶牙脱落，或已熟的苹果从树头掉落一般。我对这种脱落当然是不加以干涉的。照道家的说法，这就是生活于道里边。照西方的说法，这不过是依据自己的见解，对自己和宇宙抱一种诚恳的态度罢了。我相信一个人除非是对自己抱着一种理智上的诚恳态度之外，他便不能自在和快乐。一个人若能自在，则便已登上天堂了。在我个人，做一个异教徒也无非是求自在罢了。

"是一个异教徒"这句话，其实和"是一个基督徒"在意义上有什么高下之分？这不过是一句反面的话，因为在一般的读者心目中，"是一个异教徒"这话的意义，无非说他不是一个基督徒罢了。而且"是一个基督徒"也是一句很广泛很含混的说话，而"不是一个基督徒"这句话也同样是意义不很分明的。最不合理者，是将一个异教徒这名词的意义定为一个不信宗教或上帝的人。因为根本上，我们对于"上帝"或"对于生命的宗教"的态度还没有能够定出确切的意义哩。伟大的异教徒大都对大自然抱着一种深切的诚敬态度，所以我们对异教徒这个名词，只可取其通俗的意义，将它作为不过是一个不到礼拜堂里去的人(除为了一次审美的行动外，我确不大到礼拜堂里去)，是一个不属于基督教群，而并不承认寻常的正统教义的人的解说。

在正的方面，中国的异教徒(只有这一种是为我所深知而敢于讨论的)就是一个以任心委运的态度去度这尘世的生活的人。他禀着生命的久长，脚踏实地地，很快乐地生活着。时常对于这个生命觉到一种深愁，但仍很快地应付着。凡遇到人生的美点和优点时，必会很深切地领略着，而视良好行为的本身即是一种报酬。不过我也承认他们因想升到天堂去，才做良好的行为，反之，如若没有天堂在那里诱引，或没有地狱在那里威吓，即不做良好行为的"宗教的"人物，自有一些怜悯和鄙视的心思。倘若我这句话是对的，则此间有很多的异教徒，不过自己不觉得罢了。现在的开明基督徒和异教徒，其实是很相近的。不过在谈到"上帝"时，双方才显出他们的歧异点。

我以为我已经知道宗教的经验的深度，因为我知道一个人不必一定须像纽孟主教(Cardinal Newman)一般的大神学家才能获得这种经验——否则基督教便失去了它的价值，或已经被人误解了。在我眼前看来，一个基督徒和一个异教徒之间的灵的生活，其区别之点不过是崇信基督教者是生活于一个由上帝所统治和监视的世界中，他和这个上帝有着不断的个人关系。所以他也可说是生活在一个由一位仁慈的父亲所主持的世界中，他的行为水准须谐合于他以一个上帝之子的地位所应达到的标准。这个行为水准显然是一个普通人所难于在一生中，或甚至在一个星期中，或甚至在一天之中毫无间断地达到的。他的实际生活实是游移于人类的生活水准，和真正的宗教生活水准之间的。

在另一方面，这异教徒住在这世界上是像一个孤儿一般，他不能期望天上有一个人在那里照顾他，在他用祈祷方式树立灵的关系时即会降福于他的安慰，这就显然是一个较为不快乐的世界。但也自有他的益处和尊严，因为他也如其他的孤儿一般不得不学习自立，不得不自己照顾自己，并更易于成熟。我在转变为异教徒之中，始终使我害怕的，并不是什么灵的信仰问题，而就是这个突然掉落到没有上帝照顾我的世界里边去的感念，这个害怕直到最后的一刹方才消灭。因为当时我也如一般从小即是基督徒的人，觉得如若一个个人的上帝其实并不存在，则这个宇宙的托底便好似脱落了。

然而，有时一个异教徒也会将这个更为和暖的、更为快乐的世界，同时看成一个更为稚气的、更像尚在生长中的世界；一个人如若能够长久保持着这个幻想，确是一件好而有益的事情；他的观念将和佛教徒对生命的观念相近似；这个世界将因此好似更为彩色华丽，不过同时也将因此成为一个不十分实在的，所以价值较低的世界。在我个人说起来，凡是不十分实在的和彩色过重的事物都是要不得的。一个人如要得到一种真理，必须付一笔代价；不论它的后果如何，我们终是需要真理的。这个境地在心理上，正和一个杀人者所处的境地相同：如若一个人犯了一次杀案，以下的最好办法就是自首。我就是因了这个理由，所以鼓起勇气转变为一个异教徒的。但一个人在承认一切之后，他自会没有惧怕的。心里安适就是一个人在承认一切之后所处的心境(这里我觉得我已受了佛教和道家思想的影响)。

我或者也可以将基督徒的和异教徒的境地用下列的说法加以区别：我个人的异教思想同时为了自傲心和自卑心弃绝了基督教，是为了情感上的自傲心和理智上的自卑心，但笼统地说起来，自卑的成分比自傲居多。我是为了情感上的自傲心，因为我深不愿见除了我们是人类的理由，所以应该做和蔼合礼的男女人之外，还有别的理由；在理论上，如若你是喜欢将思想分类的话，则这个当可归入可做代表的人性主义思想。但大半我是为了自卑心，为了理智上的自卑心，因为当着现代的天文学的面前，我不能再相信一个寻常人类会被大创造者视为一个重要的分子，因为一个人类不过是地球上一个极其微渺的分子，地球也不过是太阳系中一个极其微渺的分子，而太阳系更不过是大宇宙中一个极其微渺的分子罢了。人们的大胆和他的傲然夸张，实是所以使我倾跌的东西。我们对于那个"超人"所做的工作，所知道者只不过是几千万分之一，所以我们怎能够说，我们已经知道了他的性质？怎可以对他的能耐做假定之说呢？

人类个人的重要，无疑地是基督教的基本教义之一。但我们可试看在基督徒的日常生活中，这条教义已将他们引进到怎样的可笑的夸张。

在我母丧后出殡的四天之前，忽然大雨倾盆，这雨如若长此下去(这在漳州，秋天是时常如此的)，城内的街道都将被水所淹没，而出殡也将因此被阻。我们都是特地从上海赶回去的，所以如若过于耽搁日子，于我们都是很不便的。我的一个亲戚(她是一个极端的，但也并不是不常见的中国笃信基督者的榜样)向我说，她向来信任上帝，上帝是必会代他的子女设法的。她即刻做祈祷，而雨竟停止了，显然是为了这样便可以让我们这个小小的基督徒家庭举行我们的出殡礼。但这件事里边所含的意义是：倘若没有我们这件事夹在当中，上帝便将听任全漳州的万千人民遭受大水之灾，如以往所常遭到的一般；或也可说是：上帝不是为了漳州万千的人民，而只是为了我家这少数几个人要赶着晴天出殡，所以特地将雨停止，这个意义使我觉得实是一种最不可思议的自私自利。我不能相信上帝是会替如此自私的子女想什么法子的。

还有一个基督教牧师写了一篇自传文，其中述说：在他的一生中，上帝许多次照顾他的故事，希望因此荣归于上帝。其中有一件上帝照应他的事件是：当他筹集了六百元去购买到美国去的船票的那一天，上帝特地将汇兑率降低一些，以便这位重要人物在购买美金船票时，可以便宜一些。以六百元所能购买的美金而言，高低的相差至多不过一二十元，难道上帝单单为了使他这个儿子可以得到一二十元的便宜，便竟肯使巴黎、伦敦和纽约的交易所经过一次金融风潮吗？我们应记得这种荣归于上帝的说法，在基督徒群中是并非罕见的。

人们的寿限大都不过七十岁，而他们竟会这般的厚颜自傲。人类以其集合体而言，也许已有一部很动人的历史，但以各个而言，则在宇宙中正如苏东坡所说，不过是沧海之一粟，或如朝生夜死的蜉蝣罢了。基督徒不肯谦卑，他们对于这股他们自己也是其中一分子的生命巨流（这股大流永远向无穷无尽处流去，如一条大河之流向海中，永远变迁，而也是永远不变的）的集体的永存，从来不知道感觉满足。瓦器将向窑工问说："你为什么将我烧成这个模式，为什么将我烧成这般的脆法？"瓦器因为易于破碎，所以感觉不满足。人类有了这样一具奇异的身体，这具几乎近于神圣的身体，也仍感觉不满足。他还要长生不老！他不肯让上帝安宁。他每天还要做祈祷，他每天还要从这个"万物之源"那里讨些个人的赏赐。他为什么不让上帝得一些安宁呢？

从前有一个中国学者，他不信佛教，但他的母亲则很相信。她极其虔诚，整天不停地念"阿弥陀佛"以积公德。但在她每念一次"阿弥陀佛"时，她的儿子即在旁边唤一声"妈妈"，她恼了。"这样看起来，"她的儿子向她说，"菩萨如果也听得见你这般地唤他时，他不也要发恼吗？"

我的父母都是极虔诚的基督徒。每晚听我父亲领着头做晚祷，便可以知道他的虔诚程度。我是一个对宗教感觉很敏锐的孩子。我以一个牧师儿子的地位，受到教会教育的便利，我从其长处获得益处，但也从其短处获得痛苦。对它的长处，我是始终感谢的，而对于它的短处，则将它转变成我的力量。因为依照中国哲学的说法，一个人的生命是并没有所谓好运或厄运的。

我是不许到中国戏院里边看戏的，不许听说书的，是完全和中国的民间神话故事隔绝的。当我踏进教会学校之后，我父亲所教我读过的一些"四书"是完全荒废了。这或许于我是一种益处——因为这一来，使我在从未受过西方教育之后，能以一个西方小孩走到东方新奇世界里的愉快心境再回去研究这些旧学。当我在学校读书时代，我的完全抛弃毛笔而专用自来水笔，是于我最有益的事情，因为这使我在心理上始终对于东方觉得它是一个完全新鲜的世界，直到我已有了做研究它的准备的时候。如若维苏威火山不将庞贝城掩没，则庞贝的古迹必不能保存得这样的完备，那地方的石板街上所留下的车辙必不能保存到今日。教会学校的教育就是我的维苏威火山。

思想这件事总是危险的。而且，思想总是和魔鬼有联系的。当我在学校受教育的时代，也就是我最虔信宗教的时代，我心中对于基督教生活的美丽的感觉，和一种对任何物事都想探求其理由的念头已渐渐地发生冲突。但很奇怪的，当时我并不感觉到那种几乎使托尔斯泰因之而自杀的痛苦和失望。在每一个阶段中，我仍觉得自己还是一个统一的基督徒，在信念上仍很融洽，不过比上一个阶段开通一些，在盲从教条上次数略少一些。无论如何，我终究还随时想到“山上的教训”，圣诗中如“看那些田中的百合花啊！”这种句子太好了，使我相信它不会是假的。我就因了这些，因了意识到内心的基督教生活，所以使我生出了新的力量。

但教义则很可怕地从我的心头渐渐地溜了出去。许多浅近的事情渐渐地使我觉得不自在。“肉体的复活”这一条，当基督未能在第一世纪中人所期望的第二次降临里边实现，诸圣徒没有从他们的坟墓里边肉身走出来时，即已证明是不成立的，但这一条现在依然存在于圣徒的信条中。这就是很浅近的事情中之一端。

后来，我又加入了神学班，以求深造。于是我又发现了教义中的另一条也有使我起疑的地方。那一条就是“处女生儿”，美国各神道学院的主任教授对于这一条都各抱着不同的见解。最使我动恼的是：中国信徒必须在受洗礼之前，将这一条囫囵承认，不许稍生疑问，而同一教会里边的神学家则不许公然认为是一件疑问。这好似有些虚伪，而且也似乎是不公允的。

我读到高级的神学，研究到“水门”究竟在哪里那种细微问题时，我便觉得责任已经解除，因而对于神学便不肯认真，结果是我学科的成绩渐渐低落。我的教师即以为我的性情根本不适于做一个教会牧师，因此主教也以为我不如从此脱离。他们不愿再在我的身上耗费徒然的教诲了。这在我现在看来，也好似一种不露相的好运。因为我很疑惑如若我当时依旧读下去，而终身穿上了一件牧师的长袍之后，我是否真能够心口如一啊！这种对于神学家和一般的教徒所需信仰的信条的反抗意念，在我看来，实在差不多近于我所谓“背叛”了。

当这个时候，我已达到深信基督教的神学家实是基督教的大敌的地步。他们有着两个我最不能了解的矛盾点：第一，他们将基督教的信仰的整个结构完全系在一只苹果上。如若亚当没有吃苹果，世上即不会有原始的罪恶；如若世上并没有原始的罪恶，世上便不需要什么救赎。不论那只苹果在象征上有怎样的价值，但这一点终是极显明的。基督本人从来没有提起过原始的罪恶或救赎这件事情，所以它其实是并不符于基督的训诲的。总而言之，我从研究文学之后，我也如现代的美国人一般，不能意识到我有着什么罪恶，而且绝不相信我有罪恶。我所能意识到的就是：上帝只要能如我的母亲爱我一般的一半，他便绝不会将我打到地狱里边去的。这是我内心意识里边的一次最后的行为，不论为了哪一种宗教，都不能不承认其为事实。

还有一个问题，在我看是尤其不合理的。这就是：当亚当和夏娃在蜜月中吃了一只苹果时，上帝即异常大怒，罚他们的子孙世世代代地为了这一件小小的罪过而受罪，但是，当同是这班子孙将上帝的独子害死时，上帝却异常快活，将他们一起赦免。不论人们对这件事有怎样巧妙的解释，我总认它是极不合理的。这也就是使我不自在的一件事情。

我在毕业之后，还依旧是一个很热心的基督徒，会自动地在北京的清华学校（非教会学校）里边组织了一个主日圣经班，这事并曾使当时的许多同事教员心里很不高兴。这圣经班的圣诞日集会使我最受痛苦，因为我是在拿一件我自己所不相信的伪事在那里告诉给中国的儿童听。自从我将一切都借着理智破解之后，留在我心中的就只剩了爱心和恐惧两件事：一种渴望能依赖一个全智的上帝，庶使我可以觉得快乐的爱心，如若没有了这个一再抚慰的爱心，我便不能如此快乐和安宁——和堕落到孤儿世界中去的恐惧心。最后我居然获救了。我和一位同事辩论说："如若没有上帝的话，人民便不肯行善，而世界必将颠倒了。"

"不然。"我的孔教同事回说，"因为我们都是懂道理的人类，所以我们应该能够过一种合于道理的人类生活。"

这个令人崇尚人类生活尊严的说法，割断了我和基督教的最后一丝关系，从此之后，我便成为一个异教徒了。

现在我已完全明白了。异教的信仰是一种更为简单的信仰。它没有什么假定之说，也无需做什么假定之说。它专就生活事实而立论，所以使良好的生活更为人所崇尚。它在不责善之中，使人自然知道行善。它并不借着种种假定的说法，如：罪恶、得救，十字架、存款于天上，人类因了上天第三者的关系，所以彼此之间有一种彼此应尽的义务等——都是一些曲折难解、难于直接证明的事情——去劝诱人们做一件善事。如若一个人承认行善的本身即是一件好事，他即会自然而然将宗教的引人行善的饵诱视做赘物，并将视之为足以掩罩道德真理的彩色的东西。人类之间的互爱应该就是一件终结的和绝对的事实。我们应该不必借着上天第三者的关系而即彼此相爱。基督教在我看来，好似已使道德成为一件非常困难，非常复杂的事情。而罪恶倒反而是一件极易动人,极自然和极可悦的东西。在另一方面,异教主义倒好似能够将宗教从神学里边拯救出来,而恢复了它的信仰的简单性和感觉的尊严。

其实,我颇已看出有许多神学的谬说怎样从第一、第二、第三世纪中渐渐地产生,将"山上训诲"的简单真理歪曲成一种严厉的、不合人情的、自以为是的结构,以供一个祭司阶级自私地利用。从"启示"这个名词即能看出其中的隐情。这启示就是一种授予一个先知的特别秘密或神圣的计划,由这先知以师生授受的方式世代传袭下去;这启示也是各种宗教中从回教和摩门教到活佛的喇嘛教和爱迪夫人的基督教科学所都具有的,以便他们可以各自握着当做一种得救的特有的注册专利品。凡是祭司阶级都是依赖这个启示为他们的日常食粮而获得生活的。"山上训诲"这个简单真理必须修饰起来,上帝所重视的百合花必须将它镀上金子。于是我们就有了"第一个亚当","第二个亚当",如此类推下去。圣保罗的逻辑在基督教的早年时代似乎是很能动人听闻,令人很难于责难的。但在现在较为乖滑较富于意识的人的心目中,则便似十分勉强,缺乏力量了。而崇尚启示的弱点即在这种亚洲式的推论逻辑和现代对真理的较为乖滑的领悟之间,显露于现代人的眼前了。所以,只有借着回到异教主义和不承认启示,一个人方能回到原始式的(在我看来是较为满意的)基督教。

所以说一个异教徒为不信宗教的人是错误的:其实他所不信的不过是不信各式各样的启示罢了。一个异教徒是必然信仰上帝的,不过他因恐旁人误会,所以不肯说出来。中国的异教徒都是信仰上帝的,文学中所用以表示这个上帝的名词,其最常见者就是"造物者"。唯一的不同点就在:中国的异教徒很诚实地听任这位"造物者"隐处在一个神秘的彩晕中,不过对他表示着一种尊畏和虔敬,而即以为足够了。对于这个宇宙的美丽,对于万物的巧妙,对于星辰的神秘,对于上天的奇伟和对于人类灵魂的尊严,他都是能领会的。他接受死亡,他接受痛苦,视之不过为生命中所不可免的东西,视之如旷野的阵风,如山间的明月,而从无怨言。他以为"委心任运"乃是最虔敬的态度和宗教信仰,而称之为"生于道"。如若"造物者"要他在七十岁死亡,他便坦然在那时去世。他又相信"天理循环",所以世界绝不会永远没有公道。此外,他便无所求了。

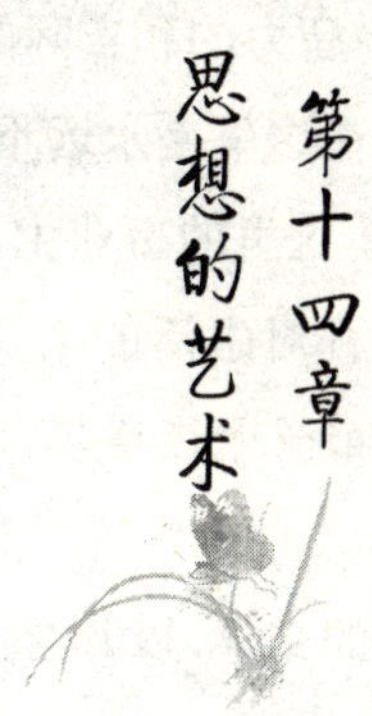

一、合于人情的思想之必要

思想是一种艺术，而不是一种科学。中国的和西方的学问之间，最大的对比就是：西方太多专门知识，而太少近于人情的知识；至于中国则富于对生活问题的关切，而欠于专门的科学。我们眼见在西方科学思想侵入了近于人情的知识的区域，其中的特点就是：十分专门化，和无处不引用科学的与半科学的名词。这里，我所谓"科学"的思想，是指它在一般的意义上而言，而尚不是真正的科学思想，因为真正的科学思想是不能从常识和幻想分析开来的。在一般的意义上，这种科学思想是严格的、合于逻辑的、客观的、十分专门化的，并在方式和幻想的景物中是"原子式"的。这东西两种形式的学问，其对比终还是归结于逻辑和常识的冲突。逻辑如若剥去了常识，它便成为不近人情；而常识如若剥去了逻辑，它便不能够深入大自然的神秘境界。

当一个人检视中国的文学和哲学界时，他将得到一些什么东西呢？他会察觉那里边没有科学，没有极端的理论，没有假说，而且并没有真正的性质十分不同的哲学。例如中国诗人白居易，他不过借儒道以正行为，借佛教以净心胸，并借历史、画、山、河、酒、音乐和歌曲以慰精神罢了。他生活在世界中，但也是出世的。

所以，中国即成为一个人人不很致力于思想，而人人只知道尽力去生活的区域。在这里，哲学本身不过是一件很简单而是属于常识的事情，可以很容易地用一两句诗词包括一切。这区域里面没有什么哲学系;广泛地说起来,没有逻辑,没有形而上学,没有学院式的胡说;没有学院式专重假定主义,较少智力的和实际的疯狂主义,较少抽象的和冗长的字句。机械式的唯理主义在这里是永远不可能的,而且对于逻辑的必须概念都抱着一种憎恶的态度。这里的事业生活中没有律师,而哲学生活中也没有逻辑家。这里只有着一种对生活的亲切感觉,而没有什么设计精密的哲学系,这里没有一个康德或一个黑格尔,而只有文章家,警语作家,佛家禅语和道家譬喻的拟议者。

中国的文学,以其全面而言,我们粗看似乎只见大量的短诗和短文,在不爱好的人们看起来,似乎是多得可厌,但其中实有种种的类别和种种的美点,正如一幅野外景色一般。这里面有文章家和尺牍家,他们只需用五六百个字,便能将生活的感觉表示于一篇短文或短札中,其篇幅比美国低级学校儿童所做的论说更短。在这种随手写作的书札、日记、笔记和文章中,我们所看到的大概是对一次人生遭遇的评论,对邻村中一个女子自尽的记载,或对一次春游、一次雪宴、一次月夜荡桨、一次晚间在寺院里躲雨的记载,再加上一些这种时节各人谈话的记录。这里有许多散文家同时即是诗人,有许多诗人同时即是散文家,所有的著作每篇至多不过五六百字,有时单用一句诗文即能表出整个的生活哲学。这里有许多警喻、警语和家信的作家,他们写作时都是乘兴之所到,随后写去,并不讲究什么严格的系统。这使系派难于产生。理智阶级常被合于情理的精神所压伏,尤其是被作家的艺术的感觉性所压伏,而无从活动。事实上,理智阶级在这里是最为人所不信任的。

我无须指出逻辑本能乃是人类灵心的一种最有力的利器,因而科学的成就成为可能。我也知道西方的人类进步至今还是在根本上由常识和批判精神所统制着,这常识和批判精神是比逻辑精神更为伟大的东西,我以为实在是代表着西方思想的最高的形式。我也无需明说西方的批判精神比在中国更为发展。在指出逻辑的思想的弱点中,我不过是指着某一种特别的缺点而说的,即如他们的政治中也有着这一种的弱点,如德国人和日本人的机械式政治,即属于此类。逻辑自有它的动人之处,我认为侦探小说的发展就是逻辑灵心的一种最令人感兴趣的产品,这种文字在中国完全没有发展过。但是过度耽于逻辑思想也自有其不利之处。

西方学问杰出的特质就是专门化和分割知识，将它们归入各式各类的门类。逻辑思想和专门化的过于发展，再加上好用专门的名词，造成了现代文明的一个奇特事实，即哲学已和它的背景分隔得如此的遥远，已远落在政治学和经济学的后面，以致一般的人们都会走过它的旁边而竟觉着好似没有这样一件东西。在一个平常人的心目中，甚至在某些有教养的人的心目中，都觉得哲学实在是一种最好不必加以过问的学科。这显然是现代文化中的一种奇特的反常现象，因为哲学本应是最贴近人们的脑怀和事业的物事，但现在倒反而远在千里之外。希腊和罗马的古典型的文化便不是如此的，中国的文化也不是如此的。也许是现代人对于生活问题——其实是哲学中的正常题旨——不感觉兴趣，或也许是我们已经走离哲学的原始概念太遥远了。我们的知识范围已经推广到如此的广大，由各类专家所热心守卫的知识门类已经如此的众多，以致哲学这一门，其实虽应是人们所宜最先研究的学问，倒反而被打入没有人愿意做专门研究的场地里边去了。美国某大学的布告可以作为现代教育状况的一个典型，这布告说："心理学科现在已经开放，凡是经济学科的学生，愿意者都可以加入。"所以经济学科的教授已将自己一科里学生的友爱和幸福托付给心理学科的教授，同时为了答谢好意起见，他又容许心理学科的学生踏进经济学科的围场，以表示友谊。同时，知识之王的哲学则如战国时的君王一般，不但已不能从他的学科附庸各国收取贡礼，而且觉得他的权力和国土日渐减缩，只剩较少的食粮，不足以人民效忠于他了。

因为现在我们已达到一个只有着知识门类而并没有着知识本身的人类文化梯阶；只是专门化，但没有完成其整体；只有专门家，而没有人类知识的哲学家。这种知识的过分专门化，实和中国皇宫中尚膳房的过分专门化并没有什么分别。当某一个朝代倾覆的时节，有一位贵官居然得到了一个从尚膳房里逃走出来的宫女。他得意极了，特地在某天邀请了许多朋友来尝尝这位御厨高手所做的莱肴。当设宴的日期快到时，他即吩咐这宫女去预备一桌最丰盛的御用式酒席。这宫女回说，她不会做这样的一席菜。

"那么，你在宫中时，做些什么呢？"主人问。

"噢，我是专做席面上所用的糕饼的。"她回答。

"很好，那么你就替我做些上好的糕饼吧。"

宫女的答语使他几乎跳起来，因为她回说："不，我不会做糕饼，我是专切糕饼馅子里边所用的葱的。"

现在的人类知识和学院式学问的场地里边，情形就和这个相仿佛。我们有着一位略晓得一些生命和人类性质的生物学家；有着一位略晓得一些同一题目的另一部分的精神病学家；有着一位通晓人类早年历史的地质学家；有着一位知悉野蛮人种的心性的人类学家；有着一位，如若偶然是个心胸开通者的话，可以教给我们一些人类过去历史所反映出来的人类知识和人类愚行的历史学家；有着一个有时也能帮助我们认识我们的行为，但仍是偏于多告诉我们一种学院式的呆话，如鲁易斯·卡罗尔乃是一个忧郁主义者，或从他的用鸡为试验的实验室里走出来，而宣布说，巨响对于一只鸡的影响是使它们的心跳跃的心理学家。有些以教授为业的心理学家，在我看来，当他们错误时，他们是使人昏迷的，而在不错误时则更令人昏迷。但在专门化的程序中，同时并没有应该并进的完成整个的切要程序，即将这类知识的多方面综合成一个整体，以达到它们所拟达到的最高目的——生命的知识——的程序。现在我们或许已经做了将知识完成整个的预备，例如耶鲁大学校中的人类关系学会和哈佛大学立校三百年纪念会中的演讲词都可以做这一点的证明。不过，除非西方的科学家能用一种较简单的、较不逻辑的思想方法去从事于这件工作，则完成整体这件事简直没有成功的日子。人类知识不单是将专门知识一件一件地加上去而成的，并且也不能单从统计式的平均数的研究中去获得它；这只能借着洞察而获得成就，只能借着更普通的常识、更多的智能和更清楚的但是更锐敏的直觉方能获得成就。

逻辑的思想和合理的思想之间，或也可称为学院式的思想和诗意的思想之间，有着一种很明显的区别。学院式的思想，我们所有的已很多了，但是诗意的思想则现代中尚还稀见。亚里士多德和柏拉图其实是很摩登的；他们所以如此，不但因为希腊人很近似现代人，而且因为他们实在是，严格的说法，现代思想的祖先。亚里士多德虽也有他的人性主义见解和中庸之道的学说，但他确是现代教科书作家的祖师，他实在是首创将知识分割成许多门类者——从物理学和植物学直到伦理学和政治学。他显然也就是首创为普通人所不能了解的不相干的学院式胡说者，而后来的现代美国社会学家和心理学家则更助纣为虐，又比他更为厉害。柏拉图虽有着真正的人类洞察力，但在某种意义上，他实在应负如新柏拉图主义学派所崇尚的对于概念和抽象观念崇拜的责任，这个传统的思想不但没有被加些更多的洞察力以为调和，倒反而被现代专讲概念和主义的作者所熟习，而将它视做好似实有一个独立的存在性一般。最近的现代化心理学实是剥削了我们的“理智”、“意旨”和“情感”部门，并帮助杀害那个和中古时代的神学家在一起时还是一个整体的“灵魂”。我们已杀害了“灵魂”，而另造出许许多多社会的和政治的口号（“革命”、“反革命”、“布尔乔亚”、“帝国主义资本家”、“逃避主义”）以为替代，听任它们来统治我们的思想；并又造出相类的物事，如：“阶级”、“命运”和“国家”，很逻辑地听任这个国家变成一个巨魔而吞吃了个人。

很明显的，现在所需要的似乎是一种需经过改造的思想方式，一种更为富有诗意的思想，方能更稳定地观察生命和观察它的整体。正如已过世的古姆斯·哈维·罗宾逊所警告我们的话：“有些谨慎的观察家很坦白地表示他的真诚意见说，除非将思想提升到比目下更高的平面之上，文明必然将要受到某种绝大的阻碍。”罗宾逊教授很智慧地指出，“良心的驱使和洞察力似乎是在彼此猜忌，但其实则它们很可以成为朋友的。”现代的经济学家和心理学家似乎有着大多的良心驱使而缺乏洞察力。对世事施用逻辑的危险这一点是不应该过分重视的。但因科学思想的力量和尊严在现代是如此的巨大，以致虽有人曾做种种的警告，然而这一类的学院式思想依旧不断地侵入哲学的区域，深信人类的灵心可以如一组沟渠一般地加以研究，和人类的思想浪潮可以如无线电波一般加以测量的。它的后果是逐渐地在那里扰乱我们的思想，同时于实用的政治学上有着极恶劣的影响。

二、回向常识

中国人都憎恶“逻辑的必要”那个名词，因为在中国人的心目中，世事之中无所谓逻辑的必要。中国人对于逻辑的不信任，起点于不信任字眼，再进而惧怕界说，最后则对一切系说、一切假说表示天性的憎恨。因为使哲学派成为可能者，都是字眼、界说和系说的罪恶。哲学的腐化起于对字眼的偏见。中国作家龚定庵说，圣人不说话，有能为的人才说话，愚人才会做辩论——其实龚氏本人就是一个最好做辩论的人，但他仍说这句话。

因为这就是哲学的悲惨经过：即哲学家不幸都是好说话的人，而不是肯守缄默的人。所有的哲学家都喜欢听他自己的语声。即如老子，他虽是第一个指点给我们知道“大块”是无言的，但他自己则在出函谷关去隐居深山，乐享余年之前，仍免不了听从人劝，遗留下传诸后世的五千言。尤其足以代表这类天才哲学言谈家的就是孔子，他游遍“七十二国”以说诸国之君；又如苏格拉底，他在雅典的街上走来走去，遇到走路的人即叫住他，问他几句话，以便他自己可以发生聪明的意见给自己听。所以“圣人不多言”这句话乃是相对的说法。不过圣人和才子之间仍有一种区别，因为圣人的谈到生活，都是以亲身的阅历为中心；才子则只知道研究解释圣人的说话，而笨人则更是只知道将才子的说话咬文嚼字地辩论。在希腊的修辞学家当中，我们看见这种专以咬文嚼字为尚的纯粹谈论家。哲学本是一种对智慧的爱好，已变成了对字句的爱好，等到修辞学的风尚渐渐滋长，哲学便和生活越离越远了。等到后来，哲学家竟专顾多用字眼，多用长的句子；短短的警语多变成了长句，句子变成了论据，论据变成了专书，专书变成了长篇大论，长篇大论变成了语言学的研究；他们需要更多的字眼以定他们所用的字眼的界说，并将他们归类，他们需要更多的派别以区别和隔离已经设立的派别；这个程序接连不断地进行着，直到对于生活的直接的、切己的感觉或知悉完全丧失，致使外行竟敢于诘问：“你在那里说些什么？”同时，在后来的思想历史中，少数几个对生活本身感觉到直接撞击的独立的思想家——如哥德、萨缪尔、强孙、爱默生、威廉·古姆斯——都拒绝在谈论家的胡言乱语中发言，并始终极固执地反对归类的精神。因为他们是聪明的，他们替我们维持着哲学的真意义，就是生活的智慧。在许多情形中，他们都抛弃了论据，回向警语。当一个人在丧失了说出警语的能力时，他方去写长篇；而他在论证之中依旧不能明白发表他的意思时，他方去著作一本专书。

人的爱好字句，是他走向愚昧之途的第一步，他的爱好界说乃是第二步。他越从事于分析，他越需要界说，他越加定界说，他越是趋向一个不可能的逻辑的完美境界，因为企求逻辑的完美就是愚昧的迹象。因为字句是我们思想的材料，所以定其界说的企图乃是完全可嘉的，于是苏格拉底即在欧洲创始了一个定界说狂。其危险在于我们意识到曾由我们定其界说的字眼时，我们便不能不将用以定界说的字眼也定出它们的界说来，因此，其结果：除了用以定生活的界说的字眼以外，我们又有了专用以定别的字眼的界说的字眼，而定字眼的界说这桩事便成了我们的哲学家的主要成见了。忙碌的字眼和空闲的字眼之间显然有一种分别，前者在我们的日常工作生活中尽它们的责任，而后者则只存在于哲学家的研究团体中。此外苏格拉底和弗兰西斯·培根的界说，和现代大教授的界说之间也是有着一种分别的。莎士比亚对生活有着最切己的感觉，但他也居然能从容地过去，而并没有做什么定界说的企图，或也可说是因为他没有做定界说这件事，所以他所用的字眼都有着一种别个作家所缺少的"实体"，而他的文字中也充满着一种现代所缺少的人类悲剧意味和堂皇的气概。我们无从将他的文字限制到某一个动作效能的范围之内去，正如我们的无从将他的文字限制到一个对妇女的特别观念里边去。因为它们都在有了定界说的性质时方使我们的思想成为僵硬，因而剥夺了生活本身的发光的、幻想的色彩特质。

但如若字眼为了必须的理由分割了我们在表示程序中的思想，那对于系统的爱好更能损害我们对于生活的深切的知悉。系统不过是一种对真理的从旁斜视，因此，这系统越加有着逻辑的发展，则那种灵心上的斜视也成为越加可怕。人类只想看见偶然所能看到的真理的片面，并将它发展和提升到一个完善的逻辑系统的地位的欲望，即是我们的哲学为什么会和生活势必越离越远的理由。凡是谈到真理的人，都反而损害了它；凡是企图证明它的人，都反而伤残歪曲了它；凡是替它加上一个标识和定出一个思想派别的人，都反而杀害了它；而凡是自称为信仰它的人，都埋葬了它。所以一个真理，等到成为一个系统时，它已死了三次，并被埋葬了三次了。他们在真理出丧时所唱的挽歌就是："我是完全对的，而你则是完全错误的。"他们所埋葬的是哪一种真理在根本上无关重要的，不过根本上他们总是已经埋葬了它。因此真理便如此地在防护它的人的手中受到了虐待，而一切哲学的党派，不论古今，都只是专心致力于证明一点，即"我是完全对的，而你是完全错误的"。德国的哲学家们写了一本挺厚的书，想要证明某一种有限制的真理，但结果反而将那真理变了一个胡说，这班人大概可算是最坏的冒犯者了，不过这种思想的疾病在西方的思想界中差不多是随处有的，而只在深浅中有些分别罢了，而在他们越趋于抽象时，这个病症也越深。

这种不近人情的逻辑，其结果是造成了一种不近人情的真理。今天我们所有的哲学是一种远离人生的哲学，它差不多已经自认没有教导我们人生的意义和生活的智慧的意旨，这种哲学实在丧失了我们所认为是哲学的精英的对人生的切己的感觉和对生活的知悉。威廉·吉姆斯即称这种对人生的切己的感觉为"经验的要素"。等到日子长久之后，威廉·吉姆斯的哲学和逻辑所加于现代西方思想方式的蹂躏必会一天厉害一天。但我们如想把西方哲学变成近于人情，则我们必须先将西方逻辑变成为近于人情。我们需回到一种对现实和生活，尤其是对于人性，急于接触的思想方式，而不单是求得不错，合于逻辑和没有不符之处便算完事。我们对于特卡戴(Descartes)著名的发现："我思想着，所以我存在着。"这句名言所表率的思想的疾病，应该拿华德·惠德孟所说那句较为近于人性和较为有意义的话："我照现在的地位，我已尽够。"去替代它。生活或存在无需跪在地上恳求逻辑代它证明世上确有它这样事物。

威廉·古姆斯终其身在那里企图证明中国式的思想方式，并替它辩护，不过自己没有觉得罢了。当中不过有着下列的一个分别：他如果真是一个中国人，他必不会用这许多字眼去做他的论证，而只将用那么三五百个字写一篇短文，或在他的日记中短短地写上几句话便算完事了。他将要对着字眼胆怯，恐怕越多用字眼，便越加会引起误会。但威廉·吉姆斯在他对生活的深切感觉，对人类阅历的透彻，对机械式的理智主义的反抗，对于思想切心想保持它的流动状态，并对那些自以为已经发现了一个万分重要的、绝对的、无所不包的真理，而将它纳入一个自以为满足的系统中的人们的不耐烦当中，他简直就是一个中国人。他的坚持在艺术家的意识上，属于知觉的现实比属于概念的现实更为重要这一点上也像一个中国人。其实所谓哲学家者，他就是一个时常将他的感觉力集中于最高的焦点去观察生活的变动，随时预备碰到更新的和更奇怪的矛盾事情，前后不符的事情和一切不合于常例的事情。在他的拒绝一个系统之中，他所拒绝的并非因它不对，而只因它是一个系统，在这个举动中，他实在破坏了西方的哲学派。照他的说法，对于宇宙的一元概念和多元概念之间的分别，实是哲学中一个最重要的分别。他使哲学有放弃空中楼阁而回到生活本身的可能。

孔子说："道不远人，人之为道而远人，不可以为道。"他还有一句聪明的话，这句话很像吉姆斯的口气，他说："人能弘道，非道弘人。"不，世界并不是一个三段论法或一个论据，而是一个生物；宇宙不作声说话，只是生活着；它并不做什么辨认，只是进行着。某英国天才作家说："理智不过是神秘物事中的一个节目；而在最高傲的意识力的统治的背面，理智和惊奇是涨红了脸相对着。不可避免的事情变成了平凡，而疑惑和希望则成了姊妹。宇宙是粗野的，如鹰的翅膀一般带着一些竞技的意味，这还算是一件可喜的事。大自然就是一个神奇之迹，同样的物事不再重回，而即使回来也必是已经不同的。"在我看来，西方的逻辑家所需要的只是一些自谦心；如有人能够将他们的脑袋肿大症医好，则他们就能得救了。

三、近情

和逻辑相对的有常识，或更好一些的说法，还有近情的精神。我以为近情精神实是人类文化最高的、最合理的理想，而近情的人实在就是最高形式的有教养的人。世人没有一个人是完美无缺的；他只能力争上游去做一个近乎情理的生物。我正期待着世界上将有一个世人在个人的事件上，并在国家的事件上，都会得着这个近情精神之鼓舞的时期。近情的国家将生活于和平之中，近情的夫妻能生活于快乐之中。在我替我的女儿挑选丈夫时，我将只有一个标准：他是否是一个近情的人？我们当然不能期望世上有终身不相骂的夫妻；我们只能期望他们都是近情的男女，只近情地相骂，并近情地言归于好。我们只有在世界的人类都是近情的人时，才能得到和平和快乐。这近情的时代，如果有来临的一天，则就是和平时代的来临。在这时代中，近情的精神必会占最大的势力。

近情精神是中国所能贡献给西方的一件最好的物事。我并没有说中国那些向人民预征五十年钱粮的军阀是近情的；我的意思只是说，近情的精神乃是中国文明的精华和她的最好的方面。我这个发现曾偶然由两位久居中国的美国人所证实。其中的一位居住中国已经三十年，他说，中国的一切社会生活乃是以"讲理"为基础的。在中国人的争论之间，他们最后的一句有力的论据必是："这岂是合于情理的吗？"而最严重的、最平常的斥责之词就是：这人是"不讲理"的。一个人如若在争论之中自承不近情理，则他已是输了。

我曾在《吾国与吾民》一书中说过："一个西方人，一个说法只须合于健全的逻辑的，他便认为是已很充足。但在一个中国人，则一个说法虽然在逻辑上已是很对时，他也还不肯认为充足，而同时还必须求其近于人情。'近情'在实际上比合于逻辑更为人所重视。Reasonableness 这个字，中文译做'情理'，其中包括着'人情'和'天理'两个原素。'情'代表着可以活动的人性原素，而'理'则代表着宇宙之万古不移的定律。"一个有教养的人就是一个洞悉人心和天理的人。儒家借着和人心及大自然的天然程式的和谐的生活，自认可以由此成为圣人者也不过是如孔子一般的一个近情的人，而人所以崇拜他，也无非因为他有着坦白的常识和自然的人性罢了。

人性化的思想其实就是近情的思想。专讲逻辑的人是永远自以为是的，所以他是不近人情，也是不对的；至于近情的人则自己常疑惑自己是错的，所以他永远是对的。近情的人和专尚逻辑的人，他们的不同处可以在他们信札后面的附言中看出来。我最爱读我的朋友所给我的信后的附言，尤其是那种和信的正文互相矛盾的附言。这种附言里边包括着一切近情的后想，一切疑惑不决之点，和忽然而发的聪明说话和常识。一个温和的思想家就是一个在用长篇大论的论据企图证明一个说法之后，忽然回到了直觉的地位，由于一阵忽然而发的常识，立刻取消他以前所做的论证而自认错误的人。这就是我所谓人性化的思想。

我们只需拿各人所写的信来看看，专尚逻辑的人必是在信的本文中罄其所欲言，而近情的人，即有着人类精神的人，则必是在附言中说他的话。譬如一个人的女儿请求她的父亲许她进大学读书，她的父亲或许在回信之中列出许多极合于逻辑的理由，第一怎样，第二怎样，第三怎样，例如已有三个哥哥在大学读书；负担已经很重；她的母亲正在家中患病，需要她在旁服侍等等。他在信末署名之后，又加写了一行附言："不必多说了，一准在秋季开学时入校吧。我总替你想法子。"

或如一个丈夫写信给他的太太，发表离婚的决心，并列出许多似乎毫无驳诘余地的理由，如：第一，太太对他不忠实；第二，他每次回家从来吃不到热饭等等。所列的理由很充足极平允，倘若委托给律师办理，则事理上将更为严正，口气将更为有理由。但是他在写完这信时，他的心中忽然有所感触，便又提起笔来在后面加了一行："算了吧，可爱的苏菲，我真是一个坏坯子。我将带一束鲜花回家了。"

上述的两封信里边，其论据都是极为合理的，不过当时说这些话的是一个心在逻辑的人，而在附言中，则已变了一个有着真正人类精神的人在那里说话——一个近人情的父亲和一个近人情的丈夫。因为如此就是人类灵心的责任，人类有灵心，并不是叫它去做愚笨的逻辑的辩论，而应是在互相冲突的冲动、感觉和欲望的永远变迁的海洋中企图保持一种合于理智的平衡。这就是人事中的真理，也就是我们所企图达到的地步。无从答复的论据常可由怜悯之情答复它，充足的理由常可由爱情打破它。在人事之中，不合逻辑的行为常是最能动人的。法律的本身就承认它未必能处处绝对的平允，所以它也时常不能不迁就人情，所以一国的元首都另有着一种特赦权，如林肯所用以赦免那个"母亲的儿子"一样。

近情精神使我们的思想人性化，并且使我们不坚信自己总是对的。它的影响是在于刨去我们的行为的棱角，并使它调和起来。和近情精神相反的，就是思想和行为中，我们的个人生活中，国家生活中，婚姻、宗教，与政治中的一切方式的热狂和武断。我以为，在中国热狂和武断是较少的。中国的暴众虽也易于鼓动(例如庚子年的拳匪)，但近情的精神确在某种程度中使我们的皇帝专制，我们的宗教和所谓"欺压女性"受到人性化。近情精神在这些当中当然都是有限制的，不过它确是存在着的。这精神使我们的皇帝，我们的上帝和我们的丈夫都成了单纯的人类。中国的皇帝并不是像日本天皇那么半神道的，而中国的史家并已演绎出一个皇帝受命于天，但他如失德，便将丧失天命的假说。他如失德，我们可以杀他的头，在历代的兴衰中，被人砍去脑袋的皇帝已不知道有多少个，这就破除了我们的皇帝乃是神圣的或半神圣的念头。我们的圣人也没有被人尊奉为神道，而不过始终认他们为聪明的教师，我们的神道也不是完善的模范，而不过是像我们的官府一般唯利是图，很是腐败，可以用甘言和贿赂打动。凡是出乎情理之外的事情，我们一概称之为"不近人情"，太过于矫情的人就是大奸，因为他在心理上是反常的。在政治的区域内，某些欧洲国家人们心中的逻辑和他们的行事实在异常地不近人情。

在某种意义上，我们可以说现代的欧洲并不由近情的精神所统治着，也不是由具有理智的精神所统治着，而实在是由疯狂的精神所统治的。看看欧洲的现象，能使人发生一种不宁的感觉，这种不宁，并不是由于看见国家的目标、国界和殖民地要求的冲突而发生，因为这些都是理智的精神所能够应付的，而实在是由于看见欧洲各统治者那种心境而发生的。这就是等于跨上一辆街车，驶到一处陌生的地方，而忽然对司机发生了不信任的心思。这不信任并不是由于疑心司机不认识路，因而疑心他不能将自己载到目的地，而是由于听见司机在那里胡言乱语，前言不对后语，因而疑心他未必是清醒的。如若司机还有着一只手枪，而坐者并没有离开汽车的方法，则他的不宁当然将更为增加了。我敢信这幅人心的调整画并不就是人心的本身，而不过是一时失常，不过是暂时的疯狂的一个阶段，将来自会像瘟疫一般自己消灭的。我敢证言，人心是终属有能力的，敢信人类的不免一死的灵心虽是有限制的，但其智力实仍是远胜于欧洲之不顾一切的司机，而到了最后，我们终能和平地生活，因为到了那时节，我们都已学会怎样做近情的思想了。